U0009928

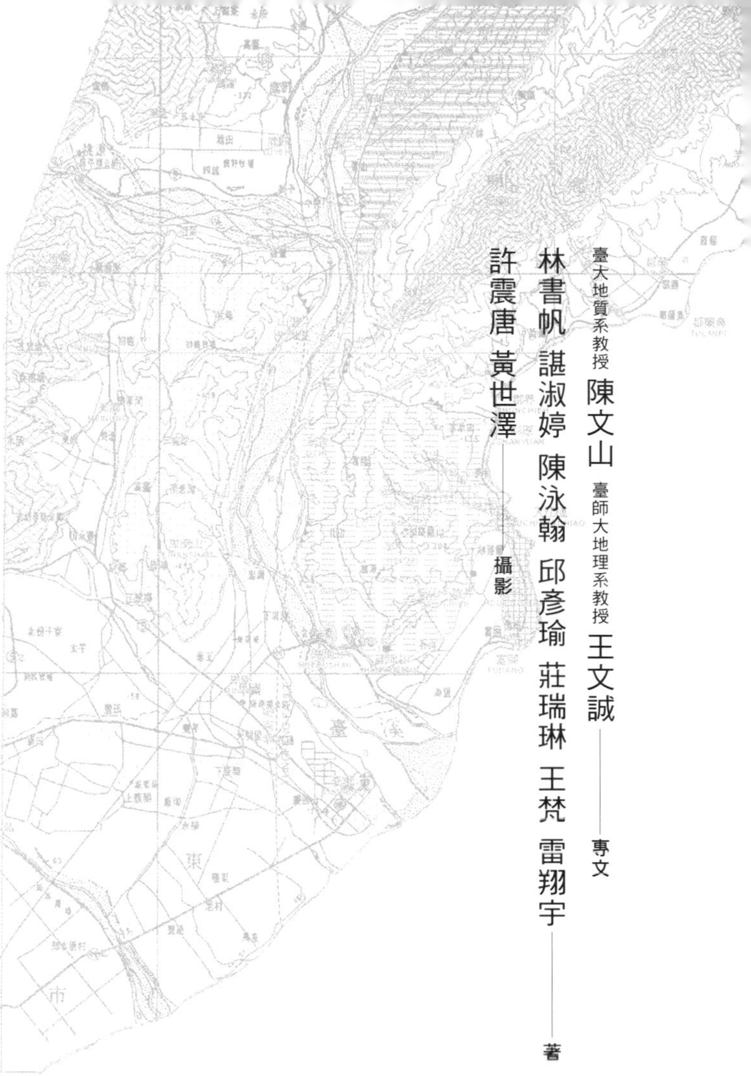

臺大地質系教授 陳文山 臺師大地理系教授 王文誠——專文

林書帆 諶淑婷 陳泳翰 邱彥瑜 莊瑞琳 王梵 雷翔宇——著

許震唐 黃世澤——攝影

億萬年尺度的臺灣：從地質公園追出島嶼身世

BETWEEN TECTONIC PLATES: GEOPARKS IN TAIWAN

經濟部中央地質調查所╳衛城 合作出版

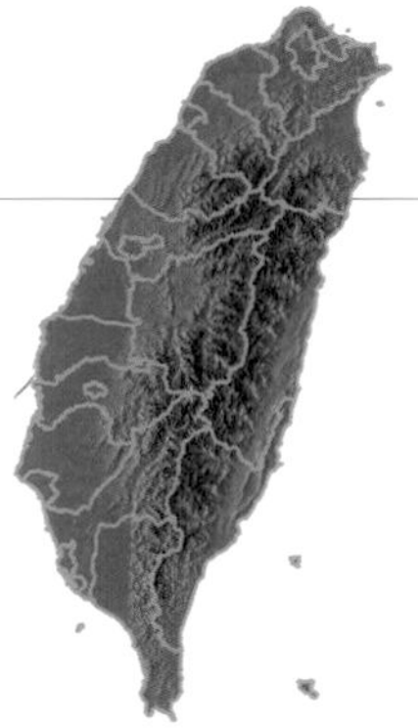

CHAPTER 6

172

愈挫愈勇的甘甜之鄉
燕巢泥岩惡地地質公園

CHAPTER 7

210

風、沙、水角力的最前線
雲嘉南濱海地質公園

第二部 離島

推薦序

重新認識臺灣，以及愛它的方式

——王鑫
‧臺灣大學地理環境資源學系名譽教授‧中國文化大學地學研究所特聘講座教授
‧臺灣師範大學環境教育研究所兼任教授

「人知遊山樂，不知遊山學。……泉能使山靜，石能使山雄，雲能使山活，樹能使山蔥。……遊山淺，見山膚澤；遊山深，見山魂魄。與山為一始知山，寤寐形神合為一。蝸爭膻慕世間人，請來一共雲山夕。」上述是清代中葉魏源（1794～1857）《遊山吟》的片段，指出大多數人遊山玩水、接觸大自然的時候，其實只能獲得表面的樂趣，膚淺得很。除了感官刺激的舒適和愉悅之外，很少能深入探究山、川、樹、石、鳥、獸、蟲、魚等，進一步做知性的學習；更不必說提升精神層次的心物合一、情景交融了。（魏源的《海國圖志》是中國第一部世界地理書。）

顯然，大多數遊客賞景只是形象思維而已，是浪漫的人文主義表現，稍欠知識性的理性和邏輯思維。來到陽明山是「遊山淺，見山膚澤」，還是「遊山深，見山魂魄」呢？

從感性欣賞跨越到知性欣賞的層次可以用——看山是山，看山不是山，看山又是山——來比喻。也可以用——遊山淺，見山膚澤；遊山深，見山魂魄——來形容。感性欣賞是刺激—反應的聯接，一般人都可以捕獲，而且可以共用。知性欣賞涉及每個人的認知過程，納入了理性思考，因此每人所獲不同而難以共用，比較屬於自我滿足的層次。

二〇一七年成立地質公園學會後，衛城啟動出版計畫，希望出版一本介紹臺灣目前九座地質公園的故事書，以「地質地理」為核心，擴延到在地人文、產業、生態圈，寫出人類生活與地質之關係，以吸引讀者恢復對臺灣地理、地質的感受性。本書除了上述目的外，也具有知識性，能提升讀者的地質科學知識，更加認識臺灣，更能知道怎麼愛它，愛哪裡！

旅遊賞景和戶外教學的過程中，藉由風景解說、生態旅遊與環境教育等方式寓教於樂，是改變國人偏重形象思維（習性）的途徑。在活動中，注入科學的態度和方法是比較容易達到提升邏輯思維能力的方式。

旅遊是為了拓展生命空間。不讀書，只能遊山淺，見山膚澤；不能達到遊山深，見山魂魄的境界。因此，本書要你能在前往地質公園的時候能遊山深，見山魂魄。

推薦序

走一條自己的路

——林俊全
・臺灣大學地理環境資源學系教授・臺灣地質公園學會理事長

土地要有生命，必須有故事。故事的完成，必須有人們的參與。故事所展現出來的生命力，才能讓地方生生不息，讓土地充滿了希望。

如果我們對一地方的故事非常清楚，會讓我們對土地有不一樣的感情。這樣的感情，正是地方永續發展的基礎。如果我們對一地方的認識，可以分享、傳承，讓更多人瞭解，那就更完美了。

臺灣的地質公園一書，便是在這樣的背景產生。要敘述一個地方的故事，也要分享對一個地方的感情。土地的生命力，藉著一篇篇論述，我們看到精采故事的傳承。除了對地方更深入瞭解，也看到土地上人們與土地有關的感情寄託。除了地質與地形的特色，不論是惡地還是海島，也不論是文化傳承還是地質公園的產品，都有許多人們與土地的感人故事。

這樣的概念，早在聯合國教科文組織推動得轟轟烈烈的地質公園計畫，已經與地方產生關連！一九九九年，我們得知聯合國教科文組織自一九九七年起正推動這樣的一個地質公園的計畫；二十年後，這本書在臺灣誕生，似乎代表著臺灣雖然不是聯合國的會員，但努力與國際接軌，也代表這塊土地上，人們對地質公園理念的理解。

經過二十年的時間，臺灣把地質公園的概念放入了《文化資產保存法》中，變成國家的法律。臺灣的地質公園網絡與學會都成立了，我們看到了臺灣地質公園的成長軌跡。

地質公園的推動，是從地景保育著手。透過環境教育與社區參與，提倡地景旅遊的活動。保育、教育與參與，恰是未來重要的方向，從本書可以看到許多端倪。比對聯合國推動地質公園計畫，臺灣的地質公園，其實是走了一條自己的路。

這條路是一種與土地的連結，當人們對地質公園的特性有了瞭解，未來將成為地方可以繼續發展的基礎。我們看到各個地質公園的故事，第一次有系統地被呈現出來，這正是臺灣地質公園生命力的展現。我們要謝謝出版團隊的努力，讓每個地質公園的特質被看到，這是值得慶賀的事。

從二〇一一年開始，臺灣的九個地質公園，陸續成立。當然還有更多的故事，等著我們去發掘。未來地質公園的經營管理，也還需要更深入去實踐，以期地方永續發展。這本書做了階段性的注腳。

推薦序

讓地質拓展生活的視野

——江崇榮・經濟部中央地質調查所所長

地質公園在臺灣發展的這些年，我們看到許多鄉親，具有不同專業背景，都能暢談生活中接觸到的地質景觀或現象，不由得提醒了地質調查及研究者跳脫框架，以大眾的角度切入觀察大地，將科學探索的見解，轉化為常人感受的點滴，反倒能勾勒出地球與生命關係的不同層次，也發現科學有賴簡單的語言溝通，更能被瞭解，這就是本書一項突破性的成就。

本書的書名下得有學問，一般人看了可能猜測其內容非常地質，而身為臺灣地質的工作者，則是比較難想到有一天可以這麼樣的文青，把複雜的地質構造，用一個標題揭露地質年代，看起來很抽象，但也不需要多加解釋。相信會有來自地質領域的人好奇，也將吸引往來書架的閱書者多看一眼。

書中闡述了臺灣目前推動中的地質公園之特色，字裡行間顯現謹慎與用心，運用的筆觸，或許還是有些作者們從未操練過的，把受訪專家的地質口吻改寫了，也把搜集到的地質報告潤飾了，可以說是一本地質文學作品，具有創見，也值得推薦，我們希望它能帶動風潮，接下來除了地質公園，仍有更多人力投入興趣，參考如此的手法寫出臺灣各地的地質風貌。

尤其在全球暖化及環境變遷速度加快，促使地方發展尋求新活力及新思維的趨勢下，地質調查所注意到一件事，那就是地質知識與地方發展需要的條件和元素具有高度的連結性，故而希望發揮一點力量從旁協助。早在二〇一二年起著手多元化的地質資料於社會應用的措施與服務，其中一個策略是開發貼近民眾生活的地質產品或服務，活絡教育、保育、防災、觀光、旅游及文化等產業，邀請熟悉當地人、文、地、產、景之人士與地質專家一同解讀地質。二〇一四年有機會開始將地質知識推廣至地質公園，經過多年的接觸後，欣見《文化資產保存法》於二〇一六年七月修訂將地質公園入法，確立特殊地景、地質遺跡為地質公園的核心主體，至此，地質人於未來更將有機會在地質公園的發展上付出心力。

此次地質調查所與衛城合作出版這本書，再一次拓寬地質知識對於地方發展得以發揮的空間，也實現了文藝行銷地質元素的無限可能。

導　論

獨特星球上，一個非比尋常的島嶼

〔臺灣地質簡史〕

——陳文山

將鏡頭拉到太空。環顧太陽系中的星球，唯獨地球具有狹長且地勢高聳陡峻的山脈地形，而地球上為何有山脈，是因為「板塊」間相互的碰撞擠壓，亦即，有板塊運動的星球，才會存在著山脈。這說明了太陽系中僅有地球，至今還有著活生生的板塊在運動，得以造就高聳的山脈，以及變動的地球。

回到地球。六百萬年前，位於菲律賓海板塊上的海岸山脈，像推土機一樣，將歐亞板塊邊緣的地殼逐漸向上向西推擠，形成一座聳立在海棚邊緣上的造山島嶼——臺灣。臺灣是環太平洋中唯一因為造山形成的島嶼，其他則都是板塊隱沒所產生的火山島嶼。也是從此時開始，漸漸形成了現今臺灣的樣貌。因此我們可以說，臺灣，是菲律賓海板塊與歐亞板塊之間碰撞擠壓所形成。

沒有板塊運動就沒有臺灣

古早以前，大約一億多年前，臺灣曾經一度位在東亞海棚（大陸棚）上，也是因為板塊碰撞、隱沒形成的島嶼。當時，「古太平洋板塊」朝西隱沒到「歐亞板塊」之下，使得原本堆積在歐亞大陸東緣大陸棚上的岩層擠壓隆起形成島嶼，地質史上稱為「南澳運動」。九千萬年前停止隱沒，地殼開始張裂。隆起後的島嶼慢慢被侵蝕，後來沉到海裡被厚層沉積物掩埋在海床下。這是六千多萬年以前的事情。

六千多萬年之後的臺灣，與板塊運動更加密不可分。如前所述，六百萬年前，臺灣東邊有一塊「菲律賓海板塊」，它從東南邊朝西北持續地移動，直到臺灣東側。它的移動，相對造成與歐亞板塊（東亞大陸棚）的擠壓、碰撞，兩個板塊在擠壓過程中，將原本在海床下數千公尺厚的岩層，慢慢向上推、向上擠，隆起露出水面，這就是臺灣島。地質史上稱為「蓬萊造山運動」。

板塊為何在臺灣強烈碰撞

說起菲律賓海板塊與歐亞板塊的碰撞，其實有些複雜。基本上，兩個板塊在碰撞的時候，海洋板塊比重比較大，容易沉下去，大陸板塊比較輕，不容易下去。理論上來說，比重大的菲律賓海板塊應該要沉到比重小的歐亞板

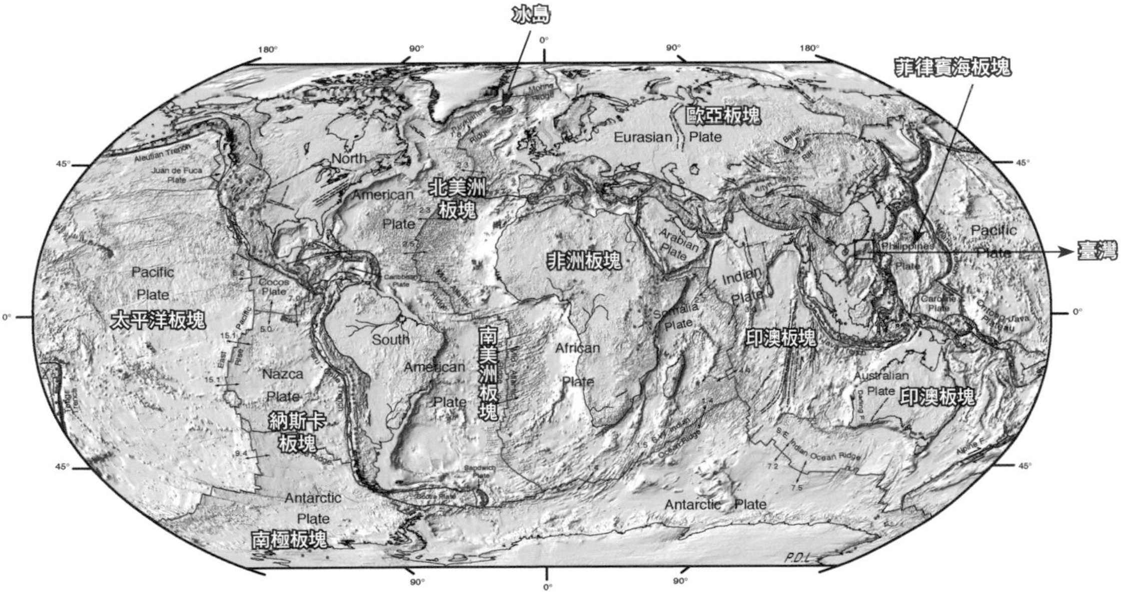

臺灣位於菲律賓海板塊與歐亞板塊交界處，多高山與地震；歐亞板塊的另一端，則是冰島，冰島位於歐亞板塊和美洲板塊之間，因此形成了多火山的地貌。

圖片來源：© WikiMedia Public Domain, https://commons.wikimedia.org/w/index.php?curid=61568

塊之下。在臺灣北邊正是如此，是菲律賓海板塊往北沉到歐亞大陸板塊之下，下沉處會產生一個隱沒帶，隱沒的地方會產生海溝，此處是琉球海溝。

往南邊看，有一個「南中國海板塊」在西方形成了，大約是三千萬年前。南中國海板塊是一個小海形成的海洋板塊，屬於歐亞板塊的前緣。此時，相互擠壓的是南中國海板塊以及菲律賓海板塊，兩個都是海板塊，一定有一個要下去。一般來說，年輕的板塊比較輕，老的板塊因為比重較大，容易沉下去。但是，在臺灣南邊，卻恰恰相反，反而是年輕的南中國海板塊向東隱沒到菲律賓海板塊下面。

兩個隱沒作用開始的時間點，大約是一千五百萬年前。

・南北相反交叉的隱沒帶

這個南北隱沒相反的作用相當奇特，菲律賓海板塊在北邊一直滑下去，南邊卻滑不下去，卡在這邊，於是邊界產生碰撞擠壓，形成交叉，這個邊界帶就是東部，從花蓮到臺東，整個卡住，產生碰撞作用。

兩個板塊在擠壓的時候，會有兩種狀況，一個是隱沒，一個是碰撞。隱沒下去的話，擠壓量就小，因為一直往下滑，擠壓陸地的力量不至於太大，造成地殼的隆起也不會太大，不會形成大的島嶼或是大的山脈。但是如果相持不下，下不去的話，就像印度板塊與歐亞板塊，兩個大板塊在碰撞，不容易下去，於是劇烈擠壓，形成地球最高最長的喜馬拉雅山山脈。臺灣也是一樣，菲律賓海板塊下不去，就一直推擠碰撞，所以中央山脈就被推起來，推高。如果當時，菲律賓海板塊一直順利向下隱沒，中央山脈不會那麼高。

菲律賓海板塊其實並不大，以地球板塊來說，遠遠不如印度板塊，只是一個小小的板塊，因此，山脈也不至於太高。臺灣的中央山脈到四千公尺，大約已經到極限，造山運動力量大不大，端看板塊的大

1億4000萬年—6500萬年前　古太平洋板塊隱沒時期

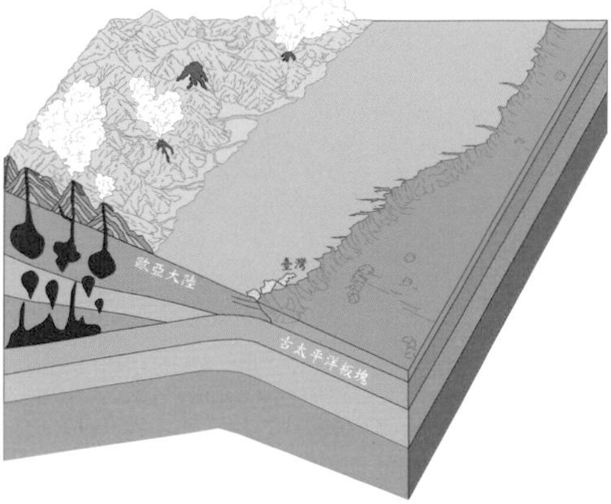

3000萬年—800萬年前　歐亞板塊東緣張裂時期

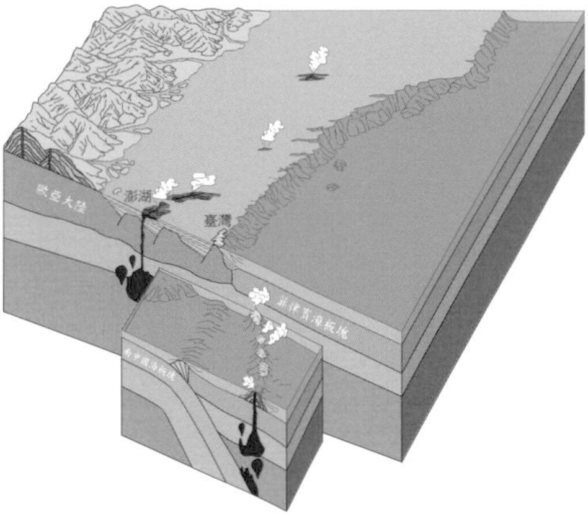

600萬年——至今　蓬萊造山運動時期

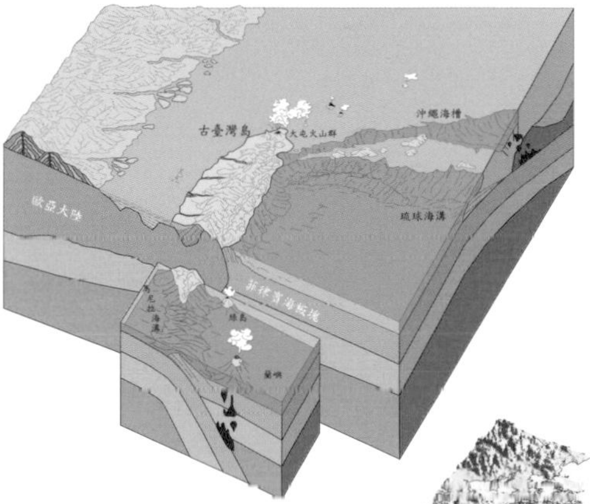

↖ 一億多年前，臺灣曾經一度位在東亞海棚（大陸棚）上。當時，「古太平洋板塊」朝西隱沒到「歐亞板塊」之下，使得東亞海棚擠壓隆起形成島嶼，地質史上稱為「南澳運動」。

← 六百萬年前，臺灣東邊「菲律賓海板塊」，從東南邊朝西北移動，造成與歐亞板塊（東亞大陸棚）擠壓碰撞，將原本在海床下數千公尺厚的岩層，向上隆起露出，這就是臺灣島。地質史上稱為「蓬萊造山運動」。

↓ 在臺灣北邊，菲律賓海板塊往北沉到歐亞板塊之下。南邊，則是南中國海板塊（歐亞板塊前緣）向東隱沒到菲律賓海板塊下面。

圖片來源：陳文山

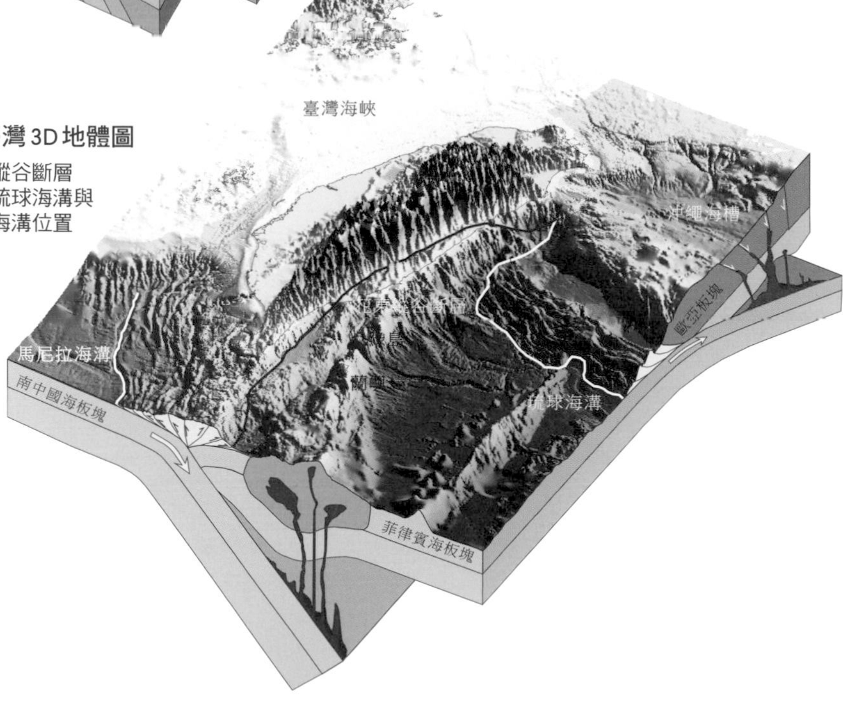

今日臺灣3D地體圖

紅線是縱谷斷層
白線是琉球海溝與
馬尼拉海溝位置

小規模，形成山脈的高低大小也不同。山根的大小決定山的高度，若底面積不夠大，山脈高度就不會大，達到了一定的高度之後，因為無法支撐就會垮下來。山一直被擡起，也一直受到侵蝕。

・由北而南隆起的山脈

當菲律賓海板塊慢慢靠過來時，最早碰到歐亞板塊造成碰撞擠壓的地方，是在臺灣的北邊，所以臺灣北部先隆起成為山脈，然後才又慢慢轉移到南邊，形成中南部的山脈。所以我們可以說臺灣島的形成，是由北而南逐漸地形成。

碰撞初始，北邊先隆起，若力量持續作用的話，山當然會愈來愈高，理論上來說，應該北部比較高，南部比較低。然而，近一百萬年以來，菲律賓海板塊向北隱沒，擠壓力量變小，已經不再造山了。因此，中央山脈北部比較低，大概一千多公尺。山脈到了中部的雪山，一直到玉山，到南大武山，都是三千多公尺。北部雖然較早造山，但停止造山後，地殼也開始張裂，裂開就會下陷，使得山脈反而開始下降。北部目前是下陷的狀況，不再造山，也稱為後造山運動。

目前臺灣島的造山運動，應該限於新竹以南，因為臺北到桃園都已經不再造山了。中部從四百萬年前到現在，一直還在擠壓，相對地形上會比較高。南部因為最晚造山（恆春半島約一百多萬年前開始造山），威力不大，所以山就不那麼高。

地質作用形塑獨特的島嶼景觀與生態

板塊碰撞形成造山運動，使得臺灣島呈現出殊異於其他火山島嶼的景觀與生態。尤其，高聳的山脈、源自於山脈的辮狀河、隆起的海階與河階、快速沉降的海岸平原，以及少見的板塊碰撞帶，這些都是其他地區與島嶼不易見到的地質景觀。

・板塊碰撞帶

臺灣是現今地球上少有的板塊碰撞帶——弧陸碰撞，也就是菲律賓海板塊上的海岸山脈火山弧碰撞到歐亞板塊。髮辮狀的卑南大溪從中央山脈（南橫）向南流入狹長平坦的花東縱谷中，右側（東側）低矮的丘陵與山脈是原本位在太平洋中的火山島，現在已經碰撞而衝上貼近中央山脈。兩個巨大板塊的邊界，就位在卑南大溪（包括北邊的秀姑巒溪與花蓮溪）的河床中。

・島嶼中間隆起高聳的中央山脈

中央山脈在短短不到二百公里寬的島嶼拔地而起，形成將近四千公尺的東亞第一高峰——玉山，這是地球上少有的景觀，因為要在極短距離中築起高聳的山脈，並不容易。

・東海岸隆起了河階與海階

東部海岸線與海岸山脈平行，沿岸分布著已被開墾為農田的平臺，這些平臺原來都位於海底的海灘，因為造山運動擠壓，歷經數千年地殼隆起，擡升露出海面，成為分布在沿岸的海階。海岸山脈東側綿延一百多公里的海岸，分布著許多如階梯般的海階，這是非常少見的，唯有在造山的島嶼——臺灣，才具有如此造山運動成就下的自然地景。

・辮狀河源自高山，下切沉積

臺灣的河流都源自於高聳陡峻的中央山脈，當流入平原後，僅於數十公里內就匯入海洋。河流地形呈現短促陡直的特性，而來自鄰近山脈的沉積物粒粗且量多，因此造就臺灣河流的下游，在沖積平原上，成為辮狀河的型態，從空中鳥瞰寬闊河流中呈現交織的河道，猶如少女的髮辮。

• 沉陷的西部海岸平原

西部海岸平原位在臺灣島山脈的西側，是由來自山脈的辮狀河，攜帶大量沉積物堆積而成的。它是臺灣最主要的糧倉，數千年來的住民都匯集在這肥沃的平原上繁衍不息。數百萬年以來，西部海岸平原一直受造山運動影響，也因海水面變遷的影響而持續沉陷，但又被河流沉積物堆積，所以維持著平坦開闊的沖積平原地形。平原下堆積了千百公尺厚的沉積物，涵養著數萬數千年以來的地下水。

更古老的馬祖與澎湖火山島

臺灣領土內的島嶼，大概一百多座，除了小琉球是沉積岩，其他都是火山活動形成的火成島。全世界的島嶼絕大部分都是火成岩。一般來講，有造山運動，海棚才會擡升起來變成陸地。在大洋中會形成島嶼的原因，大多是火山作用，臺灣附近島嶼也是如此。

右圖 卑南大溪從中央山脈流入狹長平坦的花東縱谷中，向南流，圖中小鎮為池上。
圖片來源：經濟部中央地質調查所，《地質》期刊第33卷第1期，頁25。
左圖 臺灣島在極短距離中築起高聳的山脈，是地球上少有的景觀。
圖片來源：經濟部中央地質調查所，《地質》期刊第33卷第1期，頁23。朱傚祖攝。

火成岩有老有新，東部的蘭嶼、綠島，與海岸山脈一樣，是菲律賓海板塊隱沒形成的火山島；而北部隱沒作用形成了龜山島；北方四島則是地殼張裂、岩漿上升形成的火山，與大屯山、基隆山一樣。

澎湖群島比臺灣老，大約一千七百萬年前到八百萬年前形成的，遠在臺灣造山之前，是因地殼張裂形成的火山，多為玄武岩構成。澎湖火山作用大概八百萬年前結束，因為臺灣造山，板塊擠壓，因此地殼停止張裂。花嶼較特別，與澎湖是屬於不同的火山系統，年代也較老，約六千五百萬年前地殼張裂作用形成的。

往馬祖、金門去，那是更古老的故事。列島多為花崗岩構成，是約莫一億八千萬年到九千萬年前的燕山運動所形成。

臺灣的地質構造分區

臺灣本島的地質構造分區，最古老的岩層出露在中央山脈東側的脊梁山脈地質構造區，往西的雪山山脈出露的岩層逐漸年輕，再來是西部麓山帶地質構造區，再往西是西部海岸平原，最東側是菲律賓海板塊上的海岸山脈地質構造區。大致分成這五個地塊。

一顆岩石的形成，歷經千百萬年漫長時間，每顆岩石在形成過程中，都悄悄地記錄下臺灣這塊土地的變化。岩石可分成三大類：火成岩、沉積岩和變質岩，三大岩類之間，因地質條件發生變化，會相互轉換，這三類岩石互相轉變的現象，稱為岩石循環。沉積岩透露出臺灣是在海底形成的；火成岩告訴我們，臺灣也曾有火山爆發的歷史；變質岩則是造山運動的最佳見證。

臺灣的變質岩主要分布在脊梁山脈地質構造區與雪山山脈地質構造區。沉積岩區大多分布在西部麓山帶，因為容易到達，也較易觀察。火成岩種類有安山岩、玄武岩和花崗岩，分布在北部、東部海岸山脈以及離島。

臺灣是地球上認識地質的天堂島嶼

活生生的板塊碰撞與擠壓運動，就在我們腳底下進行著，這是地球之於太陽系、臺灣之於地球的獨特所在，使得臺灣成為認識地質的天堂。

臺灣是一個很精采的造山運動的區域，尤其九二一地震之後，許多人投入相關研究，直到現在，全世界還是很多團隊在臺灣進行地質的研究，累積的資料量亦相當龐大。

地質公園的設立，讓我們有機會深入瞭解地球與臺灣的演變歷史，更將眼光與尺度放大，從現時眼睛所見想像臺灣古老環境、深掘地球歷史，為土地生命、未來災害與環境變遷的問題，提出可能之解。

三大岩類循環圖

1 火成岩：
地底下熔融的高溫岩漿，噴發出地表或在地下冷卻凝固形成的岩石，如玄武岩與花崗岩。

2 沉積岩：
岩石經風化侵蝕成為泥沙或動物遺骸所堆積形成的沉積物，經過膠結與深埋作用而成的岩石，如砂岩、頁岩或石灰岩等。

3 變質岩：
岩石深埋地下，因為地底的溫度、壓力增高，造成原有岩石中的礦物產生變化、岩石結構改變而形成的岩石，如板岩、片岩或片麻岩等。

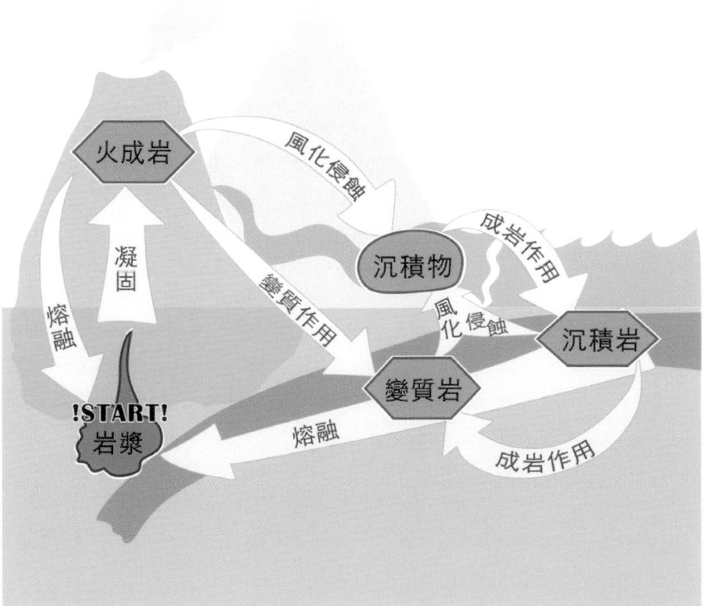

圖片繪製：GEOSTORY

注：地球剛形成時溫度非常高，簡直是一片岩漿海，岩石循環就從岩漿開始的！

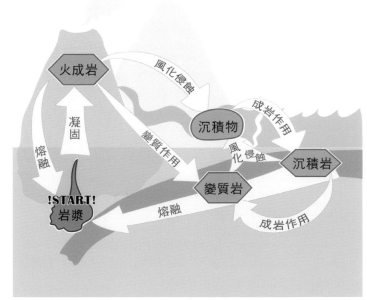

臺灣地質構造分區簡圖

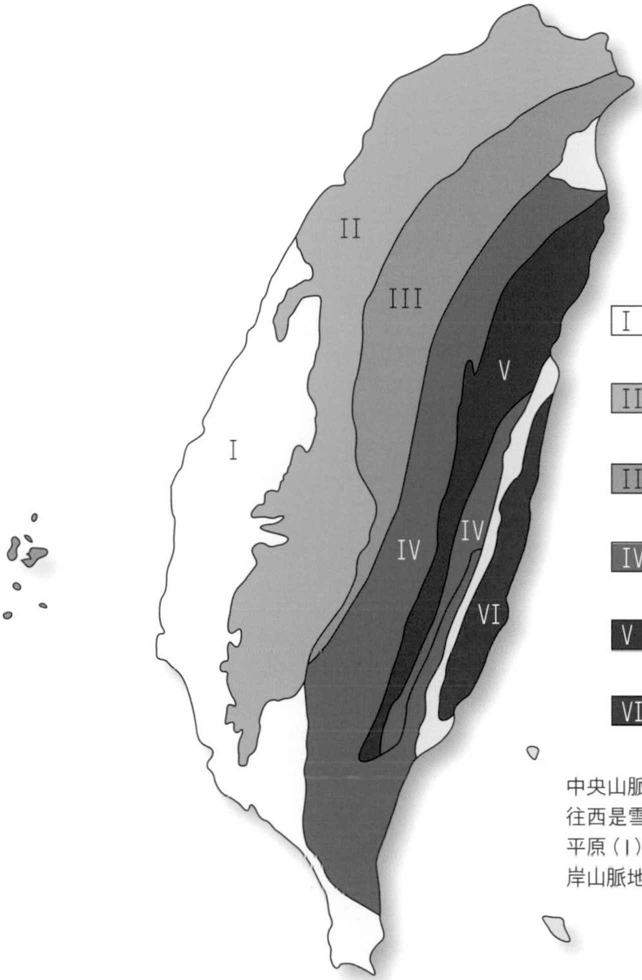

I 西部海岸平原區
第四紀沖積層

II 西部麓山帶地質區
上新世到中新世地層

III 中央山脈西翼地質區——雪山山脈帶
始新世——漸新世硬頁岩與變質砂岩

IV 脊梁山脈地質區
始新世——中新世板岩與片岩

V 脊梁山脈地質區
古生代——中生代變質雜岩

VI 海岸山脈地質區
中新世——更新世火山岩及濁流式碎屑岩

中央山脈東側的脊樑山脈地質構造區（V）最古老，往西是雪山山脈（III）、西部麓山帶（II）、西部海岸平原（I），逐漸年輕，最東側菲律賓海板塊上的是海岸山脈地質構造區（VI）。

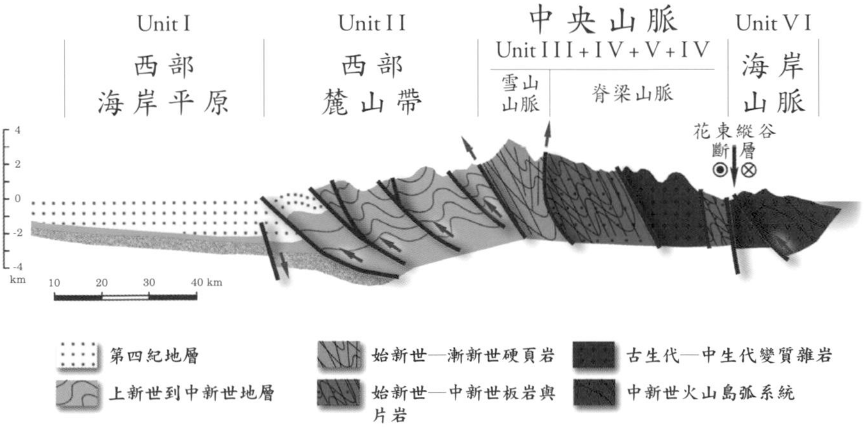

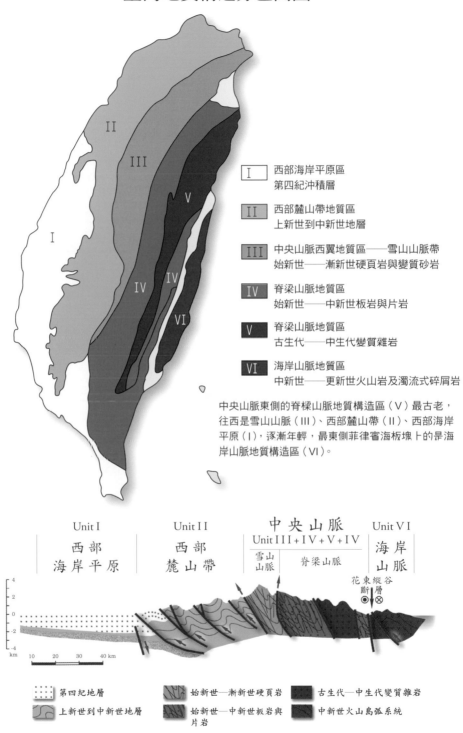

地質年代簡表

宙 EON	代 ERA	紀 PERIOD	世 EPOCH	距今大約年代（百萬年前） MILLION YEARS
顯生元 Phanerozoic	新生代 Cenozoic	第四紀 Quaternary	全新世 Holocene	現代Today～0.0117
			更新世 Pleistocene	0.0117～2.588
		新近紀 Neogene	上新世 Pliocene	2.58～5.3
			中新世 Miocene	5.3～23.03
		古近紀 Paleogene	漸新世 Oligocene	23.03～33.9
			始新世 Eocene	33.9～56.0
			古新世 Paleocene	56.0～66.0
	中生代 Messozoic	白堊紀 Cretaceous		66.0～145
		侏羅紀 Jurassic		145～201.3
		三疊紀 Triassic		201.3～251.902
	古生代 Palaeozoic	二疊紀 Permian		251.902～298.9
		石炭紀 Carboniferous		298.9～358.9
		泥盆紀 Devonian		358.9～419.2
		志留紀 Silurian		419.2～443.8
		奧陶紀 Ordovician		443.8～485.4
		寒武紀 Cambrian		485.4～541.0
前寒武紀 Precambrian 541～4600				

注1 依據International Chronostratigraphic Chart V.2017/02 (2017 International Commission on Stratigraphy)

注2 第三紀(Tertiary Period)是古近紀與新近紀的舊稱。國際地層委員會於2013年左右即已不再承認第三紀是正式地質年代名稱。在此之前的研究資料仍以第三紀為名。

〔臺灣地質公園簡介〕

以地質公園譜寫臺灣新故事

——王文誠

二〇一六年臺灣地理學會與ＩＹＧＵ主席德國教授本諾・維倫（Benno Werlen）簽署備忘錄，成立ＩＹＧＵ臺灣區域行動中心。ＩＹＧＵ是「國際地球瞭解年（International Year of Global Understanding）」的簡稱。其中，「年」是行動時代的意思，指的是「我們的時代」。其目的以全球為經緯，聯合區域行動中心，針對地方永續性，加以瞭解與行動，強調在地社會和文化對改變自然過程中所發揮的作用。維倫指出：「ＩＹＧＵ旨在搭建全球思維與地方行動之橋梁。只有當人們真正理解個人生計方面的抉擇對地球的影響後，才能做出恰當且有效的改變。」

社會與文化形態，不僅決定人類與自然共存以及改變自然環境的方式，同時也形塑人類對自身日常行為產生全球性影響的認知。若一個人不瞭解自身行為對整個世界可能產生的影響，便無法改變世界。當前我們面對全球環境變化、生命的挑戰、知識轉譯、地緣政治、科學與日常生活、永續性與地方行動對全球的衝擊等課題，唯有當我們成為ＩＹＧＵ者，因為瞭解，起來力行，才能做出恰當且有效的改變。

如何「真正理解」？又如何讓我們只有一個地球不只是口號，而是日常生活的一環？我們從臺灣的九個地質公園出發。

臺灣地質公園分布圖

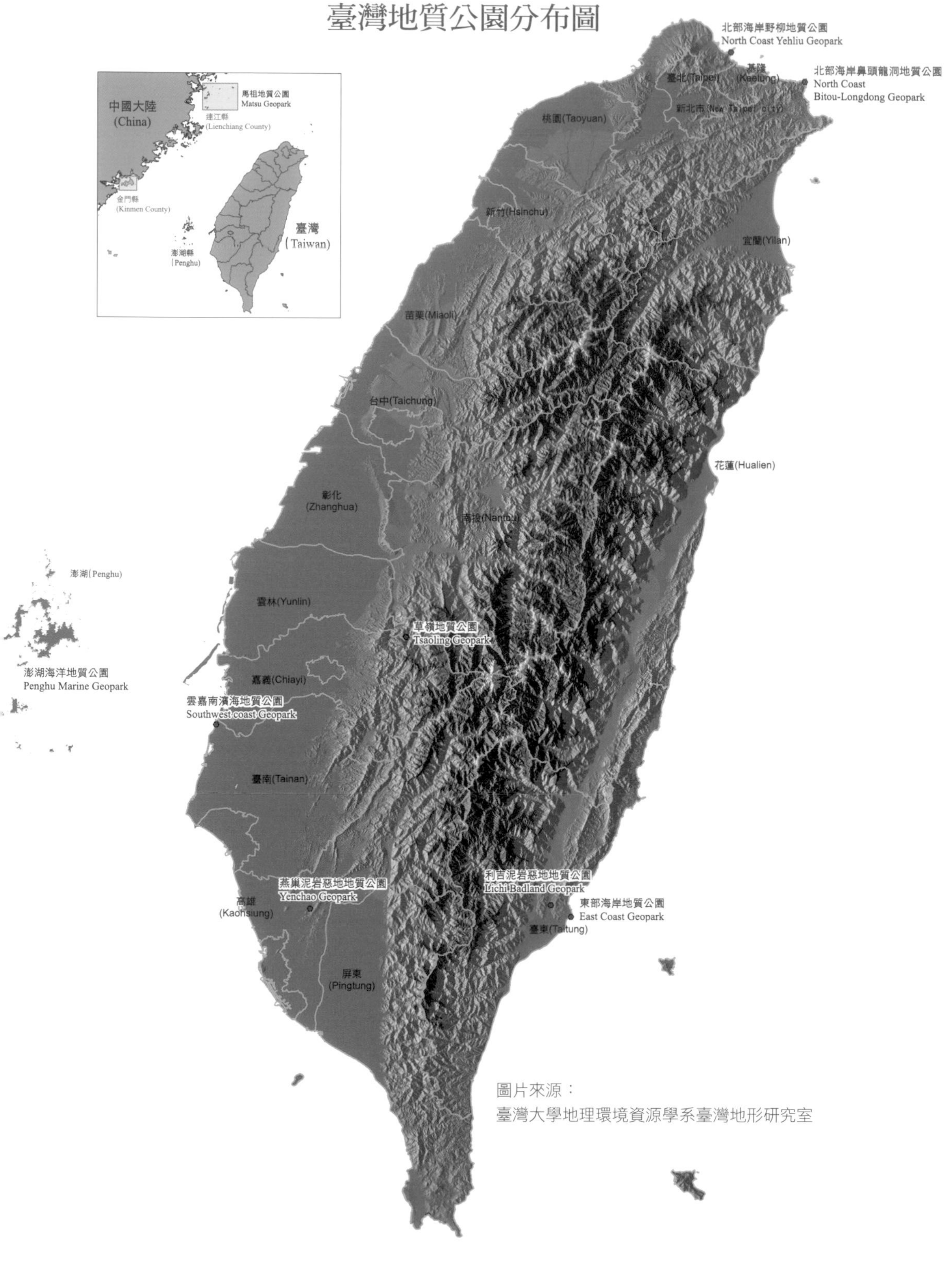

中國大陸
(China)
馬祖地質公園
Matsu Geopark
連江縣
(Lienchiang County)
金門縣
(Kinmen County)
澎湖縣
(Penghu)
臺灣
(Taiwan)
北部海岸野柳地質公園
North Coast Yehliu Geopark
北部海岸鼻頭龍洞地質公園
North Coast
Bitou-Longdong Geopark
臺北(Taipei)
基隆
(Keelung)
新北市(New Taipei city)
桃園(Taoyuan)
新竹(Hsinchu)
宜蘭(Yilan)
苗栗(Miaoli)
台中(Taichung)
花蓮(Hualien)
彰化
(Zhanghua)
南投(Nantou)
澎湖(Penghu)
雲林(Yunlin)
草嶺地質公園
Tsaoling Geopark
澎湖海洋地質公園
Penghu Marine Geopark
嘉義(Chiayi)
雲嘉南濱海地質公園
Southwest coast Geopark
臺南(Tainan)
燕巢泥岩惡地地質公園
Yenchao Geopark
利吉泥岩惡地地質公園
Lichi Badland Geopark
東部海岸地質公園
East Coast Geopark
高雄
(Kaohsiung)
臺東(Taitung)
屏東
(Pingtung)

圖片來源：
臺灣大學地理環境資源學系臺灣地形研究室

臺灣到二〇一七年共有九個地質公園成立。高雄燕巢泥岩惡地地質公園和臺東利吉惡地地質公園這兩個是特殊的惡地，在惡地裡居住著一群善良的蓋亞人，守護土地，晴耕雨讀，深耕細耘，出產臺灣頂級的水果。這一群蓋亞人，從社區營造走來，無論文史紀錄還是環境生態解說，都在朝向一種從在地對地球的認同。高雄燕巢和臺東利吉位於同一個緯度，經南迴鐵路路程距離兩百公里，但是惡地、混同層（mélange）把這兩個社區緊緊綁在一起，無礙這兩個社區結為親戚，彼此社區互訪、觀察、交流、並結伴出國考察，因為他們同是IYGU者，搭接地方與全球的橋梁。

惡劣環境還有地震、豪雨、河川與地質的交錯演替，地形不斷崩壞的雲林草嶺地質公園。這裡的居民，他們是地球幫，臥虎藏龍，既聽天由命，亦學習創新。這裡有一所雲林的最高學府「草嶺生態地質國民小學」，靜默群山，雲霧縹緲，靈性聖潔，宛如聖地。你聽河流、樹林和風的聲音，這是上帝在我們心深處歌唱。藉由「生態地質」做為校名，驕傲地縫補這塊受創的土地，在這裡點點滴滴打造新的環境主體性。

北海岸是臺灣的皇冠，由三芝、石門、金山、萬里和基隆所編織而成。北海岸的地質特殊景觀自不在話下，海岸地景就屬野柳地質公園最為獨特，除了女王頭，海浪和海風的作用下，上帝雕琢的完美燭臺岩石，也分明在眼前。這裡更可以看到PAPP的經營典範[1]，呈現在地經驗與西方新自由主義的差異。同時，野柳是世界地質公園網絡所參訪學習的對象；在這裡，可以聆聽野柳小學生譜寫單面山的詠嘆調，或者是漁唱的抒情曲。

東北角海岸奇岩怪石，傲骨嶙峋，在鼻頭龍洞地質公園可以潛入水裡品味海底景觀，也可以挑戰龍洞砂岩構成的不同等級的天然攀岩場。各式各樣專業在這裡，深入淺出，教導安全為先。鼻頭國小的學

生，可以解說植物生態，將懸崖峭壁繪成黃色石板菜構築的畫布，他們有的是臺灣百合、金花石蒜、濱薊、濱排草，以及綻放不盡的小花們跟海洋與風對話的成長哲學。

東部海岸小野柳地質公園則位於歐亞板塊的東緣，與直線距離飛行路線九五七七公里外板塊西緣的冰島，從這海直到那海，遙遙相對。儘管地質直到現在，僅僅是人類歷史的背景，實際上它卻是主要演員，在這裡，觀光客凝視地層，令人由衷地從心裡體驗鞭韃捶楚的震撼；扎扎實實地見證時空彎曲、摺疊、交錯與翻轉的構造與節理。

海岸型的還有空氣中含有高度鹽分的雲嘉南濱海地質公園，鹽分的底蘊在這裡的海岸地形滋養文學地景與形塑人文景觀。雖然水晶教堂、高跟鞋教堂搶走了不少風采；然而在這裡，沙丘見證滄海桑出，海枯石爛。海堤從沙丘穿心而過，海濱沙石只得隨波逐

上圖 壯闊的東北角海岸（黃世澤攝）

流，甚至隨風而逝。這些情景，瀕危的黑面舞者總不看在眼裡，黑面琵鷺不停地舞動著牠長長的琵嘴，找尋曾文溪出海口生態推移帶裡，身上流著鹽分的小魚。然而，馬鞍藤和鹽定看在眼裡，它們站穩抓緊，向著任何可能的方位扎根，為海岸線妝點色彩，竊竊私語，低音在風中迴盪不已。

離島，則有澎湖海洋地質公園和馬祖地質公園。這兩個地質公園雖然是離島邊緣，它們在地質公園發展啟蒙的歷程上，卻是最核心的先行者。澎湖群島是一千七百萬到八百萬年前幾次的裂縫噴發，地表裂隙中溢出的火山熔岩流所凝結，不同時期熔岩層層地道出地質歷史，繪成印象畫派的筆觸，構成「世界最美麗海灣」。由環保團體、社區、教師組成ＩＹＧＵ者，一筆一筆地皴繪印象澎湖。馬祖的地質是堅硬花崗岩為基底、基性岩脈的侵入所構成。坑道是一個世代年輕士兵的青春與生命所挖掘的浩瀚工程，海岸的軌條砦則所剩無幾在澳口守防著。儘管，冷戰不再，老兵凋零；然而，藍眼淚在地方重新開啟新頁。這兩個群島，社區參與是地質公園發展的關鍵，七美已經有年輕人回鄉營造，南寮有志工經營，東引燈塔下有年輕的解說員，東莒則是遊子回家的故鄉。

九個地質公園記錄了這時代——人類世（Anthropocene）——的生活方式，展現韌性，而且，與臺灣一九九五年以來的社區營造結構性接軌，社區開始瞭解自然，將日常生活ＩＹＧＵ化，成為ＩＹＧＵ參與者。一定程度上，地質公園浮現一種以地景保育為基礎的社區經濟發展模式，即以地質公園為名，發展一種社區型、地方限定的社會、文化與經濟議題，以促進地景保護，做為永續性的願景；在人文社會與地景環境互動構築的權力景觀中，未來將以地質公園特殊地景點為主軸，發展更適當的生態旅遊活動。

支持地質公園發展的，除了社區居民之外，值得喝采的，還有中央部會的林務局、觀光局、各國家風景區管理處、經濟部中央地質調查所、立委等，紛紛扮演著蓋亞人的角色。他們從行政官員謙虛地轉為公民的角色，成為跟你我一樣的地球幫。

還有一群學者，從各個校園的角落走出來，以社區為範圍，在地方興起一股新的社會運動，試圖從政治權力中解放科學，轉譯知識。因為愛，這些學者對我們共同的地球熱愛，以地質公園為教育宣導，提供地球科學的知識、人文社會與環境互動的概念給大眾。

談到政治權力的解放，臺灣地質公園網絡的發展始終受地緣政治與地方政治困擾。

就地方政治來說，地質公園運動是ＩＹＧＵ的實踐。「世界地質公園網絡」發展至今，大概二十年，跟過去所有的地景保育最大的不同是，重視公園所在的「社區」營造，以及社區觀察、相互學習的「網絡」。即社區營造中，加入蓋亞的概念；在保育機制中，加入社區為主體的經營。不過目前地質公園仍有缺口，各級機關都應該加入，但多數地方政府，踟躕躊躇；另一方面，則是現有保育機構缺乏社區參與的機制，例如對國家公園來說，唯有社區居民認定地景保育的重要性，引進地質公園的架構，才能與地方共榮，不會被地方認為是外來者。

而就地緣政治來說，則須先回顧「世界地質公園網絡」的設置過程。一九九〇年代中期，地質公園網絡的概念開始在歐洲形成，聯合國教科文組織二〇〇一年設立地質公園特別的臨時機構。二〇〇四年北京舉辦第一屆世界地質公園大會，爰此地質公園運動，快速在世界各地發展崛起，許多地區設置世界地質公園。直到二〇一五年十一月十七日，聯合國教科文組織一九五個成員國批准建立新標籤：聯合國教科文組織世界地質公園。這表示聯合國正式認定管理優秀地質遺跡和景觀的重要性，使得地質公園組織能夠更密切地反映地球科學在當今社會提供了地質重要的基地，以及建立國際網絡的地位。世界地質公園網絡自二〇〇四年成立以來，截至二〇一七年為止，有來自三十五個國家，一百二十七座世界地質公園完成登錄。

與此同時，臺灣在二〇一六年七月二十七日將地質公園納入文資法，成功立法，為地質公園設置，取得國家的認同，這表示臺灣認定珍貴地質遺跡和景觀的重要性。但是，二〇一五年底世界地質公園網絡正式納入聯合國教科文組織，二〇一六年在英國召開的地質公園大會，卻因為地緣政治的干擾，臺灣地質公園網絡被正式拒於門外。會方端出聯合國大會二七五八號決議，按這個決議無法與臺灣官方當局有任何層次上的關係或接觸。地緣政治因而成為臺灣地質公園發展上的困境。

地質公園譯自 geopark，許多學者認為 geo- 不僅僅是地質，應該譯為地理或蓋亞。蓋亞假說是詹姆

斯・洛夫洛克（James Lovelock）和琳恩・瑪格麗斯（Lynn Margulis）在七○年代提出，指出生命積極地保持地表條件，對於地球上一切生物體系都是有利的。這一假說與傳統知識完全對立，傳統認為生命不斷地適應地球條件，並且生命與環境各自演化。現在我們知道生命不是獨自生活，而是整個地球系統進行調節。洛夫洛克於八○年代引入地球觀，認為地球是一個自我調節系統，由生物圈、地表岩石、海洋和大氣的整體組成，緊密地結合以做為一個不斷發展的系統。蓋亞理論正是ＩＹＧＵ的主張，地質公園或者稱蓋亞公園的實踐，就是蓋亞理論的實踐：地景保育、環境教育、地景旅遊及社區參與的共同系統演化。

上圖 澎湖桶盤嶼古老雄偉的玄武岩柱景觀（許震唐攝）

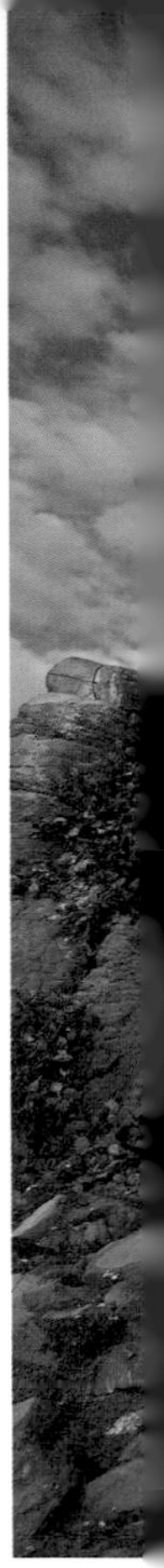

在臺灣，第一次有一群跨領域的環境關懷者用地質做為音符，將我們與土地的親密接觸，譜寫出臺灣新一頁故事。蓋亞不是自然，也沒有神性，我們需要從傳統的政治與自然的權力形式中解脫出來。這是一種新形式的政治權力，必須通過九個地質公園所組成的政治生態學，重新嘗試進行探索。只有人類世的新地緣政治，在衝突中承認人們的多樣性，星球才可能和平。自然和眾神都不會帶來團結與和平。只有造物者因為愛所孕育的ＩＹＧＵ者、蓋亞人、地球幫，才可能是這個星球的和平推動者。

注釋

1 即公部門—學術—私部門伙伴關係（public-academic-private partnership）。

臺

第一部

灣

CHAPTER 1

地水火風與人 利吉惡地地質公園

兩大板塊聚合處，利吉混同層破碎、不穩定，彷若臺灣島的縮影。
它身上不只隱藏著臺灣身世的解答，其上居民的生活方式，
也可能是我們要如何生存在這個脆弱島嶼的線索。

撰文／林書帆 攝影／許震唐

1-1 隱藏在後山的臺灣身世

> 我們看到的日出是從海平線跳出來的，山前的人看到的日出，事實上已經是日上山頭了；每天日頭把精氣光華先給了我們後山人，然後才懶懶的翻過山頭去照顧山前的人。

前面這段引文，出自作家吳豐秋一九九六年出版的長篇小說《後山日先照》。「後山」之名源於西元一六八四年，臺灣正式被納入清廷版圖，在帝國視角之下，中央山脈以東的土地被稱為「後山」。後山的範圍一度包括宜蘭、恆春等相對於西部較晚開發的地域，其後行政疆界幾經變遷，現今提起後山，一般是指花蓮、臺東兩地。後山一詞，自始便夾帶有邊陲、野蠻、未開化的價值判斷，然而隨著時間流逝，「後山人」也逐漸凝聚出一種「後山意識」，即從地理位置的優越性出發，逆轉原本「落後於前山」的價值階序。「後山日先照」便是此一意識的體現。[1]

從地理位置來看，後山人值得驕傲的地方，不只是日出比西部早了幾分鐘而已。花東地區還隱藏著許多臺灣之所以成為今日樣貌的線索，而這一切都要從「板塊構造理論」說起。

一九一四年，第一次世界大戰戰火初燃，一個名叫阿弗雷德．韋格納（Alfred Lothar Wegener, 1880-1930）的德軍士兵在比利時戰線負傷，軍醫院裡百無聊賴的療養生活，讓他有時間細細回想自己兩年前在德國地質學會上發表的「大陸漂移」理論，並在一九一五年出版《大陸與大洋的起源》一書。

圖 1-1 從地理位置來看，花東縱谷位於兩個板塊交界的縫合線，在中央山脈與海岸山脈間，隱藏著許多臺灣之所以成為今日樣貌的線索。本圖中為卑南大溪，右側是海岸山脈末端之利吉惡地，往西遙望群巒若隱若現，即中央山脈。

海岸山脈地質圖（南幅）

玉里大橋
中國大陸 (China)
馬祖 Matsu
連江縣 (Lienchiang County)
金門縣 (Kinmen County)
澎湖縣 (Penghu)
臺灣 (Taiwan)
玉里大橋 YULITACHIAO
卓麓 CHOLU
安通 ANTUNG
東里 TUNGLI
竹田 CHUTIEN
富里 FULI
池上 CHIHSHANG
六十石山 LIUSHIHSHIHSHAN
大莊越山 TACHUANGYUEHSHAN
成廣澳山 CHENGKUANGAOSHAN
豐水崙山 FENGSHUILUNSHAN
新港山 HSINCHENGSHAN
麻荖漏山 MALAOLOUSHAN
東河農場 TUNGHUNUNGCHANG
加里洛山 CHIACHILAISHAN
鱉溪月 PIEHSIYUEH
豐南 FENNAN
石壁溝 SHIHTSOKOU
吳老橋 WUHAOCHIAO
花東山 HUATUNGSHAN
烏帽子山 WUMAOTZUSHAN
長濱 CHANGPIN
烏石鼻 WUSHIHCHIAO
竹湖 CHUHU
寧埔 NINGPU
膽曼 TANMAN
堺橋 CHIEHCHIAO
重安（都威） CHUNGAN
石雨傘 SHIHYUSAN
三仙溪（基那布咯溪） SANHSIENHSI(CHINAPUKOHSI)
三仙台 SANHSIENTAI
成功 CHENGKUNG
新港溪（巴那尼婉溪） HSINKANGHSI(PANIWANHSI)
豐田（東蘇鼻） FENGTIEN

圖 例 LEGEND

全新世 HOLOCENE	沖積層 ALLUVIUM	a	礫石，砂，黏土 Gravel, sand and clay
晚更新世 LATE PLEISTOCENE	卑南山礫岩 PEINANSHAN CONGLOMERATE 舞鶴礫岩 WUHO CONGLOMERATE	Pn / Wh	礫岩夾砂岩 Conglomerate intercalated with sandstone
中新世到晚更新世 MIOCENE TO LATE PLEISTOCENE	利吉層 LICHI FORMATION	Lc	泥岩夾各種不同外來岩塊；o: 蛇綠岩岩塊；s:沉積岩岩塊；l:石灰岩岩塊；v:安山岩岩塊 Mudstone with various exotic blocks; o: ophiolite; s:sedimentary blocks; l:limestone blocks; v:andesitic blocks
早上新世至早更新世 EARLY PLIOCENE TO EARLY PLEISTOCENE	八里灣層 PALIWAN FORMATION	Pl / Pls / b	砂岩與砂頁岩互層；Pls: 礫岩；b:安山岩質崩移岩塊 Sandstone, alternations of sandstone and shale b: transported andesitic blocks
早上新世 EARLY PLIOCENE	蕃薯寮層 FANSHULIAO FORMATION	Fs / b	泥岩與砂頁岩互層；b:安山岩質崩移岩塊 Mudstone, alternations of sandstone and shale b: transported andesitic blocks
早上新世至晚上新世 EARLY PLIOCENE TO LATE PLIOCENE	港口石灰岩 KANGKOU LIMESTONE	Kk	抱球藻，有孔蟲與珊瑚石灰岩 Rodolith, foraminifera, coal limestone
中新世到早上新世 MIOCENE TO EARLY PLIOCENE	都巒山層 TULUANSHAN FORMATION	Tl	火山岩流，火山角礫岩與再積性火山碎屑岩 Lava flow, volcanic breccia and epiclastic rocks
古生代晚期到中生代 (?) 變質岩 LATE PALEOZOIC TO MESOZOIC (?) METAMORPHIC ROCKS		m	板岩及片岩 Slate and schist

利吉泥岩惡地地質公園，具有菲律賓海板塊與歐亞板塊碰撞擠壓所留下來的重要證據——利吉層（利吉混同層），利吉層大致呈狹長的帶狀，分布在海岸山脈的西緣地區，北從花蓮縣玉里附近的樂合起，往南斷斷續續地出露，至臺東縣卑南鄉海岸山脈南端臺東大橋附近為止。如本地質圖Lc淡綠色橫紋色塊。利吉層主要以灰色泥岩為基質，夾雜許多種類繁多而大小不一的外來岩塊，多為大陸邊緣沉積物的砂岩以及海洋地殼蛇綠岩系岩石碰撞所產生的混同層；在形成的同時，因強力剪切作用，使利吉層中的基質泥具有緻密的鱗片狀葉理，其剪切方向與今日的大地應力方向一致，為更新世後的碰撞運動之產物。由於泥岩層缺乏明顯的層理，且因易沖刷流失而常形成惡地景觀。

圖 1-2 圖片來源：經濟部中央地質調查所，《海岸山脈地質圖（南幅）》，原圖比例尺為十萬分之一。

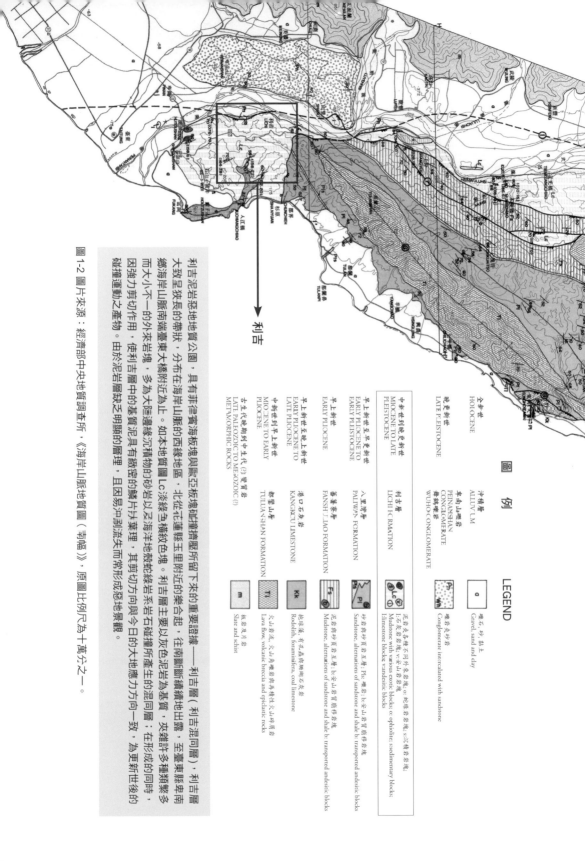

「大陸會移動」這個想法，早在十六世紀末就有人陸陸續續提出，韋格納卻是首次整合諸多氣候、地理、古生物學上的證據來支持這個說法的人。韋格納認為，今日所見的五大洲是在約二億二千五百萬年前，由他稱為「盤古大陸」（Pangaea，又譯為泛蓋亞）[2]的陸塊分裂而來。最主要的證據之一，就是他發現把目前這幾塊大陸接合之後，能夠解釋為什麼同種生物會分布在相距遙遠的南美洲和非洲海岸。南極發現的煤礦、南非發現的冰河沉積物，也證明這些大陸所處的緯度曾經與現在天差地遠。

然而韋格納的學說有一個致命傷，就是無法為「什麼力量在驅動大陸漂移」提出一個合理的解釋，因此他的學說受到嚴厲抨擊，被斥為異想天開。在批評聲浪中，韋格納依舊堅持為大陸漂移說尋找更多證據。一九二九年，他分析了德國研究船「流星號」收集的大西洋海底探測資料，發現靠近大西洋中洋脊的海床，地質年代較年輕，這個證據讓後來的研究者推測出，有源源不絕的新地殼從中洋脊生成，較老的地殼在熱膨脹作用下不斷被推離中洋脊。[3]這個發現是從大陸漂移過渡到板塊構造學說的關鍵，如果韋格納沒有在一九三〇年死於在格陵蘭設立氣象站的途中，他很有可能成為板塊構造說最早的推動者。

韋格納死後的數十年，大陸漂移理論仍舊被大多數學者視為荒誕不經。古生物學家史蒂芬．古爾德（Stephen Jay Gould）一九六〇年代初期還是哥倫比亞大學的研究生，他記得當時有個頗有名氣的地層學教授，在一位支持大陸漂移學說的學者來校演講時，號召學生到場大聲喧譁反對，「場景簡直就是整個布朗克斯的合唱團都來到了會場一樣」。[4]

其實在大陸漂移被廣泛接受之前，已經陸續有許多發現可以支持此學說。例如科學家原本認為海洋已經至少存在了四十億年，海床上一定會累積厚度驚人的沉積物，但一九四七年美國研究船亞特蘭提斯（Atlantis）號的探測，卻發現大西洋海床上的沉積岩層比原先想像的薄很多。這些沉積物都到哪裡去了？

直到一九六〇年代「海底擴張」學說成形，這個謎題才獲得解答。

海底擴張一詞，是由美國海岸與測地調查所（US Coast and Geodetic Survey）的羅伯．迪茲（Robert S. Dietz）所提出，這個學說主張，中洋脊的火山噴發一直在製造新的海洋地殼。既然一直不斷有新地殼產生，地球為什麼沒有膨脹得愈來愈大呢？普林斯頓大學地質學教授哈利．海斯（Harry Hess）對此提出解釋：海洋地殼在中洋脊生成擴張，隨年齡增長比重逐漸加重，最終在海溝處往下沉降回地函而消滅，就像輸送帶一般在中洋脊與海溝之間不斷循環再生，其上的大陸地殼則隨之移動。一九六八年，美國研究船格洛瑪挑戰者號（Glomar Challenger）在大西洋鑽探的海床岩芯，證實了離中洋脊愈遠的岩石年齡愈老的事實。到了一九七〇年代，板塊構造理論終於被廣泛接受，如今它在地球科學界的地位，就如同原子結構之於物理化學、演化論之於生物學，而若不是因為板塊碰

海底擴張示意圖

岩漿由地函上升，侵入上部的岩石圈，使大陸地殼向上撓曲拱起，並產生無數裂痕。

當地殼被拉開後，大量岩塊下陷，造成裂谷帶。

地殼加速拉裂，在裂開帶內造成初期海洋，上升岩漿冷卻後造成海洋地殼。

大陸地殼繼續向兩側分裂，中間產生廣大海洋盆地和中洋脊系統。

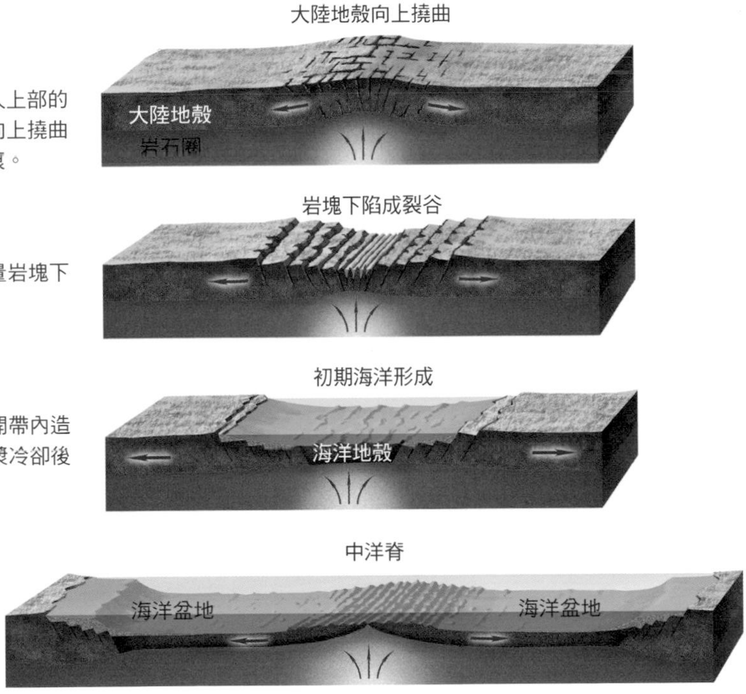

圖 1-3 圖片來源：遠足文化

撞，也不會有臺灣島的誕生。

在臺東縣卑南鄉富源村一九七縣道的制高點，可以同時看到綠島、花東縱谷、中央山脈、海岸山脈，等於將組成臺灣的重要地體構造單元盡收眼底。中央山脈代表歐亞板塊，海岸山脈與綠島、蘭嶼等一連串火山島代表菲律賓海板塊，而花東縱谷就是板塊間的縫合線。

正如愛情關係中總是有強勢的一方，板塊相遇時總是會有一方隱沒，決定誰會隱沒的是板塊的密度。海洋板塊因鐵、鎂含量高，比重較重，因此會隱沒到以矽、鋁為主的大陸板塊之下，從中洋脊火山誕生的海洋板塊會隨著逐漸冷卻而提高密度，因此兩個海洋板塊相遇時，年老的板塊會隱沒到年輕的板塊之下。

現在的臺灣島就像是歐亞板塊和菲律賓海板塊之間的愛情結晶，但在一億多年以前，它們之間還處於「我不認識你，你不認識我」的狀態。當時歐亞板塊有個舊情人叫古太平洋板塊，因為它隱沒到歐亞板塊之下，巨大的擠壓力量讓大陸棚邊緣的沉積物隆起，形成了最早的古臺灣島。這段歐亞大陸與古太平洋間的熱戀期，被地質學家稱為「南澳運動」。

板塊循環圖

地函內的熱對流，使得熔融的岩漿自中洋脊頂部裂谷湧出，凝固後形成新的海洋地殼，向兩側推擠，而老的海洋地殼則於海溝處隨熱對流下沉，熔化為地函的一部分，如此不停循環著。

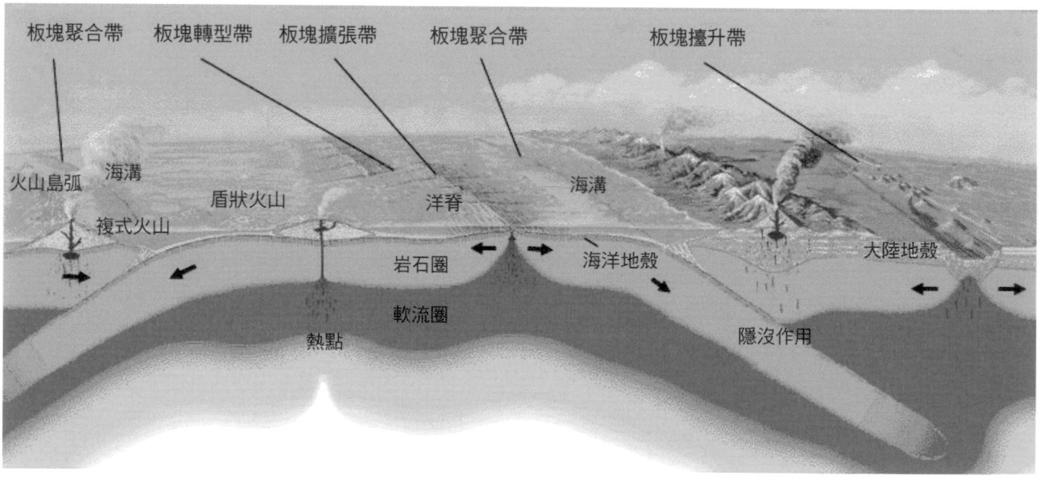

圖 1-4 圖片來源：遠足文化

大約在七、八千萬年前，古太平洋板塊厭倦了歐亞大陸，逐漸停止向西隱沒，兩個板塊的關係由「聚合」轉為「張裂」，沒了板塊擠壓的力量，古臺灣島在侵蝕作用下再度沒入海水中，張裂作用使歐亞板塊邊緣陷落出許多沉積盆地，這些盆地持續累積來自華南地區的沉積物，在日後的蓬萊造山運動中被擡升成為中央山脈、雪山山脈及西部麓山帶。

三千萬年前，南中國海一帶開始張裂，歐亞板塊邊緣形成新生的南中國海板塊，一千五百萬年前，南中國海板塊向東隱沒到菲律賓海板塊的馬尼拉海溝，板塊上的地殼熔融成岩漿，形成了一連串火山島「呂宋島弧」[5]，呂宋島弧的北端，就是日後的海岸山脈、綠島和蘭嶼。其後菲律賓海板塊載著呂宋島弧，以每年七至八公分的速度向西北方移動，在六百萬年前與歐亞板塊展開了一場新戀情，也就是地質學家所稱的「蓬萊造山運動」，因為是島「弧」撞上大陸，又稱為「弧陸碰撞」，強烈的造山運動使一度沉入水中的古臺灣島重新浮現，擡升為將近四千公尺的高山。兩個板塊緊緊相擁之下，臺灣逐漸被形塑為今天的樣貌。蓬萊造山運動至今仍在進行，也就是說與海岸山脈同屬呂宋島弧的蘭嶼、綠島，總有一天也會與臺灣本島合併，到時候我們就可以騎單車到綠島而不必搭船——不過那至少是五十萬年以後的事了。[6]

五十萬年對人類來說是難以想像的漫長，但在地質時間的尺度上卻是一眨眼的事。如果哪天歐亞板塊與菲律賓海板塊感情降溫，地殼不再隆起，目前的侵蝕速率會在五十萬年內將臺灣島夷為平地。幸好平均來看，臺灣島同時也以每年八公釐的速率擡升。[7] 東華大學自然資源與環境學系劉瑩三教授解釋，「正因為臺灣不論是侵蝕、擡升等地質現象進行的速率，以地質時間的尺度來說都非常快速，才能讓學者有機會在一生的時間中就驗證自己的理論，如果在其他地方可能需要好幾代的時間。國外教科書都會提到臺灣的地質事件，例如集集大地震、小林村土石流等，在提到年輕的造山帶、弧陸碰撞時，通常也都會拿臺灣做例子。」這些劇烈而快速的地質活動，都源於臺灣板塊邊界的地理位置。板塊邊界通常隱匿於深海之下，使人無緣親見，花蓮的玉里大橋卻是除了冰島外，世界少數橫跨兩個板塊的橋梁。而臺灣位於板塊交界地帶的重要證據，便是利吉惡地地質公園的「利吉混同層」。

一九五四年，臺灣省地質調查所[8]的徐鐵良與王超翔教授在海岸山脈進行調查時，注意到卑南溪沿岸有一片草木不生的裸露地，在此之前的調查者皆未看出它有什麼特殊之處。徐鐵良觀察到破碎疏鬆的泥岩中，夾雜許多大小不一的岩石，認為其成因是大規模海底山崩的泥流堆積而成，以露頭所在的利吉村命名為「利吉層」。

利吉層被發現的年代，不只板塊構造學說尚未成熟，國際上對「混同層」的研究也相當稀少。直到一九六八年，美國加州海岸山脈發現「法蘭西斯肯層」（Franciscan Formation）後，混同層才開始受到重視。一九六九年，畢慶昌首先以「混同層」一詞說明利吉層的特性：雜亂而缺乏層理的泥岩中，混雜許多不同類型、年代的岩石。一九七〇年代之後，許靖華與畢慶昌等學者陸續發表了相關研究，將利吉混同層的成因與板塊運動聯繫起來，開啟了利吉混同層研究的全新面向。

既然利吉混同層是板塊聚合的產物，那麼它的分布地點跟板塊邊界一致顯然是再自然不過的了：北起花蓮玉里，南至臺東市，沿著海岸山脈西緣呈帶狀分布，全長約七十公里。但為何海岸山脈北段不見利吉層蹤影呢？學者鄧屬予認為，這是因為歐亞大陸板塊呈東北——西南方向延展，因此當呂宋島弧的北段撞上中央山脈時，南段還在海上，而北段較早浮出水面的泥質沉積物也因受侵蝕時間較久而消失。這推論符合利吉層愈往南愈發達的狀況。[9]

隨著板塊構造學說的成熟，利吉混同層乃至臺灣板塊交界帶的特殊地理位置，吸引了世界各地地質學者的目光，其中一位與花東地區關係深厚的學者，是來自法國巴黎第六大學的安朔葉教授（Jacques Angelier, 1947-2010）。安朔葉教授自一九八一年至去世為止將近三十年間，幾乎每年都會來臺進行研究，足跡遍布全臺。他在臺灣最主要的研究成果，包括一九八六年發表的臺灣板塊構造立體圖，以及池上的潛移斷層。但他的學生中研院研究員李建成博士、中央大學太空遙測中心主任張中白教授都認為，他對臺灣地質學界最重要的貢獻，是人才的培養。

「安朔葉教授就像孔子一樣有教無類，有的學者只收最聰明、最優秀的學生，所以研究團隊發的論文水準都很一致，在國際上能見度最高。安朔葉則不然，只要是有熱忱的人都收。他在臺灣直接指導的博士生有七位，再加上他們的學生，目前臺灣地質學界可說不少人都是他的徒子徒孫。」

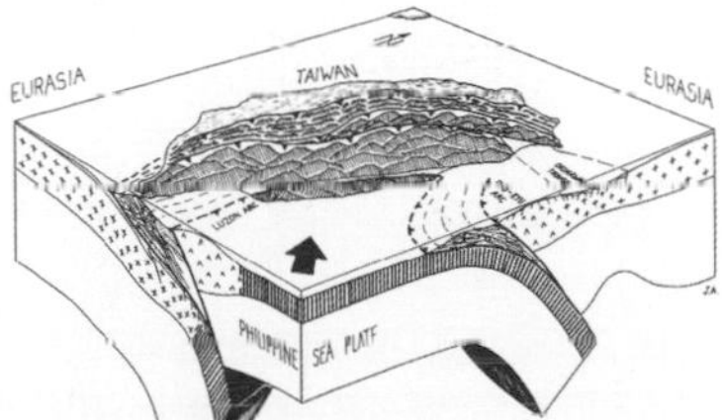

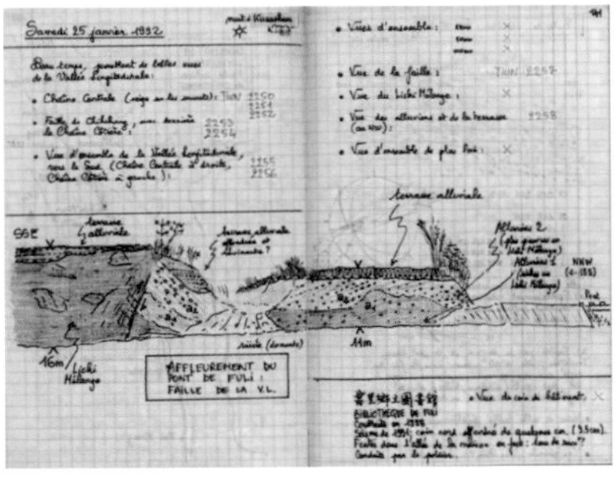

右上圖 1-5 安朔葉教授（Jacques Angelier,1947-2010）熱愛臺灣，對臺灣地質研究提供重要貢獻。
左上圖 1-6 安朔葉教授於一九八六年發表之臺灣地體架構
左下圖 1-7 此為安朔葉池上斷層露頭速寫之一，位於富里鄉鱉溪南岸，一九九二年繪製。此處漸漸被雜草掩蓋，手稿更顯珍貴。

＊以上資料來源：Tectonophysics,Vol.125；經濟部中央地質調查所《地質》期刊第 36 卷第 1 期，頁 7、37。

張中白教授回憶，「安朔葉教授非常聰明，數理能力很強，複雜的計算都難不倒他，但他真正令人印象深刻的是野外工作的能力。地質鎚和傾斜儀是地質學家最重要的兩項工具，就像對外科醫師來說最重要的工具是手術刀和止血鉗一樣。現在能夠靠著一把地質鎚、一具傾斜儀就能在野外取得地質資料的人不多了，因為大家愈來愈依賴高科技儀器。安朔葉給我最大的啟發，就是不管科技多進步，這樣的基本功就像紮馬步一樣絕對不能少。」

身為臺東人的張中白教授，碩士論文研究的便是利吉混同層。「當時我把利吉的每一條野溪、每一個露頭都跑遍了，收集了很多資料，但總有一種不夠踏實的感覺。後來去了法國之後，才在安朔葉教授協助下建立起比較清楚的概念。」後來張中白與安朔葉、黃奇瑜、劉家瑄幾位學者共同發表的研究，對利吉混同層的成因提出與以往不同的看法。張中白教授解釋：「早期對於利吉層的成因主要有兩派說法，一派是隱沒帶的海溝刮積物，這屬於構造成因；一派認為它是傾瀉層，這是沉積成因，這兩派是兜不起來的。我們認為利吉層不可能是海溝刮積物，因為它規模太小；其次它的內容物被剪動得很厲害，因此不可能是單純的沉積。所以原來的這兩派說法其實都不完美，那利吉層到底是什麼呢？研究結果顯示它應該是弧前盆地底部的沉積物，後來弧前盆地在板塊推擠過程中逐漸關閉，這些沉積物就被逆斷層擠上地表，也就是我們現在看到的利吉層。」10

這些沉積在弧前盆地深海中的泥岩，因顆粒細小、膠結鬆散，表面易被沖蝕，只有特定種類的植物能在緩坡上生長，陡坡往往是滿布雨蝕溝的不毛之地，形成景象荒涼的「惡地」地形，也常被稱為月世界。然而真正的月球表面是一片死寂，利吉惡地地質公園所在的利吉村與富源村，卻仍有一群人著根於此。他們起先就像被風吹送的種子，落腳在這塊不算肥沃的土地上，國際貿易與國家政策決定了他們的

利吉混同層與臺東縱谷斷層的演化圖

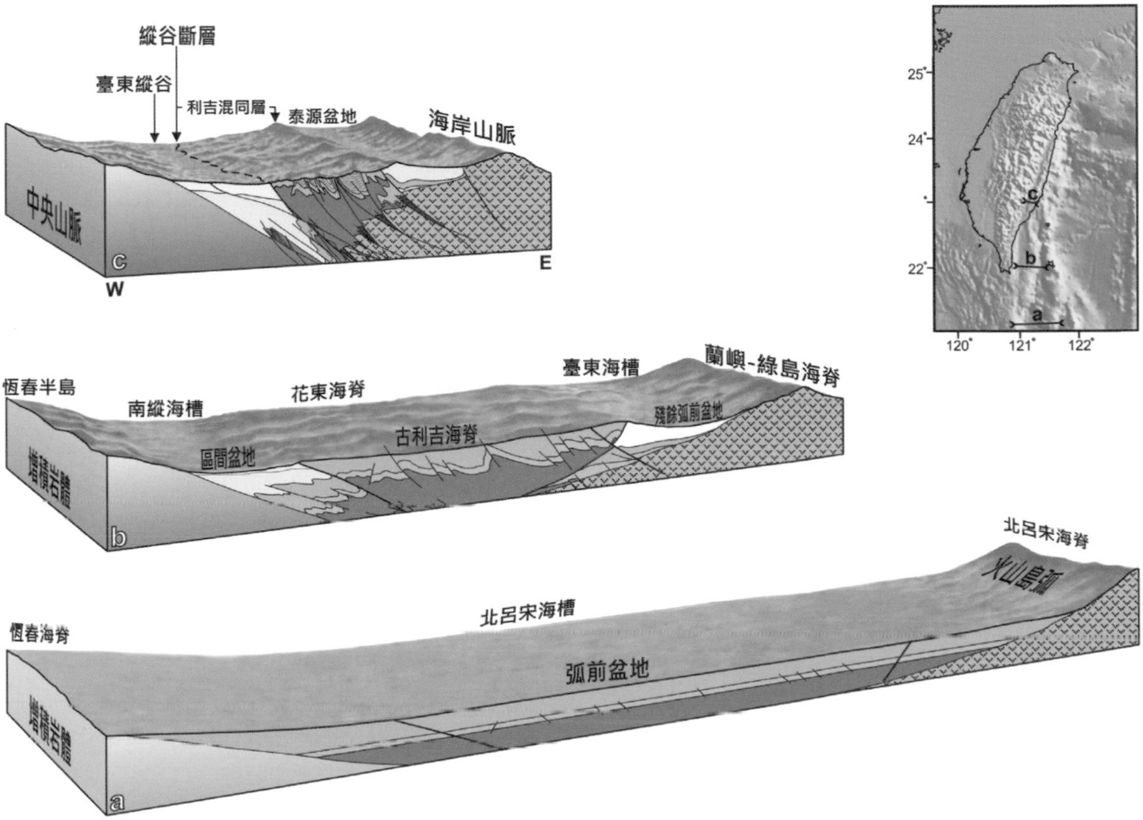

剖面a~c 分別為由南到北三個不同緯度地區之構造。由於臺灣的弧陸碰撞是一典型的斜角碰撞，因此碰撞帶和造山帶是隨時間向南前進，亦即由南（新）向北（老）演化。為了清楚顯示構造演化，圖c 中利吉混同層的地形和地理分布被放大而非實際範圍。

剖面a~c 可被理解為利吉層的孕育期、活動期、成熟期。孕育期，陸相與海相的岩石大量進入弧前盆地；活動期，兩側向中間不斷擠壓，活動劇烈，沉積物也被擠壓擡升上來；成熟期，亦即目前的利吉混同層，板塊碰撞形成，左側增積岩體成為中央山脈，右側島弧已經變成海岸山脈。

圖1-8 圖片提供：張中白

圖 1-9 惡地地形通常下雨之後，由於泥岩不容易滲水，雨水在地表漫流成為逕流，逕流形成細小的淺溝稱為雨溝 (rills)，逕流攜帶岩石碎屑後侵蝕力增強，使得雨溝繼續擴大形成的深溝，就稱為蝕溝 (gullies)。一般皆通稱為雨蝕溝。

生活方式。近年隨著地質公園計畫的推動，利吉混同層周邊的幾個社區逐漸摸索出自己的道路，同時卻也仍然不能脫離大環境的影響——全球尺度的氣候變遷。利吉混同層破碎、不穩定的地質，彷若整個臺灣島的縮影。它身上不只隱藏著臺灣身世的解答，其上居民的生活方式，也可能是我們要如何生存在這個脆弱島嶼的線索。

1-2 惡地上的苦與甜：利吉與富源的人文產業史

在橫跨卑南溪的臺東大橋北岸，矗立著一座名為虎頭山的小丘，卑南語稱它為katapur，意為「堅硬的岩石」。虎頭山和石頭山、貓山一樣，都是利吉混同層中的外來岩塊。在卑南族的口傳神話中，利吉一帶曾有一隻大蟒蛇在此活動，後來因為吞吃了一個小女孩而被她的兄弟殺死。虎頭山與石頭山之間有一地名叫mulenawunan，就是指大蛇爬行的地方。

今天來到利吉惡地地質公園的人，也可以看到一條大「蛇」的蹤跡。那就是主要由火成岩組成的「蛇綠岩系」（Ophiolites）。這條大蛇蜿蜒在利吉層中，規模最大的露頭在鬭山附近。蛇綠岩系是利吉混同層中外來岩塊最主要的岩石種類。所謂的「外來」岩塊，指的是混同層中不屬於深海泥質沉積物的岩石，大可數公里，小則數公分。以利吉混同層的例子來說，這一套包含了上部地函橄欖石、海洋地殼輝長岩與玄武岩的岩石，原本是依序疊置在深海泥岩之下[11]，後來在板塊推擠過程中被剪切成碎塊，再和泥岩一起被擡升到陸地上，周圍包覆的泥岩被侵蝕掉後，便成了孤立在臺東平原上的山丘。而泥岩本身因為板塊間碰撞、摩擦而產生的鱗片狀剝離，也像是大蛇身上的鱗片。

外來岩塊在惡地居民的生活中，扮演著非常重要的角色。早期利吉因交通不便而有臺東縣「第三離島」之稱，一九九四年利吉大橋完工以前，居民只能靠竹筏或流籠橫渡卑南溪。現在經過利吉大橋時，還能看到河床中兩塊蛇綠岩上的流籠支架遺跡。利吉社區中與建於一塊巨石之上的觀景臺，有著村民童年時在此玩耍的記憶。外來岩塊的存在，也塑造出利吉惡地的獨特景觀。相較於西部的「古亭坑層」惡地，利吉惡地的雨蝕溝，有較為明顯的樹枝狀蝕溝，那是因為雨水被其中大大小小的外來岩塊阻隔改道而形成。長期在臺東進行地質研究的學者姜國彰，因此將它形容為「百褶崖」。

就像外來岩塊一般，利吉的居民也都是在最多三、四代之前才遷徙而來。利吉、富源一帶最早是卑南族南王部落活動的場域，他們並未在此定居，僅是做為獵場使用。現今每年十二月底時，南王部落仍會在利吉大橋下的集會所舉行大獵祭，也在此留下了一些地名與神話，像是前面提及的巨蟒傳說。約一百六十多年前，一支恆春阿美族人因人口增加、耕地不足，

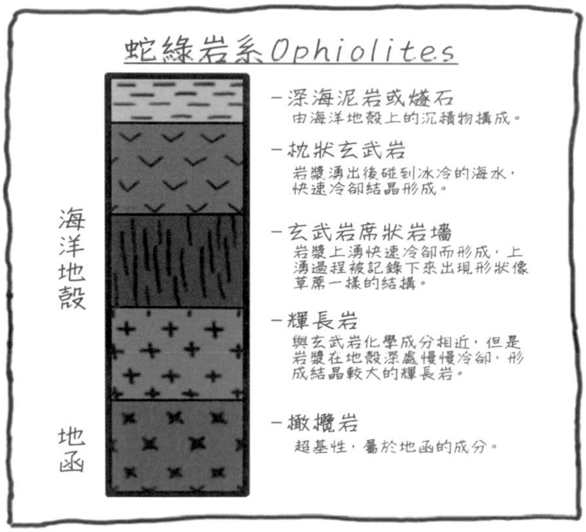

蛇綠岩系Ophiolites
海洋地殼
地函
-深海泥岩或燧石
由海洋地殼上的沉積物構成。
-枕狀玄武岩
岩漿湧出後碰到冰冷的海水，快速冷卻結晶形成。
-玄武岩席狀岩墻
岩漿上湧快速冷卻而形成，上湧過程被記錄下來出現形狀像草蓆一樣的結構。
-輝長岩
與玄武岩化學成分相近，但是岩漿在地殼深處慢慢冷卻，形成結晶較大的輝長岩。
-橄欖岩
超基性，屬於地函的成分。

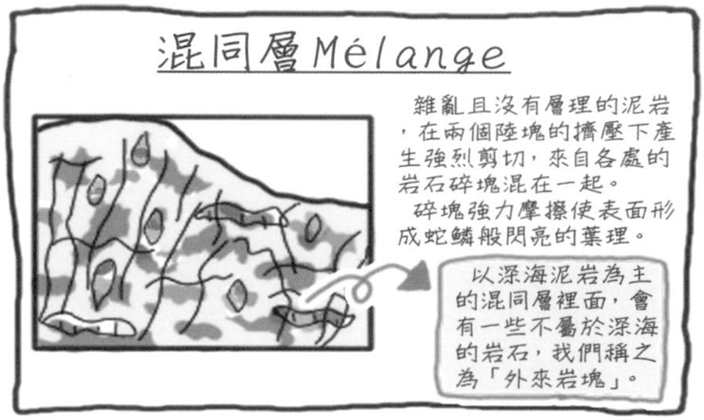

混同層Mélange
雜亂且沒有層理的泥岩，在兩個陸塊的擠壓下產生強烈剪切，來自各處的岩石碎塊混在一起。
碎塊強力摩擦使表面形成蛇鱗般閃亮的葉理。
以深海泥岩為主的混同層裡面，會有一些不屬於深海的岩石，我們稱之為「外來岩塊」。

圖 1-10 利吉層原是深海沉積物，由於碰撞過程中一些被削落的板塊、火山碎屑與後期沉積岩體，也被剪碎混入深海沉積物中，最後形成雜亂破碎的混雜岩體，其中基性與超基性的外來岩塊，可能為來自深海的海洋地殼，稱為蛇綠岩系。
圖片繪製：GEOSTORY

開始往北遷徙，最後在清同治初年（一八五六）來到這塊尚無人定居的土地。他們將此命名為Likiliki，以懷念恆春的故鄉 Liki社。頭目劉清元回憶，民國六十幾年割稻機剛引進時，他曾加入割稻班從屏東林邊一路往南幫人收割，「我到恆春的時候，發現他們的習俗、吃檳榔的方式、服裝等，真的幾乎都跟我們利吉一模一樣。」

上圖 1-11 利吉惡地中，以泥岩為主，充填了許多大陸與海洋板塊來源的大小不一的外來岩塊，是混同層的重要產物。本圖左上部一塊突出的即是外來砂岩。

下圖 1-12 卑南溪河床中兩塊蛇綠岩上的流籠支架遺跡。
圖片提供：林書帆

漢人移民潮則大致有三波：牡丹社事件後開放移墾；二次大戰時期躲避空襲；八七水災後來自嘉義、彰化、雲林等地的災民。會來到惡地的人似乎總有些不得已的因素。前村長曾金仁的父親就是其中之一：「我爸爸就是太老實，把支票借給朋友用，沒想到對方因為生意上的糾紛被殺，因為我爸是票主，債主紛紛找上門來，我們只好全家跑路到利吉。」

早期的東部移民潮，也為農業社會的土地仲介「牽猴仔」帶來商機。曾有一位五〇年代從嘉義搬遷到泰源的果農描述過牽猴仔的運作模式，基本上帶著一家老小希望能早點安頓下來、經濟能力又不高的移民並沒有什麼選擇權，牽猴仔有時只是隨意把人帶到一塊無主之地，至於土地是貧瘠或肥沃就只能聽天由命了。「所以當時來到這塊地也不是我們自己挑的，不過當時我媽媽看到原住民種的地瓜非常肥美，就認定在這裡生活一定沒問題。」奈何在農民心目中生命力強韌、又是重要糧食的地瓜，偏偏不適合在利吉惡地生長。「不只地瓜很難種，種出來的木薯也只有指頭大。」現在種植芭樂的蔡鴻謨先生如此形容。劉清元頭目也說，「這裡的土地不算肥沃，靠山邊的地方更貧瘠。剛開墾時還有一層腐植土，但一下雨很快就流失。」

但惡地上並不是任何作物都長不好。泥岩不易透水的特性，正好適合種植水稻。利吉村北端有一山泉水，阿美語稱「阿邦安（Abang'an）」意為有水源之地，「以前那裡種出來的米最好吃，」現任村長劉清明說。但因卑南溪自身的向下侵蝕作用，耕地離溪床的距離愈來愈遠，導致取水愈來愈困難，「以前距離河床只有十幾公尺，現在變成三、四十公尺，挖的水井過幾年就不能用了。用馬達抽水的話，一期稻作油錢就要花一萬多塊。」因此居民也漸漸地不再種植稻米。

雖然從富源村的步道俯瞰惡地十分壯觀，但在那個填飽肚子最重要的年代，居民對那一片作物無法生長的裸露地都沒有好感。更令人困擾的是惡地造成的交通阻隔。因卑南溪的流籠、便橋只有枯水期能使用，以前居民曾在惡地上勉強開通一條路到富源，稱為摩天嶺道，但只要一下雨就泥濘難行，又需時常翻修維護。在社區收集的老照片中，有一位來此提親的男士與未婚妻走在摩天嶺道上，因為地面太過崎嶇難行，女士只好把高跟鞋提在手上；利吉天主堂外的壁畫，則描繪了坐在竹筏上渡河的新娘。這些景象令人充分體會到當年利吉的對外交通是何等不便。

儘管利吉混同層的特性確實帶來一些困擾，早期居民卻從未以「惡地」稱呼它。「以前老人家都叫它『崩坎』，有一句俗話叫『一高一低，跌落無底找。』」富源居民林龍清如此形容利吉混同層陡峭、易崩塌的特質。利吉則有摩天嶺和禿頭山的稱呼。富山村居民、莿桐部落阿美族人Sinsing（漢名林淑玲）告訴我：「富山國小旁有一條伽溪的支流，沿著溪往山裡一直走，會走到『cionazan』，意思是『光禿禿的地方』，在那裡種東西都種不起來。不過你現在去看那個地方已經不是光禿禿的了，因為都長滿了銀合歡。」

雖然持續不斷的沖蝕使植物難以在陡坡上生長，但利吉混同層的分布地帶並非全然的不毛之地。翻開卑南鄉的土壤分布圖，富源村絕大部分面積都是屬於黑色土的膨轉土，這種土壤是火成岩混同泥岩生成，雖具有排水差、黏性高、使農機具不易操作的特性，保肥力卻很強。[12]富源村現任村長羅冉銘回憶，「老人家說以前剛來開墾時，富源山上的土地非常的肥沃，隨便種雜糧、玉米都有得吃。」

圖1-13 男士與未婚妻走在摩天嶺道上，因為地面太過崎嶇難行，女士只好把高跟鞋提在手上。
圖片提供：施明月女士

利吉村地勢較高的東側也有膨轉土分布，在曾金仁記憶中，以前山坡地因為沒有被開墾過，所以比平地還肥沃，或許便是因為膨轉土的存在。西側則因是卑南溪河床的範圍，被分類為雜地。「以前卑南溪很多人種西瓜，後來有一段時間河床禁止種植作物，很多西瓜師傅就到花蓮去教人怎麼種，現在人家說花蓮西瓜很甜很好吃，都是利吉的西瓜師傅教出來的。」

「西瓜師傅？那有芭樂師傅嗎？」我好奇地問曾金仁。

「沒有，種其他作物很少會請人來教，像芭樂就比西瓜容易管理得多。但因為種植西瓜的學問特別深奧，所以才有西瓜師傅。」

從西瓜與稻米的故事推測，也許「貧瘠」的感受並非源於土地，而是尚未摸索出適合的作物。但不論是利吉、富源或是鄰近的富岡、富豐，起初決定作物種類的並非土壤性質，而是大環境使然。臺灣在日治時期是供應日本國內砂糖的重要產地，羅再銘村長的父輩就曾和日本會社簽約種甘蔗。甘蔗在戰後很長一段時間仍是臺灣主要的高經濟作物，當時台糖所收購的蔗糖，主要來自大面積種植的蔗區，以節省運輸成本，像利吉這樣交通不便、栽種面積較小的區域，通常都交由小型私人糖廠收購，當時台糖壟斷白糖生產，私人糖廠只能製紅糖，若賣不完，再賣給台糖做精煉。利吉村就曾有一家「大裕糖廠」，可惜幾經轉手後已拆除。

相較於蔗田幾乎遍布全島，另一種高經濟作物香茅就可說是臺東代表物產了。臺東香茅產業始於日治晚期，一九六四年後躍升臺灣香茅精油最大產地，不少八七水災後遷來臺東的災民，靠著種香茅養家活口。香茅對土壤並不挑剔，生長在貧瘠土壤的香茅出油率反而高。[13] 曾金仁在利吉的住家面向卑南溪，他在院埕指著周圍的山坡地說，「在六、七〇年代外銷榮景的最高峰，這些土地都種滿了香茅，你現在看到的都是次生林。」

惡地雖然予人無用之地的聯想，卻曾創造龐大的經濟效益。臺灣香茅產業的極盛時期，曾占國際市場總供應量的百分之七十，一九五六年香茅油外銷總值達五一〇萬美元，僅次於蔗糖與稻米。而蔗糖為臺灣帶來的外匯，自一九五〇年代起的三十年間數度超過總值的七成。這些資本積累都成了工業發展的初始資金。一九七〇年代中期後，臺灣整體產業結構逐漸轉型為工商業，農業生產成本提高，香茅產業面臨爪哇、海南島的競爭，又漸為化學香精所取代。一九八〇年代後，國際糖價低迷，糖廠紛紛停產，甘蔗種植也隨之沒落，但可能也因此減緩了土壤流失的情況。富源村的羅再銘村長和利吉村的劉清元頭目，都曾觀察到類似的現象：「因為現在耕種面積減少很多，比較不會malene，以前下大雨的時候，甘蔗、香茅都會全部滑下來。」malene就是阿美語的「地滑」。

除了經濟作物之外，惡地上許多野生植物也大有用處。早年富源隨處見的相思樹，是燒製木炭的上好樹種，以前許多居民都靠著砍柴、燒炭到臺東市換米或生活用品，富源的古名「火炭窯」就是因此而來。還有俗稱爛心木的黃連木，因生長緩慢而在一般肥沃的土地上處於劣勢，強韌的根系卻使它成為惡地上的優勢樹種。因為蛇不喜歡它特殊的氣味，所以時常可以觀察到鳥兒在上面築巢。曾金仁說，黃連木因為樹心具有美麗紋路，七〇年代開始成為熱門園藝、藝品樹種，還常有人到利吉、富源一帶盜挖，只有生長在較崎嶇地形上的才能倖免。材質堅硬的車桑子，早年常用於牛車圍欄、卡榫、插銷，「所以它的

圖1-14 惡地常見植物車桑子

名稱其實是河洛語的車『栓』子，因為音近而被寫成車桑子。」曾金仁解釋。

惡地上許多事似乎都有兩面。清末民初的地質學者丁文江曾寫過一首〈諷竹詩〉：「竹似偽君子，外堅中卻空。成群能蔽日，獨立不禁風。根細善攢穴，腰柔慣鞠躬。文人都愛此，聲氣想相同。」中研院生物多樣性中心研究員邱志郁發現，溪頭附近被孟宗竹侵入的林地，出現生物多樣性、土壤有機質含量皆下降的情形，溪頭的竹子不似君子，而是近於〈諷竹詩〉的負面形象。但在臺南、高雄一帶的惡地上，刺竹卻是關鍵的先驅植物，不僅能貢獻極度欠缺的有機質，根系也提升了土壤的保水性、通氣性，提供後續植物演替的條件。[14] 在利吉惡地扮演類似角色的，則是偏愛生長在陡峭地形的臺灣蘆竹。

惡地上還有另一種植物也帶有這種矛盾衝突的形象。現在說起銀合歡似乎是人人得而誅之，但社區導覽員、曾金仁的女兒曾怡潔言談中卻頗有些為銀合歡抱不平的意味：「現在一般人在做環境教育解說的時候，通常只會告訴大家銀合歡有多壞，卻不提它以前有什麼貢獻。銀合歡的木材也算滿堅固的，還沒有利吉大橋之前，我們也曾經用它做為搭便橋的材料。」

「銀合歡對早期的農村經濟是有貢獻的，」曾金仁說。原來銀合歡有一百多個品系，夏威夷銀合歡早在三百多年前就由荷蘭人引進，除用作薪材、田地的綠籬，還是牛、豬等家畜喜歡的食物，以前甚至有專門以銀合歡為原料的飼料工廠。沒有蔗渣可用時，糖廠也會用銀合歡當燃料。一九七六年，臺灣為造紙引進薩爾瓦多銀合歡造林，後因獲利不如預期而被棄置，再加上務農人口減少，休耕、荒廢的田地迅速被銀合歡占領，在這種種因素之下，才使它成為今天人見人厭的強勢入侵種。

在此之前，銀合歡也曾是富源產業史上的要角。早在甘蔗還是富源主要作物時，就有不少人養羊當副業。羅再銘村長說，「銀合歡粗蛋白含量高，又長得快，對羊來說是很好的食物，以前的羊幾乎不用吃飼料，只吃銀合歡就長得非常肥嫩，所以以前很多人喜歡來富源買羊。」但好景不常，一九八〇年代，銀合歡木蝨的傳入[15]，對銀合歡造成嚴重危害。「那時候因為羊沒有東西吃，大家只好改用飼料餵羊，當時農民也不知道不能一下子讓羊吃太多，結果很多羊都吃到撐死。」羅再銘村長說。後續的羊肉進口、人口外流等因素，使富源羊肉產業風光不再，目前少數幾戶養羊業者，則改用牧草和飼料餵羊。

在原先的主要產業紛紛沒落的同時，利吉、富源也和臺灣眾多農鄉一樣，面臨人口外流與高齡化的問題。富源村目前常住人口僅餘三百多人，利吉村有四百七十人左右，但有超過五分之一是六十五歲以上的老人。雖然甘蔗、香茅的流金歲月一去不返，但也正因如此，社區才能迎來摸索自己道路的契機。

1-3 從惡地到寶地：地質公園與社區轉型

如今在GOOGLE搜尋「惡地」，首先出現的都是利吉惡地的相關資訊，連地質公園觀景臺對面的芭樂園都掛出了「惡地芭樂」的招牌。不過「利吉惡地」的響亮名號，其實是在短短十幾年間建立起來的，主要幕後推手正是曾金仁。曾金仁的父親是在利吉種果樹的先驅，起初是種柳橙和香蕉，後來改種釋迦。八〇年代左右，陸續有農業專家對利吉的土質進行研究，發現來自海洋地殼的外來岩塊風化後，帶來的鐵、鎂、鈣等礦物質，恰好是芭樂、釋迦等果樹所需的養分，並提升了果實的風味與甜度。曾金仁在參加了農政單位的講習後，知道惡地很適合種果樹，因此逐漸改變了對惡地的觀感。

花東縱谷國家風景區管理處成立後，第二任處長彭德成注意到利吉惡地的觀光潛力，委託中冶環境

造形顧問有限公司進行規劃，中冶公司的郭中端老師找上當時擔任村長的曾金仁，帶領規劃團隊進行社區踏查。這些經歷讓曾金仁對利吉惡地的特殊性有了更深的瞭解，透過他把相關資訊傳遞給村民，村民也漸漸知道這是一塊寶地。

「就是在這個階段我們知道了惡地的學術名稱是『利吉混同層』，不過這時『惡地』的名稱還沒有出現，我們利吉人還是叫它摩天嶺。那時候有些從西部或高雄來的人會叫它小月世界，我就非常不以為然，這裡已經有小野柳、小黃山，絕對不能再叫小月世界了。因為在規劃的時候我們社區居民也會參加會議，我當時就提議說叫利吉混同層太學術性，既然這種地貌屬於惡地地形，我們不如就把這個區域稱為利吉惡地。」

圖 1-15 利吉惡地種出的芭樂漸漸打出響亮名號

在曾金仁的號召下，「惡地」漸漸成了社區的註冊商標：「臺東居民有很多是從其他地方移民過來，像我們社區裡第一個種芭樂的何先生，就是從高雄岡山搬來的。所以臺東很多物產其他地方也有，建立自己的特殊性顯得更重要。惡地對面那家賣芭樂的，原本是掛燕巢芭樂的招牌，經過我強力遊說之後才改成『惡地芭樂』，他本來還不太想改，沒想到改名之後愈來愈暢銷。自從利吉的水果打響名號後，有不少以前休耕、廢耕的水田都改種果樹了。」

不過也有人覺得「惡地」之名聽著不吉利。曾金仁說起二〇〇七年時，某個觀光協會曾想針對利吉惡地舉辦改名票選活動，但幾次協調會上社區居民都不領情，結果只辦了小黃山更名的票選，票選結果為普悠瑪山，但因為活動並未與政府機關取得共識，最後也沒有正式改名。[16]

「我提出利吉惡地這個名字的時候，村子裡起初也有一部份人不贊成。不過在二〇〇七年改名風波的時候，當初最不贊成的那個人第一個跳出來說絕對不能改，因為利吉惡地已經為他的農產品打出知名度了。我們取名利吉惡地就是要引發大家的好奇心，當你瞭解惡地為什麼叫惡地的時候，你就會知道惡地原來是寶地。」

一九九四年，農委會擬定「地景保育統籌計畫」，由臺灣大學地理系王鑫教授主持的地景保育小組，針對臺灣各地的特殊地質、地景進行分級、評鑑、登錄，是臺灣有系統進行地景保育的開端。其後林務局於二〇〇二年開始推動的社區林業計畫，也將地景保育納入社區營造的一環。二〇〇六年，利吉社區加入了東華大學自然資源與環境學系李光中老師主持的社區林業計畫，以「惡地有惡人、惡地水噹噹、惡地結佳果、惡地生態豐」為主軸，對社區的人文、地景、產業與生態進行調查，進一步強化了對地景的認同。曾怡潔說，「接觸到這些知識後，大家更瞭解為什麼我們的果樹長得比較好，也比較知道怎麼跟客人解釋。開始做這些計畫之後，對周遭環境的觀察也變敏銳了，也開始比較注意社區裡有什麼動物、昆蟲。他們做環頸雉調查可認真了。」

二〇〇四年，世界地質公園網絡（Global Geoparks Network，簡稱GGN，亦稱The Global Network of National Geoparks）成立，這是一個聯合國教科文組織所支持的自發性保育網絡。地質公園與我們較熟悉的國家公園有何不同？劉瑩三教授解釋，「國家公園的概念來自美國，美國是地廣人稀的國家，保育時傾向『無人荒野』的概念，當初成立國家公園時也未考慮印第安人的權益。地質公園的概念則來自歐洲，因其地狹人稠的特性，在思考保育時必定要考慮到居民，而取得居民認同的最佳途徑就是邀請他們共同參與。」

二〇一〇年，林務局將利吉惡地選為社區參與推動地質公園的示範區，因為在社區林業計畫時就接觸到相關資訊，居民對地質知識並不陌生，更重要的是地質公園結合地方產業發展的目標與社區一致。「我們在讓更多人認識惡地的同時，塑造出產業的獨特性，讓大家一提到惡地就想到芭樂。這樣的目標剛好跟地質公園的理念完全相符，這本來就是我們想走的路。」曾怡潔說。

目前利吉社區已設計出一套生態旅遊遊程，未來除培訓更多導覽員、將社區活動中心設為地質館外，還要更凸顯地質公園與產業之間的連結。考量到惡地土壤易被沖刷的特性，一些果農逐漸有意識地改為草生栽培，「不過現在還是有些人會用除草劑，未來希望能將利吉社區出產的水果，整合在地質公園這個品牌下，同時也藉此說服更多人慢慢改變耕作方式，以維持一致的品質。」曾金仁說。在這塊地質破碎的土地上，一種與自然環境緊密相關的地方認同，正逐漸膠結成形。

不過將在地產業與地質公園結合這條路，對富源社區來說要稍微辛苦。富源與利吉雖有相同土質，農業發展卻受限於缺乏灌溉水源，但居民仍持續思考著轉型的可能性。二〇一一年，社區獲林務局補助進行生態調查，發現社區中不乏朱鸝、黃鸝、環頸雉等保育鳥類，還能見到野兔、穿山甲、食蟹出沒。不過其中最令人津津樂道的，還是林龍清與鳳頭蒼鷹的故事，這位素人生態攝影師已經連續記錄鳳頭蒼鷹五年，拍下數十萬張珍貴照片。林龍清說，鳳頭蒼鷹每年都會回到同一棵樹來育雛，「可惜那棵樹被二〇一六年的尼伯特颱風吹斷了，不過雛鳥離巢初期還是會跟親鳥要食物，那時候就會聽到叫聲，就可能發現新的巢位在哪裡。」

身為雞農的林龍清，與會捕食小雞的鳳頭蒼鷹原本是不共戴天之仇，會開始觀察鳳頭蒼鷹的生態其實是因為巧合，「因為那個鳥巢剛好就在我每天去雞舍的路上，既然社區有在做生態調查，就想說經過的時候順道觀察一下。」

這一看看出了興趣，為了拍到清楚的照片，他自費購買長鏡頭、縮時攝影機，看到雛鳥的可愛模樣，不忍牠們因親鳥被毒殺而餓死，心念一轉，決定與牠們和平共處。「鳳頭蒼鷹其實也算正人君子，不會說吃兩口再去攻擊別隻雞，牠一次吃不完會分早餐中餐晚餐吃掉。以前我們沒有保育觀念的時候，會利用牠這種習性去下毒，一隻雞可以毒死好幾隻鷹，因為牠們看到有食物沒吃完都會回來吃。後來經過調查發現，鳳頭蒼鷹的食物來源很多，像是石龍子、老鼠、其他鳥類的雛鳥等。牠大多只抓一個月齡以內的小雞，所以現在我們就等一個月大再放出去，再加上圍網就可以把損失減到最低。還有一個辦法是我

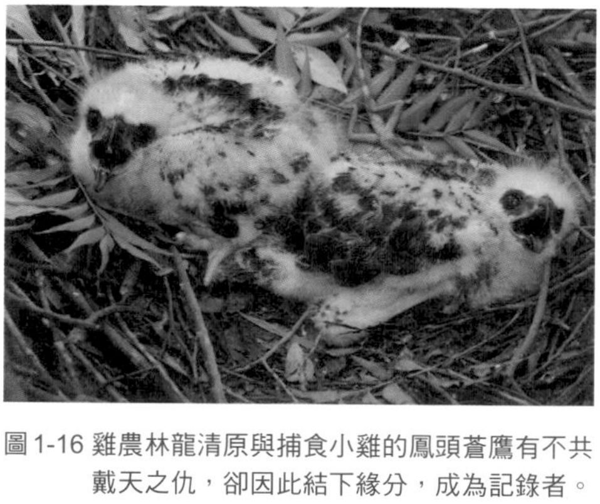

圖 1-16 雞農林龍清原與捕食小雞的鳳頭蒼鷹有不共戴天之仇，卻因此結下緣分，成為記錄者。圖為鳳頭蒼鷹的雛鳥。圖片提供：林龍清

們飼養過程中會淘汰一些不健康的雞，就放在比較明顯的地方讓牠去吃。」

鳳頭蒼鷹與雞農間的恩怨有了快樂結局，不過果農與野生動物間的關係還是有些緊張。富源近年正在推廣的牛奶果，有不少都進了白鼻心的胃。「白鼻心還是有點傷腦筋，牠都會來偷吃我種的水果，像芭樂十顆有七顆都會被牠吃掉，而且食量驚人，牠們會整個家族一起出來吃。龍眼結果期時晚上頭燈一照都很容易看到。我因為是種來自己吃的，所以還無所謂。像芭樂我種三十棵，其實吃不了那麼多，一半以上都餵給白鼻心了。」林龍清坦言，對於以果樹為經濟來源的農人來說，「這個問題可能還是無解，就看他怎麼想。不然就是種多一點，牠吃也吃不了那麼多。」

將野生動物轉化為資源，或許是解套的方法之一。除了林龍清所帶領的夜間觀察，社區也整理出一條生態步道，為螢火蟲、蝴蝶營造棲地，步道終點還能俯瞰壯觀的惡地地形。社區生態旅遊今年已舉辦過兩次踩線團，未來若能與當地餐飲、民宿業者進一步合作，不失為極具潛力的發展方向。

然而居民們對社區未來的規畫，卻受限於一個歷史因素。一九五二年，為確保蔗糖生產，經濟部指示台糖自營農場土地不予放領，至今富源村仍有將近百分之七十土地為台糖所有，再排除國有財產局與縣政府等機關持有的公有地，私有地極為稀少，大部分居民都是向台糖承租土地。居民林先生說：「現在能養雞的都是早期的雞舍就地合法，不能蓋新的。要蓋新的話，只有私有地能申請牧場登記。」富源社區發展協會前理事長羅裕峰說：「不要說像停車場這種簡單的建設，就算我們想種一些高經濟樹種像櫸木、牛樟也不行，因為台糖是短期租約，不允許造林。像我們之前申請農村再生計畫，水保局可以補助我們做一些硬體設施，也是因為卡在地是台糖的沒辦法做。」

二〇一一年時，富源村唯一的小學被裁撤，也對社區發展造成不小的打擊。現任社區發展協會理事長王應福說：「以前學校還沒裁撤的時候，校長跟老師都是我們的後盾，社區的一些文書工作、文宣設計等，尤其需要用到電腦的事情，他們都幫了很多忙，我們學校雖然小，但老師跟小朋友、家長都打成一片，關係很密切。所以說一個社區沒有學校影響很大。」

居民原本希望化危機為轉機，將校地規劃為背包客棧、露營地，甚至以假日學校形式，轉型成像是草嶺的生態地質國小。但校地產權屬於臺東縣政府教育處，必須通過公開競爭型提案評比，才能取得使用權。羅再銘村長說，「縣府的立場是希望未來經營校地的單位有一定的獲利能力，才能增加縣庫收入，這點社區一定是比不上外來企業，但我們對它是有感情的，當初建校時縣政府也沒錢，是村民出錢捐地蓋了這間學校，對財團來說它可能就是一個生財工具，但學校對社區來說就像我們身上的一塊肉一樣。」

無法取得校地經營權，也使社區積極推動環境教育場所認證的努力受阻，「申請環境教育場所需要一個解說中心做為辦公室、簡報的場地，而且這個場地要合法。在富源缺少私有地的情況，學校是少數合適的場所了。一個社區動起來想要做一些事是要醞釀很久、很不容易的，那社區好不容易動起來了官方又不支持，那殺傷力真的很大。」羅裕峰說。

校地經營權的歸屬，反映出社區居民與縣府對「發展」的不同想像，而這不同的想像又隱含了一個重要的提問：在利吉混同層、乃至於臺灣這地質脆弱的島嶼，什麼樣的開發、生存模式才是最適合的？

圖 1-17 2011 年時，富源村唯一的小學被裁撤。

1-4 人如何生存在這脆弱的島上？

世上廢墟建築何其多，石頭卻無一是廢墟。

——蘇格蘭詩人麥迪米德（Hugh MacDiarmid, 1892-1978）

二〇一六年七月，強烈颱風尼伯特在太麻里登陸，十七級強陣風打破臺東氣象站六十年來的紀錄，接著在九月中到十月初短短不到一個月的時間內，臺灣又連續遭遇四個颱風侵襲，最後成形的艾利颱風雖只是輕颱且未登陸，卻在臺東帶來驚人雨量，那是在利吉、富源住了一輩子的居民記憶中不曾有過的大雨。在艾利颱風最接近臺灣本島的十月六日，臺東外海湊巧又發生芮氏規模六．〇的地震，七日開始，富源村便陸續傳出地滑災情。受災戶之一林先生形容：「地滑不像地震或土石流，是慢慢地位移，你完全不會感覺到它在動。只會聽到建築物結構慢慢被扯開的聲音。我就覺得奇怪，為什麼我家天花板的輕鋼架會一直掉下來，後來看到院子前面水泥地裂縫愈來愈大，才確定是地層在滑動。」經濟部中央地質調查所區域地質組組長李錦發解釋，泥岩雖具有滲透率低的特性，「但如果長期下雨，雨水仍會經由泥岩本身鬆動的縫隙下滲至深處，在斜坡上就容易產生滑動面，再加上地震搖動，雨水更易下滲至地層深處，大型的滑動就容易發生。」

說起從尼伯特到艾利帶來的一連串災情，曾怡潔感嘆道，「我覺得這幾年的氣候是有比較亂。」不過曾金仁認為，把氣候變遷視為人類造成、「自然反撲」值得商榷。他認為這場雨就像「板塊的擠壓造成山脈擡升，擡升之後又山崩」，是一種自然界的循環。

某方面來說，曾金仁的想法不無道理。地質學上的重要法則均變說（Uniformitarianism，或稱漸變說），於十八世紀由詹姆斯・赫頓（James Hutton）提出，並由查爾斯・萊爾（Charles Lyell）發揚光大。均變說的核心概念為「自然法則自古至今始終如一，受這些法則支配的地質作用，其強度與速率也一直維持恆定。」均變說支配了地質學界一百五十多年的時間，直到一九八〇年代發現恐龍滅絕的主因是巨型隕石撞擊，地質學家們才確認強度異乎尋常的事件也是形塑地景的力量。地質學家瑪西亞・貝鳶業如（Marcia Bjornerud）寫道：「但這些事件並未違反均變說原則，因為它們也同樣為不變的自然法則所主宰。換句話說，以地球的長期觀點來說屬均變之事，對人類而言卻可能是天大的災難。」[17]已有許多研究發現，全球各地強降雨頻率的增加與全球溫度上升密切相關，而臺灣降雨強度的變化，又比中緯度國家來得劇烈。[18]不論是甘蔗、香茅、養羊業的興衰，都與全球化脫不了關係。如今影響著這個小島上的小村落的，是全球尺度的氣候變遷。

其實在二〇一五年，中央地質調查所就已公告了臺東縣的山崩與地滑地質敏感區，二〇一六年又陸續將利吉混同層及其蛇綠岩系外來岩塊、小野柳濁流岩劃為地質遺跡地質敏感區。然而這些措施僅止於提醒作用，對開發行為並沒有任何約束力。即便如此，地質敏感區的劃設仍時常引發「影響房地產價值」的擔憂。但地質技師公會技師紀權窗說：「臺灣是全世界災害密度最高的國家，敏感區是避不開的，地質敏感區顧名思義，是敏感的地區，而不是不治之症，劃設敏感區的用意是要民眾提高警覺，既然對某些東西過敏，就應該注意身體的調養，而不是發病之後才在哀聲嘆息。」

許多利吉、富源的居民，並沒有將惡地視為不治之症。曾金仁藉由日常觀察、田地水土保持的經驗中所累積的心得，發展出一套有別於專業工程師的知識體系：「像利吉國小後面有個地方每年遇到颱風就崩塌，因為那時候我有朋友在縣府，我就建議他要怎麼設計才不會再崩，他剛開始也不相信，但後來照我的說法做了之後就沒有再崩了。這裡的地質，結構工程師也許能從書本、數據上得知，但我們在地人才是最瞭解的，他們即使來現勘也只能看到表面。簡單說就是他們懂的我們不懂，我們懂的他們不懂。」

林龍清的七間雞舍，有兩間因為尼伯特颱風與長期地層滑動的影響已不堪使用，他卻看得很開。他說自己從小就會觀察到地層慢慢滑動的現象不斷發生，「外地人都說富源有『會走路的山』，但對我們當地人來說是有點少見多怪。你說會因此想搬走嗎？也不會，因為看多了。真正陡峭的地方我們也不會去開墾，比較平緩的地方也會滑動，但就是慢慢的。我們就是跟這種地質特性共存。」

利吉混同層的特性，對一些與它共存了數十年的在地居民來說，並不那麼可怕，但對於像美麗灣渡假村這樣的大型開發案來說，仍是一種無聲的警訊。美麗灣渡假村位於富山村都蘭灣南端，當地阿美族人把這裡稱為Fudafudak，意指「美麗的沙灘」，但其建築充滿侵略性的配色、巨大的水泥量體，恰恰將原本的美麗景緻破壞殆盡。莿桐部落居民、也是反美麗灣運動要角的林淑玲說：「你走在海邊會感覺到沙灘變硬了，因為底下被埋了工程廢棄物。」

美麗灣渡假村的爭議，早在興建之初就已開始。二〇〇四年，業者規劃總面積六公頃的國際渡假村，卻以免做環評的〇．九九九七公頃進行飯店主體開發，引發規避環評及後續一連串違反《原住民族基本法》等爭議。近十年來在反美麗灣的大小戰役中，林淑玲可說無役不與。但在此之前，她其實毫無社會運動相關經驗。林淑玲的投入要回溯到二〇〇七年，當時臺東大學的彭仁君老師找上她和幾個部落居民，討論規劃生態旅遊的可能性。「那時候我們組了一個協會，有的協會幹部就去學浮潛、取得執照，不過學這個還是相對簡單的，比較難的是跟別人介紹部落是從哪裡來的？大多數耆老的記憶都是從日本時代或戰後開始，但我想要挖掘、追溯更久遠的歷史。因為做傳統領域調查，才知道部落是因志航基地興建，才遷徙到莿桐這個地方，有些族人甚至因此遷徙到金崙，所以金崙這個以排灣族為主的地方才有一個阿美族聚落。部落中還有其他人是從其他地方遷徙來的，像我爸爸是從馬蘭來的，他們從小就是為了生活、為了耕地一直在遷徙。」

也是在二〇〇七年，開發業者在臺東環保聯盟要求下到部落開說明會，「那時候說明會的氛圍就是『如果你們贊成開發就舉手』，根本無法去談更細節的東西，比如你說會愛這片海不會汙染，但具體是要怎麼進行？」林淑玲回憶。會後她與環盟成員交談，才知道自己的家被劃入第二期工程預定地。這個事實與她先前所接觸的部落文史調查聯繫到一起：「部落以前就被迫遷多次，現在美麗灣來了，是不是又要被迫遷？」

幸好在纏訟多年後，最高行政法院於二〇一六年三月三十一日判定臺東縣政府第七次環評結論無效，接著在四月二十一日判決業者復工屬違法，縣府敗訴定讞，然而即便如此，要恢復阿美族人記憶中的美麗沙灘仍是遙遙無期。這棟號稱要「與臺東共生共榮」的建築，終究成為 Fudafudak 上的巨大廢墟。

人為建築會成為廢墟，但岩石不會。石頭在原住民文化中，除了標示田地邊界、石砌田埂防止水土流失、用作家屋基石、建材外，泰雅族還有埋石立誓的傳統，以岩石相對於肉身之易朽，象徵誓言的有效性。一九三三年，日本人首度在都蘭發現新石器時代遺址，一九八五年考古學家連照美教授進行發掘，發現大量石器、石壁與石棺，近年都蘭部落在遺址入口處樹立一座「阿美族發源地」石碑，碑文記載了部落因地震、海嘯而遷徙的歷史。都蘭的阿美語 a'tolan，即是岩石堆疊與地震頻繁之意。大地碎裂，誕生了岩石，碎裂的岩石成就了最早的人類文明。[19]

對海的子民阿美族來說，海裡的每一顆石頭都有名字。林淑玲細數石頭們的命名由來：「kaiyakai（階梯）是退潮時會露出來，可以走過去採集海產的一列石頭；fanaw是一塊進行祈雨或祈求晴天儀式的石頭。大多是依照石頭所在地的資源、外型來命名，或是fashaywan（風箏石）這樣有傳說的地方。也有很生活化的命名法，比如說有某位族人曾經從某塊石頭上掉下來，之後那塊石頭就以他的名字命名。」

林淑玲積極投入反美麗灣的重要原因之一，就是這些與族人原有生活習慣密切相關的傳統地名與記憶，可能會因開發案而改變、消失。「為了要去飯店上班，就不會再去海邊，就不知道海裡面有什麼變化了。像老人家會跟我們講說，以前海裡魚很多，現在都沒有了。在我記憶中，我的阿公、媽媽晚上都會下海採集，隔天早餐就可以吃。開發案來了之後，這樣的生活還能持續嗎？我們記憶中的美好生活會不會下一代就沒有了？」林淑玲的感慨，令我聯想起從盤古大陸分離的五大洲，孕育出各自獨有的生態、景觀。但全球化導致的生物遷移正在逆轉此一現象，外來種使全球各地的同質性愈來愈高，如同漫山遍野的銀合歡。《第六次大滅絕》的作者伊麗莎白・寇伯特（Elizabeth Kolbert）形容這是「人類用另一種方式將地質史高速倒轉」。在這個趨勢下，人類將創造出生物相極為相近的「新盤古大陸」[20]。而現今將外來企業視為「發展」唯一途徑的方式，是否最終也將抹除所有「地方」的特質與差異？

除了美麗灣渡假村外，杉原灣周邊還有杉原棕櫚濱海渡假村、黃金海渡假村、娜路彎大酒店預定地，都緊鄰著不穩定的利吉混同層。二〇一五年七月二十九日，地球公民基金會等團體與部落族人帶著利吉芭樂來到環保署前，高喊「利吉混同層要種芭樂不要種飯店」的口號，要求在海岸法適用地區劃定前，暫緩審查杉原棕櫚案。雖然此次行動成功促使環保署暫緩審查，但隨即在二〇一五年年末，臺東縣政府從議會到縣長，都公開表態要刻意拖延海岸法子法訂定，否則「臺東的海岸線從此將拿來長草。」[21]

但除了「長草」、「引進外來企業」之外，利吉惡地地質公園的社區參與，所展現出的正是「發展」的不同可能性。而推動地質公園的目的，也是為了讓人們更能聽見大地的脈動，「當人理解大地的規律，就算是生活在地質敏感區，人與大地也能和平共存，人會以自己生長的土地為傲，大地也會守護依賴她維生的子民。」紀權窅說。日趨極端的氣候與破碎的地質，都無聲質疑著大型開發的思維模式，而利吉的農業與富源的生態旅遊，卻隱藏著與大地和平共存的答案。我問林淑玲，拒絕外來企業後，部落有沒有發展在地經濟的可能？她說務農或許會是一條出路：「當然我們不能否認人口外流、老化的問題，但不代表我們不能做些什麼。我覺得以加路蘭、莿桐或杉原來看，我們缺少的是土地。如果有土地再加上正確的農耕策略，就不一定要去外地工作。像南迴有幾位排灣族青年不就因為種小米、紅藜很成功？是不是這些公有地不要再ＢＯＴ給私人業者，而是讓部落來耕種？」

不論是農業或生態旅遊，在地經濟的發展與地方意識的建立密不可分。林淑玲現在正在進行的傳統領域地圖繪製工作，其實正逐漸建立起族人對自己族群、土地的認同。「我們現在就是在爭取時間，告訴更多人這些歷史。現在還是有不少年輕人不知

圖 1-18 利吉的農業與富源的生態旅遊，隱藏著與大地和平共存的答案。

道杉原棕櫚預定地是他們的傳統領域。我覺得在標示這些傳統地名的過程中，部落對土地的認同也在加深，未來若是再有開發案進來，也許他們會有不一樣的想法。」我又想起均變說的信條：「現在是通往過去的一把鑰匙。」而林淑玲等人的努力，是要從過去尋找如何前進的契機。

注釋

1 「後山意識」的發展歷程，見顏崑陽〈「後山意識」的結構及其在花蓮地方社會文化發展上的異向作用與調和〉，《淡江中文學報》第十五期（二〇〇六年十二月），頁一一七至一五一。

2 「泛蓋亞」在希臘文中意指「所有的陸地」，中譯為盤古大陸。

3 W.Jacquelyne Kious，Robert I.Tilling，《板塊構造學說紀事》，陳建志、馬家齊譯（臺北：五南圖書出版，二〇〇五年），頁十一。本章關於板塊構造學說的歷史大部分參考此書。

4 古爾德補充，這位教授在兩年後「突然皈依了大陸漂移學說」。古爾德，《達爾文大震撼》，程樹德譯（臺北：天下文化，二〇〇九年），頁二四六。

5 劉瑩三老師解說：「弧」有兩種，一為島弧，一為大陸弧。海洋板塊隱沒到海洋板塊之下所形成的火山，就叫做島弧。南美的安地斯山脈則是大陸弧，太平洋板塊和科科斯板塊隱沒到南美洲板塊底下，形成了一連串陸地上最長的山脈。

6 從「一億多年以前……」這段臺灣地質史主要參考此網站 http://carbon14.gl.ntu.edu.tw/history.htm 及《一起設立地質公園》。

7 五十萬年與每年八公釐的數據，出自王鑫教授二〇一四年的演講PPT「以臺灣島嶼群之地質說故事」。

8 首任所長為畢慶昌，一九七八年併入經濟部中央地質調查所。

9 鄧屬予，〈淺論利吉層的成因及其在大地構造上的意義〉，《地質》第三卷（一九八一年），頁五七至五九。按：二〇一七年七月十一日訪問張中白老師時，張老師進一步說明北端的玉里帶確實有混同層的特徵（含有蛇綠岩系），但因為已經輕度變質，所以稱為「帶」(belt)而不稱混同層（mélange）。

10 關於弧前盆地的解釋可參考此網站 http://homepage.ntu.edu.tw/~tengls/geo-info_earthquake.htm

11 蛇綠岩原始層序參考此網站 http://www.geostory.tw/ophiolites-melange-earthhistory/

12 富源村土壤分布圖見農村再生計畫書頁十一：https://goo.gl/hcKZtZ。利吉村土壤分布見臺東大學防災資訊中心「卑南鄉地區災害防救計畫」doc檔。膨轉土特性見此：http://lab.ac.ntu.edu.tw/soilsc/sc/sc_box_taiwan.html。

13 香茅產業的歷史與特性，參考黃學堂，〈臺東香茅產業滄桑〉，《臺東文獻》復刊第十六期（二〇一〇年十二月），頁一〇七至一二六。

14 參考邱志郁，〈竹林〉，《農業世界》第四〇四期（二〇一七年四月），頁七九至八三。

15 銀合歡木蝨入侵原因不明，可能因原木或苗木進口而傳入。木蝨吸食汁液會使銀合歡葉片皺縮枯萎，但因其生長快速，並不會因此大量死亡。

16 小黃山的正式地質名稱為「卑南山礫岩」，是由徐鐵良在一九五六年所命名。卑南山礫岩中的礫石大多來自臺東縱谷西側中央山脈的變質岩，因膠結鬆散易受侵蝕而呈現鋸齒狀山峰、直立崖面及岩柱等地貌。中國黃山主體為花崗岩，因垂直節理發達，經歷冰河侵蝕與風化作用才形成如今的樣貌。兩者的岩性與經歷的地質作用都大不相同，確實不應稱為小黃山。

17 均變說核心意涵與發展，參見貝蕎業如，《地球用岩石寫日記》（臺北：貓頭鷹出版，二〇一五年），頁四四至四六。

18 參考二〇一一年臺灣氣候變遷科學報告，頁七八。

19 本句化用自劉崇鳳，《我願成為山的侍者》（臺北：果力文化，二〇一六年），頁二九四。原句為：大地碎裂，誕生了石頭；石頭碎裂，誕生了樹；樹碎裂，誕生了火；火的生滅，成就了人。

20 伊麗莎白．寇伯特，《第六次大滅絕》，黃靜雅譯（臺北：遠見天下，二〇一四年），頁二四一。

21 參考劉致昕的報導 https://www.twreporter.org/a/taitung-protect-coast

利吉惡地地質公園

從臺東市走馬亨亨大道往火車站方向，到馬亨亨大道盡頭紅綠燈右轉入志航路，直走到臺東大橋，從橋頭左轉入堤防路可到達利吉村。

交通部觀光局花東縱谷國家風景區管理
http://www.erv-nsa.gov.tw/

臺灣地質公園網絡
http://140.112.64.54/TGN/park5/super_pages.php?ID=tgnpark22

CHAPTER 2

像一塊滾石

東部海岸小野柳地質公園

平靜無波的環境只會形成平凡的水平層理，正因這塊巨大的富岡砂岩經歷過地震、海底山崩的坎坷，才產生了許多精采的沉積同期變形構造。而生活在此地的居民，也跟石頭一樣，經歷過時代的巨變與流徙。

撰文／林書帆　攝影／許震唐

2-1 從濁流到滾石，層層解謎

一九七二年，詹姆斯．洛夫洛克（James Lovelock）提出他知名的「蓋亞假說」，這個把地球視為生命體的想法，源於他在一九六〇年代參與了美國航太總署尋找火星生物的任務，死寂的火星與地球之間的強烈對比，促使洛夫洛克發展出蓋亞假說。有趣的是，這個假說受到不少生物學家抨擊，有些專研無生命物體的地質學家卻頗能認同。地質學家貝鳶業如指出，地球之所以生機蓬勃，在於不只生物會誕生、死亡，水與岩石等物質也都不斷改變型態，循環再生。「沒有永存之物，但一切也正因此而永恆。」[1]

圖2-1 小野柳是東部海岸最南方的風景據點，位於富岡漁港北方，因地質構造與海浪侵蝕，形成十分特殊的地形和岩石景觀。

東部海岸小野柳地質圖

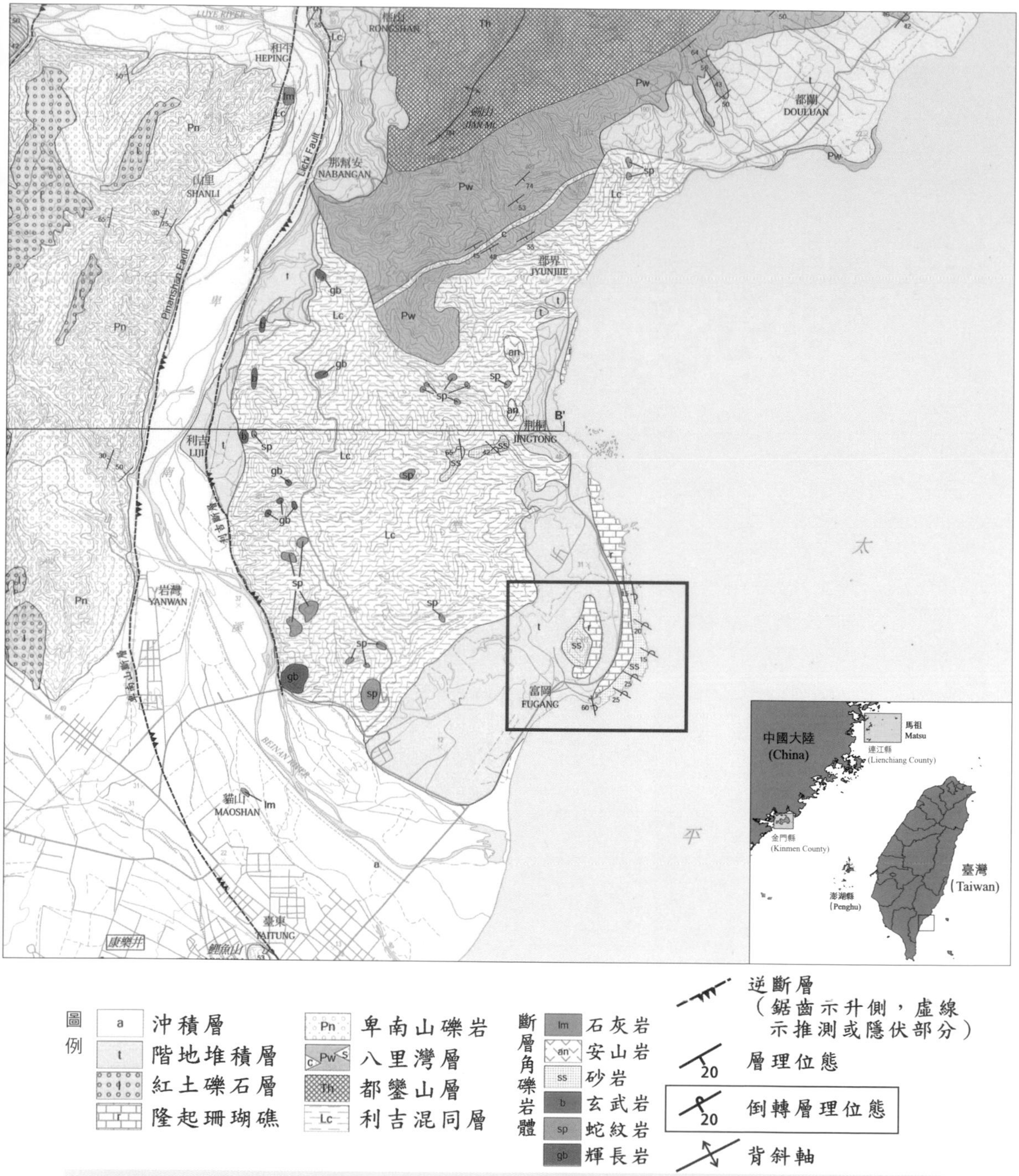

小野柳位處海岸山脈南端富岡至加路蘭沿海一帶，地層屬富岡砂岩或利吉混同層中的砂岩段，為一外來岩塊。富岡砂岩的岩性以淺黃色厚層砂岩為主，夾薄至中層深灰色泥岩。有一部分富岡砂岩上覆約 1~2 公尺之隆起珊瑚礁，意指本區歷經擡升過程。此外，倒置地層在本區出現，最為特殊。符號 是倒轉之意。

圖 2-2 圖片來源：經濟部中央地質調查所，《臺東、知本》。原圖比例尺為五萬分之一臺灣地質圖及說明書，圖幅第 59、64 號。

推動物質循環、形塑地景的力量，分為「內營力」與「外營力」。內營力包括板塊運動、造山運動、火山與岩漿活動等。如果說利吉惡地代表著這些地球內部活動的奧祕，富岡砂岩就是風化、侵蝕、沉積等外營力的最佳展示場。前文介紹利吉惡地時，提過海洋地殼會在中洋脊與海溝之間不斷循環再生，那比重比地函輕而無法隱沒的大陸地殼，又要如何進入岩石循環呢？答案除了雨水與河川的侵蝕，還有「濁流」。

濁流顧名思義，是挾帶大量泥沙的混濁水流，因具有較高密度，會沉入水體底部快速向下流動。當沉積在大陸棚邊緣的沉積物因洪水、海浪或地震的作用被抖落，再加上因深度變化導致的重力作用，沿著大陸坡往深海奔騰而下，就是所謂的「濁流」（turbidity current）。濁流是將源自大陸棚的沉積物抖落深海，使之隨隱沒作用回到地

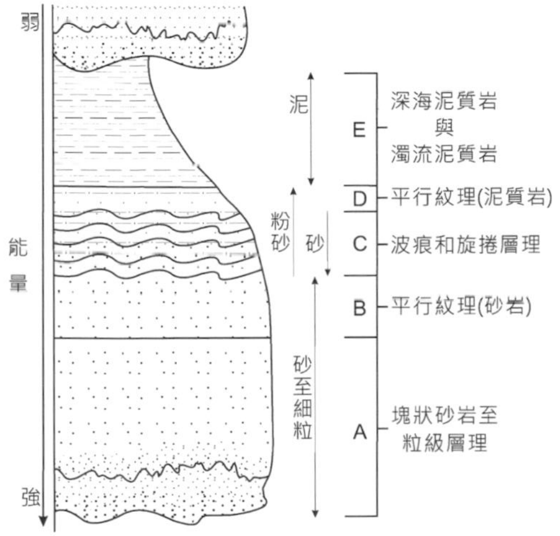

波馬序列

圖2-4 濁流停積下來所形成的沈積岩便稱為「濁流岩」。「濁流岩」是一套下粗而上細的沈積岩層序，其產狀常被描述成「波馬序列（Bouma sequence）」。整套波馬序列（ABCDE）在一次濁流的停積中並不盡然全部出現，但順序是不會顛倒的。

圖片繪製：GEOSTORY改繪

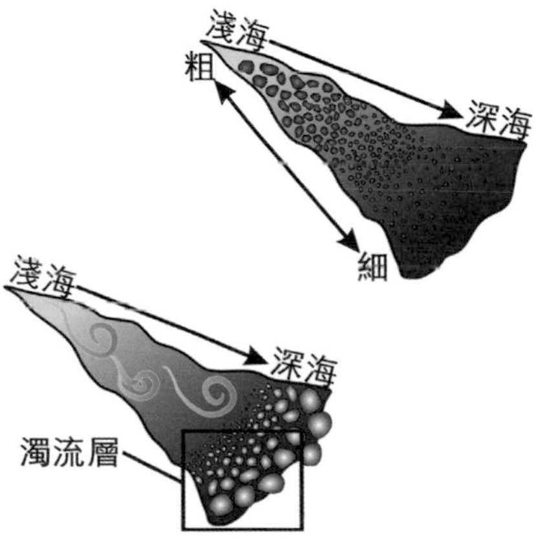

濁流沉積構造與演育簡圖

圖2-3 濁流是挾帶大量泥沙的混濁水流，可想像成水中的土石流。當沉積在大陸棚邊緣的沉積物因洪水、海浪或地震作用被抖落，加上重力作用，就會沿著大陸坡往深海奔騰而下。

圖片繪製：GEOSTORY

函。但也有些濁流沉積物逃過了隱沒作用，沉積為「濁流岩」呈現在我們眼前。出露於小野柳風景區的富岡砂岩，就是一塊巨大的濁流岩。

小野柳風景區的外觀乍看之下與利吉惡地地質公園截然不同，兩地卻同屬利吉混同層。富岡砂岩其實也是一巨大的外來岩塊，是由多達兩百個以上的濁流沉積物重複堆疊而成。這塊身世成謎的岩石如果要為自己寫一份簡短的自傳，內容可能類似這樣：「我生於中新世至上新世時期，來自大陸邊緣兩千公尺以下的深海，數百次的濁流沉積造就了我，我沿著海底溜滑梯不斷往下滑，最後滑進擡升中的增積岩體[2]，再掉進弧前盆地，後來隨著呂宋島弧愈來愈靠近大陸邊緣的臺灣島，弧前盆地隨之縮小消失，我便隨著構成利吉混同層的沉積物一起被『擠』了出去，隨著板塊的碰撞、擡升，我來到淺海並覆蓋上一層珊瑚礁，而因為地殼持續以每年一．五公分的速率隆起，我便和身上的珊瑚礁一起浮出水面，成為今天的樣貌。」

不過這份自傳還有不少待解的謎題。中央大學地科系張中白教授指出，富岡砂岩的神祕之處大致有兩點：「第一它的年代很老，甚至比弧前盆地裡的沉積物更老。第二它含有很多石英，石英是花崗岩的主要成分，而臺灣本島沒有花崗岩，所以它的沉積環境應該是大陸坡，才會承接到大陸沖刷下來的大量石英。有一個比較簡單的解釋方法是，它可能跟屏東佳樂水的樂水砂岩同為一體，因為兩者年代幾乎相同，成分也非常相似。因為呂宋島弧撞上中央山脈時同時也在順時針旋轉，可能在此過程中，富岡砂岩因斷層作用從樂水砂岩分離，順時針往北移動，最後掉在利吉混同層裡。問題是這個作用有可能讓它移動一百多公里之遠嗎？且樂水砂岩的成因本身也還有許多爭議待解，所以這只是一個推測。」

無論如何可以確定的是，富岡砂岩的生命史有很長一段時間都處在兩大板塊擠壓之下、劇烈變動的環境。它身上大大小小類型豐富的斷層標誌著它滄桑的經歷：有左移斷層、右移斷層、左斜逆斷層、右斜正斷層、共軛斷層等等。[3]

如果它是巴布・狄倫的歌迷，最喜歡的歌一定是〈像一塊滾石〉（Like A Rolling Stone），也許它自己會這樣唱：

感覺如何啊？
感覺如何？
在兩大板塊間擠來擠去，
不知道家的方向在哪裡，
像個徹底的無名小卒，
像一塊滾動的石頭？

話說回來，平靜無波的環境只會形成平凡的水平層理，正因富岡砂岩經歷過地震、海底山崩的坎坷，才產生了許多精采的「沉積同期變形構造」（syndepositional deformation structures），這種構造是在沉積物尚未固結時產生，包括荷重鑄型、旋捲構造和崩移構造等。荷重鑄型的形成機制為後期較重的沉積物，下陷到早期較軟的沉積物中。富岡砂岩因為是砂頁岩互層，因此是砂下陷到泥中，形

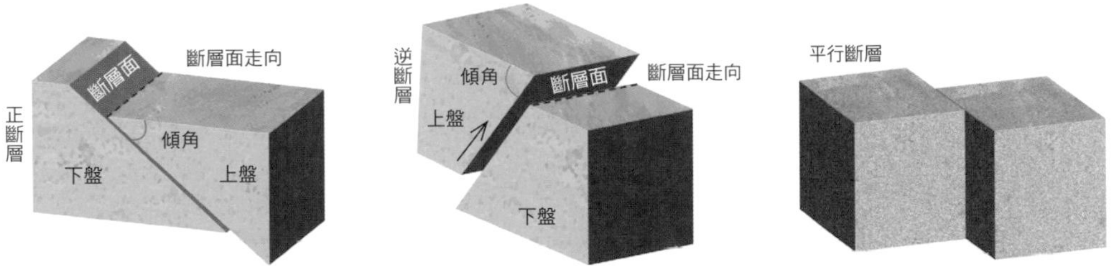

圖 2-5 正斷層：上盤對下盤形成相對地向下移動。逆斷層：上盤對下盤形成相對地向上推移
平行斷層：上下盤在水平面上相對之位移，而無上下垂直移動
共軛斷層：兩組方向不同、剪切方向相反的交叉斷層
圖片來源：遠足文化

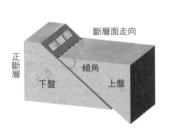

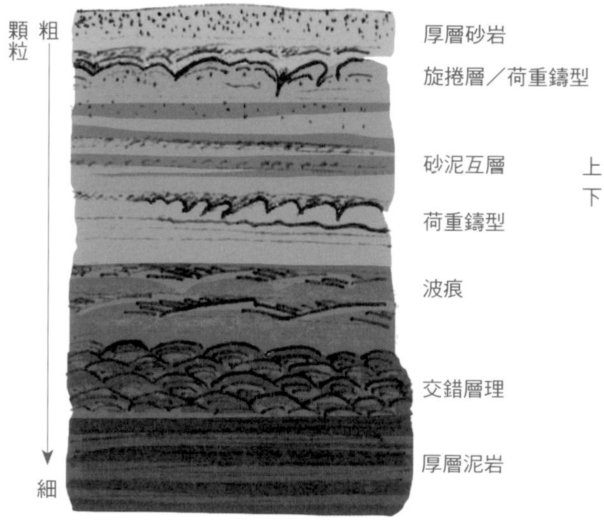

上圖 2-6 濁流岩實境照

下圖 2-7 小野柳富岡砂岩的濁流岩層顯示的序列，恰恰與波馬序列相反，粗粒在上，細顆粒在下，明顯為倒置地層。

圖片來源：東華大學劉瑩三教授〈東海岸地質公園計畫〉團隊提供。

插圖：郁靜慧；現場素描：吳柏霖；完成製作：楊瑞菁。

成連續的弧形，凹陷處稱為脫水構造，尖端處則稱為火焰構造。旋捲構造是兩個岩層之間的沉積物處於液化狀態時，因岩層滑移或自身的孔隙排水作用而形成捲曲的紋路。崩移構造則是岩層受到地震等因素的擾動，層層往下崩塌所形成。

除此之外，富岡砂岩身上還能觀察到許多特殊的濁流沉積構造。還記得前面曾提過富岡砂岩是由大大小小兩百多次深海濁流堆疊而成嗎？「底痕」就是濁流反覆堆疊所留下的痕跡：當已沉積的濁流沉積物之上又遇到一次濁流沖刷，就會在表面形成刮蝕，而這個痕跡又因再一次的濁流覆蓋而保存下來。底痕主要分為「凹槽鑄型」與「溝痕」，當攜帶大量泥砂礫石的水流通過泥層或未固結沉積物時，會淘挖出一種形狀略似熨斗的凹穴，凹穴尖端指示著當時水流的方向。當奔騰的濁流歸於平靜，砂礫便會沉積到這些凹穴中，形成「凹槽鑄型」構造。溝痕則是濁流所攜帶的堅硬物體如石塊或生物遺骸在沉積物表面拖曳出的溝槽，與凹槽鑄型的差別在於它無法指示古水流方向。

說到這裡，細心的讀者可能會覺得奇怪，為什麼「底」痕會出現在富岡砂岩的表面？又為什麼「凹」槽鑄型是凸起的？原來富岡砂岩在板塊劇烈推擠的過程中，頭上腳下翻轉了一八〇度。利吉混同層中有不少砂岩塊也呈現倒轉，但如富岡砂岩這般規模者，就算在板塊交界的東臺灣也只有此處得見。若在富岡砂岩實地觀察前文所提及的荷重鑄型等各種沉積構造，會發現它們全都上下顛倒。另一個地層倒轉的證據，是水域中才會出現的沉積構造「粒級層」，因為浮力的作用，水中的沉積物會依照顆粒大小依序沉積，形成底部以砂礫為主，頂部為細緻泥岩的層序，富岡砂岩卻是是上方較粗糙而底部細緻。從這特殊的地層倒轉現象，可見說富岡砂岩「像一塊滾石」是實至名歸。而生活在此地的居民，有不少也跟富岡砂岩一樣，經歷過時代的巨變與流徙。

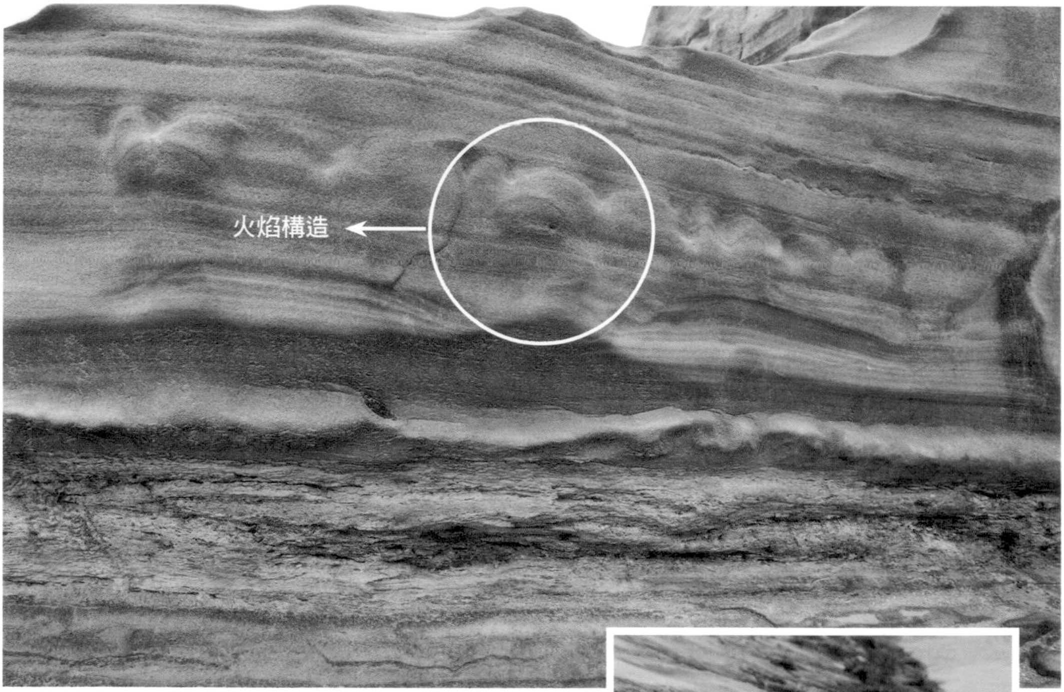
火焰構造

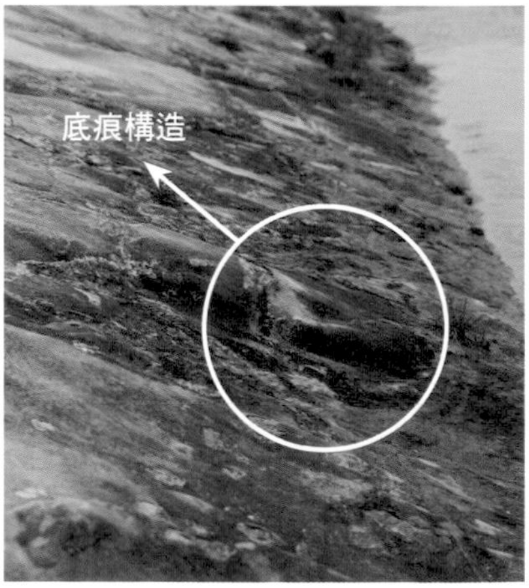
底痕構造

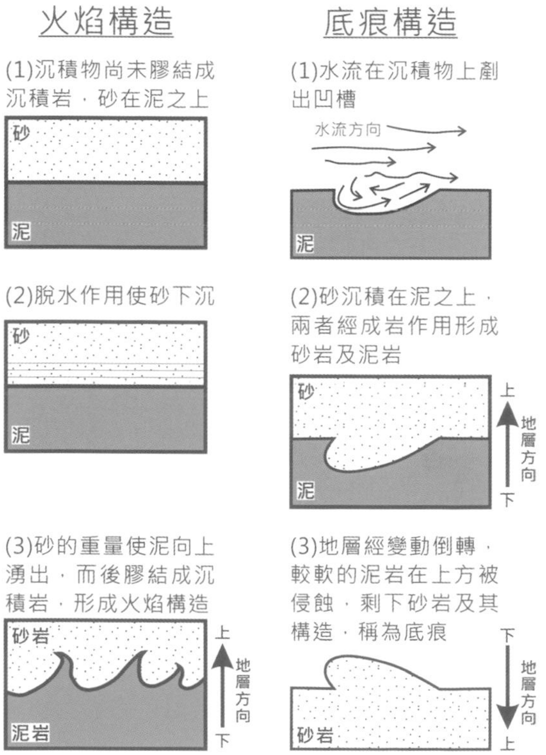
火焰構造
(1)沉積物尚未膠結成沉積岩，砂在泥之上
砂
泥
(2)脫水作用使砂下沉
砂
泥
(3)砂的重量使泥向上湧出，而後膠結成沉積岩，形成火焰構造
砂岩
泥岩
上
地層方向
下
底痕構造
(1)水流在沉積物上刷出凹槽
水流方向
泥
(2)砂沉積在泥之上，兩者經成岩作用形成砂岩及泥岩
砂
泥
上
地層方向
下
(3)地層經變動倒轉，較軟的泥岩在上方被侵蝕，剩下砂岩及其構造，稱為底痕
下
地層方向
上
砂岩

上圖2-8 已倒置的火焰構造，尖端朝下了。
右圖2-9 已倒置的底痕構造，凹槽變凸起。
左圖2-10 火焰、底痕構造形成過程簡圖。
繪圖：GEOSTORY

2-2 大陳義胞與原住民部落的混同多元

現今隸屬浙江省的大陳列島[4]，已是中國省級地質公園，以海蝕地形聞名，但在一九五〇年代初期，這裡卻是國共內戰的最後戰場，發生過慘烈的一江山戰役。一九五五年一江山失守後，蔣介石以撤守大陳，換取美軍協防臺澎金馬的承諾，於同年二月將大陳列島所有居民撤往臺灣，這些居民被稱為「大陳義胞」，散居於全臺各地的大陳新村，位於富岡里的漁山新村（又稱富岡新村）就是其中之一。

當時來臺的近一萬七千名大陳義胞中，只有來自漁山島的四百多人會說河洛語，因為他們的祖先是從福建、浙江一帶遷來，也因語言相通之故較易融入當地。然而環境的差異一開始還是讓他們吃足苦頭。漁山島周邊為平緩的大陸棚淺海，臺東外海則是深達二五〇〇公尺的臺東海槽，不論是海底地形、海流與魚種都與漁山島人所知完全不同，漁獲狀況不佳，分配到的土地又滿布礁石不易耕種，讓定居初期的大陳人著實過了一段苦日子。直到後來居民跟來此捕魚的屏東東港漁民學到捕捉洄游性、底棲性魚類的方法，生活才逐漸改善。

富岡新村居民、知名特技演員柯受良的大哥柯受球，曾當過捕旗魚的鏢魚手，但他說現在旗魚都被流刺網抓走了：「以前是魚多價格低，現在是魚少價格高。巴掌寬的白帶魚以前一公斤三十元，現在變成四、五百元。」有感於漁業資源日漸枯竭，柯受球四弟柯受雄曾向臺東縣政府建言禁用流刺網未果，後來把禁漁的構想帶回故鄉象山縣石浦鎮，被當地政府採納，每年六至九月停止捕魚。每年九月中舉行的盛大開漁祭，柯受雄一家都會回去參與。

漁民帶來的信仰，也成為富岡本地的文化特色。富岡新村的海神廟，供奉的不是一般人熟知的媽祖而是「如意娘娘」。傳說如意原是漁山島上一名漁家少女，因見父兄遭遇海難，奮不顧身跳海相救而不幸滅頂，在她落海處浮起一段木頭，村民感其孝心，於是將木頭雕成神像建廟供奉。柯受球回憶大陳撤離當時，神明是比家當還重要的事物，他記得當時是一位老先生揹著如意娘娘撤離，其他小神像則裝箱渡海來臺。現在海神廟中位於後方的舊尊（村民稱之為大娘娘），就是當時隨居民一起撤離的，前

圖2-11 富岡新村是大陳義胞聚居的村落，富岡漁港就在村旁。

方的新尊則是後來才刻的。

海神廟之所以會有兩尊神像，是因為有一年如意娘娘託夢給柯受球的父親柯位方，說祂想要回家鄉看看，但因神像高度太高，不能坐飛機，於是先從基隆坐船到福州，再坐貨車到寧波，最後再搭船到漁山島。因最後一段卡車走的路路況太差，為了不讓神像的活動關節被顛壞了，柯受球只好把大娘娘緊抱在懷裡，心裡不斷對祂說弟子冒犯了。為了避免娘娘再受顛簸，才另外請人用整塊木頭新刻了一尊小娘娘，此後遶境活動都由小娘娘出巡。

圖2-12 富岡新村內的海神廟是村民重要的信仰所在

柯受球說，「以前島上根本沒有醫生，生病時都是請廟祝煮草藥喝。現在科技發達了，你如果長了腫瘤什麼的，娘娘也是會叫你去看醫生。但祂還是我們重要的精神寄託。」儘管捕魚為業的大陳人逐漸減少，海神廟的存在仍凝聚著社區的認同與記憶，每年農曆七月初六如意娘娘誕辰，散居各地的富岡新村居民都會回到故鄉，比過年還熱鬧。隨著時間過去，如意娘娘也不再只是大陳人的神明，不只富岡的海巡人員會來祭拜，還與苗栗後龍的南文宮結成姊妹廟，據說是因南文宮信徒收到主祀的瑤池金母神諭，表示如意娘娘係其六妹，因此前來認親。正如利吉的外來岩塊為農作帶來養分，外來移民也豐富了臺灣的文化。

富岡砂岩中的細緻紋路，是濁流在其上沉積、刮除、不斷複寫的結果，如同這裡彼此交疊的不同文化。地理學者提姆・克瑞斯威爾（Tim Cresswell）曾在其著作《地方》中寫道，「空間」是缺乏意義感的領域，只是一組基本座標，「當人將意義投注於局部空間，然後以某種方式依附其上」，空間才會成為「地方」，命名則是為空間賦予意義的其中一種方式。[5]

如同利吉村以惡地之名凝聚地方認同。富岡砂岩所在的「小野柳」風景區之名，也成為塑造認同感的重要標的。長年致力於地質教育普及的學者姜國彰多年來持續呼籲，就地質特性而言，富岡砂岩根本不該屈居於「小」。據他所言，小野柳之名源自救國團東海岸健行隊，因見此地地貌與野柳相似，便諢稱為小野柳。[6]野柳與富岡砂岩的岩性雖同為砂頁岩互層，但塑造兩者的地質作用並不盡相同。構成野柳的中新世大寮層原本沉積於淺海，後因其上沉積物愈來愈厚而被深埋地底，直到蓬萊造山運動使它浮出地表接受侵蝕。野柳不僅沒有地層倒轉，也不像富岡砂岩能觀察到如此高密度、型態豐富的斷層，兩者間的差別，就像一個長途旅行的流浪者和一從未離開家鄉的人一樣。也難怪姜國彰老師和一些地方人士一直大聲疾呼要改名。

在小野柳風景區設立前，富岡一帶就有許多老地名。這裡最早的居民與利吉村一樣以阿美族為主，最早的部落是由拉卡屋氏族所建立。傳說此地曾有一技藝高超的打鐵舖，某日該社居民與前來訂製箭頭的卑南族人起了衝突，把對方殺死埋於土中，後卑南族人集結攻打該社，居民寡不敵眾而往北逃離，遷移到今東河鄉興昌村一帶。餘怒未息的卑南族人挖了大坑欲將打鐵設備盡數掩埋，此時坑中忽然噴出火焰，阿美族人認為是祖先顯靈，便將此地稱為Kakawasan，「Kawas」是指神的意思，「An」指地方或狀態，「Ka」係加強助詞或擴張助詞。或因 Kakawasan 與河洛語「猴子山」音近，後來此地的阿美族部落就被稱為猴子山社。[7]

Kakawasan的傳說，其實與利吉混同層的地質有關。利吉混同層的主體是深海沉積物，因此地層中含有甲烷菌分解海洋生物遺體所產生的甲烷。鹿野鄉的雷公火泥火山也是利吉混同層的產物，因永豐斷層的裂隙使油氣與地下水從泥岩湧出而形成。林淑玲記得民國五十幾年時，中油曾在猴子山附近進行鑽井探勘，但因發現天然氣產量不多，不久就封井。也正是因為中油在鑽探井下沒有鑽遇砂岩，才確認了富岡砂岩是一孤立無根的外來岩塊。[8]

加路蘭社（kararuan）是富岡另一個阿美族部落，現在的小野柳風景區原是加路蘭部落的傳統領域，但今天叫作「加路蘭遊憩區」的地方，卻是空軍志航基地的廢土填出來的。kararuan 意為「洗頭髮的地方」，參與加路蘭部落進行傳統領域地名標示工作的林淑玲說，這個洗頭髮的地方就在小野柳風景區北界的黑髮溪，「沿著溪流走可以到以前的舊部落，以前族人工作完會順便在路上洗完澡再回家。」

被小野柳掩蓋的地名沒有消失，只是暫時沉積到底層。「現在加路蘭遊憩區對面那一帶叫『吉拉嘎艾』，以前老人家就說那邊不能種東西，因為下面都是珊瑚礁，所以就叫它吉拉嘎艾，很多珊瑚礁的意思」。「Satefag」是一種因差異侵蝕而凹陷進去的地形，林淑玲說，Satefag這個字「是形容人在上方觀浪，被浪打到時會嚇到，快要掉下去的樣子」。「afilayan」則是指鹿角菜很多的地方。另一地名「cifuisay」一說是形容蕈狀石布滿坑洞有如滿天星斗，「Fuis」是阿美語的星星，不過林淑玲說，這裡的星星其實是指鬼火：「有時候晚上會看到鬼火沿著都蘭山的稜線，一路從郡界、杉原、莿桐來到加路蘭，如果你剛好在 cifuisay 這個位置，就會看到鬼火落進海裡，所以 cifuisay 是指星星落下的地方。cifuisay 附近有一種很珍貴的貝類，但那裡的海流海浪特別強勁，想採集這種貝類得看準時機下潛，在大浪來時迅速回到岸上。」

2-3 從地質公園倡議環境共生與正名

就像野柳一般，富岡砂岩因風化、侵蝕而形成的奇岩怪石，也被取了不少形象化的名字，如青蛙石、龜陣石等。富岡里里長曾阿粉說：「我們這邊以前有個美人頭，也有很多仙履鞋啊，只是這裡颱風、海浪比較大，很快就會被侵蝕掉。以地質特殊性來說我覺得我們比野柳漂亮多了。」

浪漫的仙履和美人，對早年的富岡居民來說似乎有些不食人間煙火。和利吉、富源等地一樣，早期搬遷到富岡的漢人大多是因為在原居地生活困苦。巫三井老先生是目前富岡最老雜貨店「全利」的店主，父親巫秧在日本時代從雲林元長一路走到臺東，搬家原因是當時種田都要交公糧，自己都沒得吃米。「在雲林時就算有一點錢的人也只能吃番薯籤，但在臺東窮人也能吃到米飯。不過起初墾荒也很辛苦，只能吃番薯葉和野菜。」鄭吳錦治女士則是因為家鄉臺南北埔只有二分水田，生活困苦，父親便來到後山碰碰運氣，在富岡落腳後以竹筏捕魚維生，但民國六十年時父親不幸發生海難過世，母親帶著年幼弟妹又回到臺南，當時她與兩個姊姊已經嫁人，因此留在富岡。民國五、六〇年代，富岡居民最主要的收入來源除了甘蔗外，就是每年清明節開始、為期三個月的虱目魚苗季。「那時候做工一天工資二十塊，但運氣好的話撈魚苗一天可以賺二百塊。」鄭吳錦治說。

在風景區設立前，居民對地景的形容有一套更為生活化的詞彙。「今天風景區的南邊一帶，日本時代就有阿美族人在那裡煮鹽，所以稱為『煮鹽的地方』。以前的海蝕溝我們叫『石槽仔』，漲潮時大家會在溝裡撈魚苗。」鄭吳錦治說。巫老先生回憶起當年魚苗季的盛況，高雄林園、屏東枋寮等地的人都會來到富岡，暫居在家家戶戶的院落空地。「那時候生活雖然苦，但是人多又熱鬧，不像現在只剩老人家。」

他感嘆。不少富岡居民認為，一九六九年志航基地的興建是富岡沒落的起因。機場迫使加路蘭與猴子山社的原住民離開世居的土地，徵收了較肥沃的田地，靠海邊的土地大多是珊瑚礁，只能種瓊麻做麻繩。有些綠島移民搬過來之前本來買了田地，因被徵收只好又重操捕魚舊業。隨著糖廠關閉、麻繩被塑膠繩取代、虱目魚人工繁殖技術的研發，富岡舊有的經濟來源一一斷絕，人口也逐漸外流。

不過富岡社區仍是前往綠島、蘭嶼的樞紐，也有著豐富的人文歷史。社區發展協會理事長林昭明說：「其實富岡資源很多，就看要如何發掘、應用。」二〇一六年，小野柳風景區成為第九座地質公園，劉瑩三教授所帶領的團隊，也開始與社區討論居民參與地質公園推動的計畫。二〇一七年的會議上，居民與東部海岸國家風

圖2-13 野柳與小野柳雖有部分相似的地貌，例如豆腐岩、珊瑚礁、蕈狀岩、薑石等，然而兩地的地質作用不盡相同，富岡一帶更有著獨特的地名故事與地方文化，實應有屬於自己的名字。

圖2-14 2-15 2-16
侵蝕作用形成青蛙樣貌，亦如巨龜擺陣海岸，充滿岩趣。

景區管理處人員、劉瑩三教授等人，討論著地質公園的ＬＯＧＯ設計、將美食地圖納入社區導覽的一環、社區旅遊行程設計與解說員培訓，以及將海神祭與淨灘活動結合的可能性。對幾位核心成員來說，目前最主要的目標是如何結合在地產業，吸引更多人參與。

地質公園成立的另一個重大意義，或許是拉近了東管處與社區的關係。若說野柳與小野柳之間有什麼相似點，就是兩地都設立風景區，卻與周遭社區缺乏聯繫。林昭明理事長感嘆，以前小野柳風景區旁還沒有臺十一線，走路去抓魚苗要在珊瑚礁上走一個多小時，「但那時居民跟海的關係是很密切的」，不分族群都會在那裡活動，除撈魚苗外，也會去採集螺貝類等海產。雖然風景區成立後並未禁止採集，但因要收取停車費等因素，多少造成了居民與海的疏離。東管處企劃課課長黃千峯解釋，富岡社區因不在東管處轄區內，因此無法做一些硬體建設，但未來在地質公園推動上，一定會與當地居民密切合作，將社區視為共同經營者。

而在討論地質公園形象設計的階段，免不了會觸及小野柳是否該改名一事。對於改名的可能性，黃千峯表示樂觀其成，「但針對『小野柳風景區』，只有縣政府才能啟動改名的相關程序，東管處只是這塊國有地的管理者。不過往後在『地質公園』的行銷推廣上是不是要改用其他名字，社區居民都可以共同討論。我們的願景是未來要成立一個包括整個東部海岸的地質公園，就像縱谷地區的目標是要串連起一個完整的『海岸山脈地質公園』一樣。目前『東部海岸小野柳地質公園』這個名稱只是暫時使用。」

未來小野柳若真能「不再做小」，居民們會做出什麼樣的選擇？地質公園與社區間的合作又將如何發展？一切都似乎尚未固結，也因此令人期待，這個最新成立的地質公園，會沉積出怎樣美麗而獨特的花紋。

注釋

1 參見貝熹業如，《地球用岩石寫日記》，若到瓜譯（臺北：貓頭鷹出版，二〇一五年），頁三二至三七。

2 請想像百貨公司的手扶梯上掉了一堆棉花糖，大部分棉花糖會被履帶捲入，但也會有一些棉花糖被刮起來，卡在踏板回到蓋板下的交界處。掉了棉花糖的電扶梯就是在弧陸碰撞初期隱沒到菲律賓海板塊下方的歐亞大陸前緣——南中國海板塊。板塊隱沒時其上大部分沉積物會隨之進入隱沒帶，但也有部分會被另一側板塊刮起，堆積在隱沒的板塊與海溝內壁之間，這堆卡住的棉花糖就是「增積岩體」。臺灣島的主體就是由增積岩體構成。可參考此網頁的臺灣大地構造圖 http://homepage.ntu.edu.tw/~tengls/geo-info_earthquake.htm

3 岩石受外力擠壓時（例如板塊的推擠）可能會產生裂縫，如果已經裂成兩半的岩石／岩層進一步產生相對位移，就稱為斷層。斷層可大可小，大至花東縱谷斷層，小至富岡砂岩上的斷層。

4 又稱台州列島，包括上大陳、下大陳、一江山、漁山列島、披山島、南麂列島等島嶼。

5 Tim Cresswell，《地方》，徐苔玲、王志弘譯（臺北：群學，二〇〇六年），頁十九。

6 見姜國彰，〈從史實和環境特色看猴子山、加路蘭與小野柳的地名問題〉（二〇〇五年九月十五日發表於東社論壇）

7 這段傳說主要參考富岡社區發展協會所編《富岡古今往來事》、姜國彰〈從史實和環境特色看猴子山、加路蘭與小野柳的地名問題〉。

8 「層」（formation）是地質圖的基本單位，地層的認定必須要能明確追蹤到它的厚度、與上下地層間的關係等。如果富岡砂岩是一般向四面八方延伸的沉積岩層，以地理位置來看，中油在猴子山鑽井時，理應會鑽遇砂岩，實際情況卻非如此，因此徐鐵良在一九七六年修訂海岸山脈地質圖時，正式將富岡砂岩標明為利吉層中的外來岩塊。此外，嚴格說來利吉層也並非一般意義上的地層，而是厚度不明的斷層破碎帶，因此稱為 mélange 而非 formation。

東部海岸小野柳地質公園

北上：從臺東市開往台11線，經富岡，小野柳即位於159公里處。

南下：自花蓮市接台11線，經杉原海水浴場、加路蘭，小野柳即位於159公里處。

東部海岸國家風景區
https://www.eastcoast-nsa.gov.tw/

臺東縣觀光旅遊網
http://tour.taitung.gov.tw/

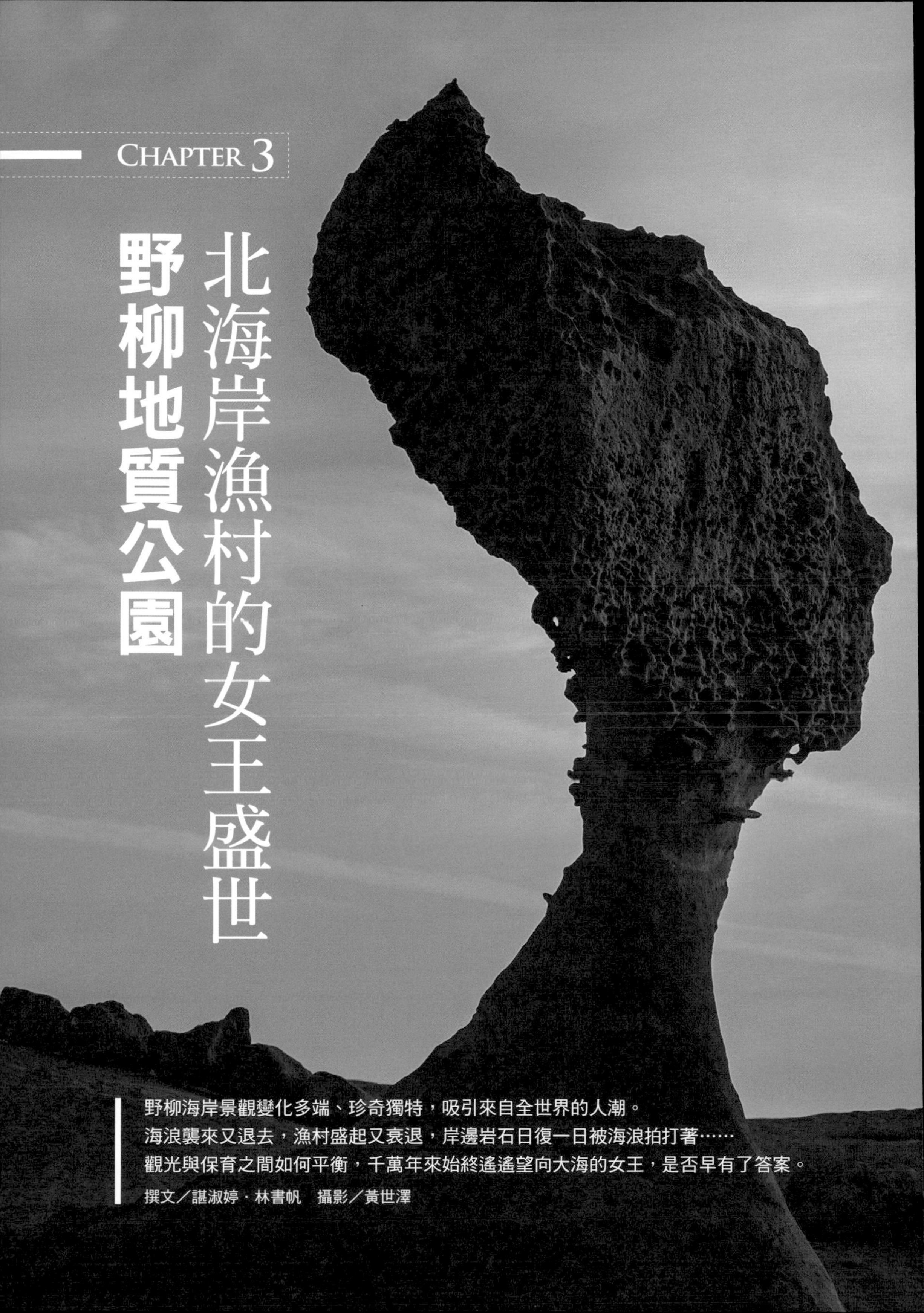

CHAPTER 3

北海岸漁村的女王盛世

野柳地質公園

野柳海岸景觀變化多端、珍奇獨特，吸引來自全世界的人潮。
海浪襲來又退去，漁村盛起又衰退，岸邊岩石日復一日被海浪拍打著……
觀光與保育之間如何平衡，千萬年來始終遙遙望向大海的女王，是否早有了答案。

撰文／諶淑婷．林書帆　攝影／黃世澤

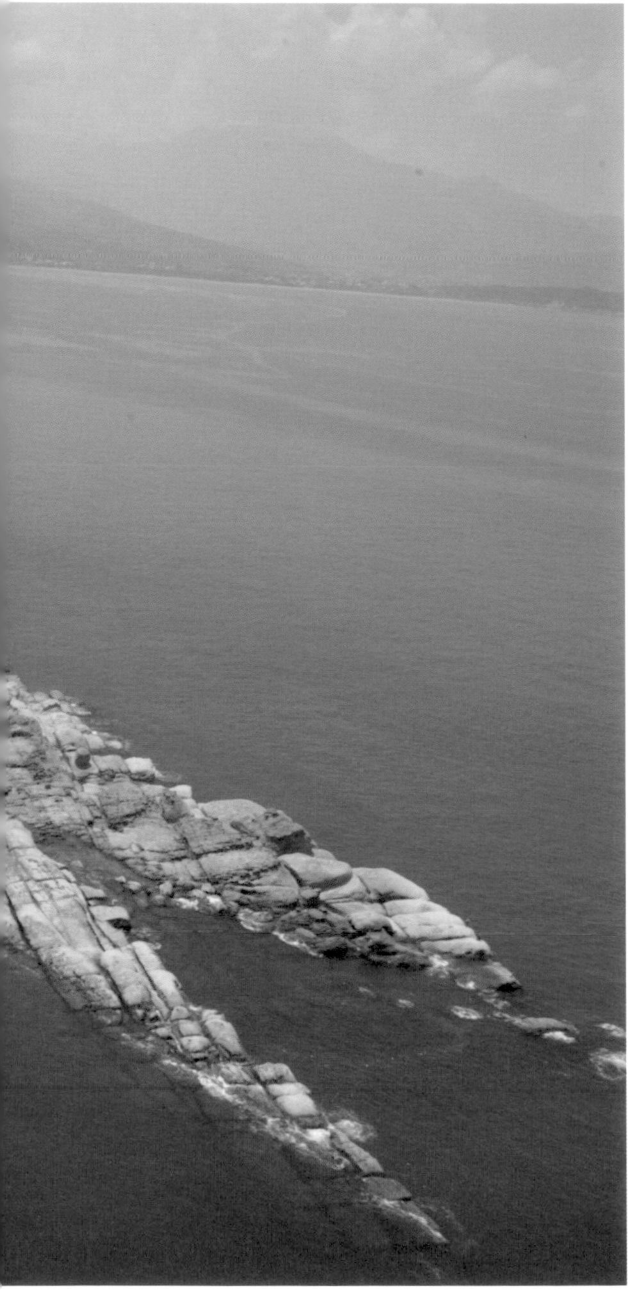

3-1 令世人驚嘆的地質景觀

想像你置身於太平洋上，望向臺灣東北角地區，從左側的三貂角至右側的鼻頭角之間約二十一公里長海岸線，竟包含了雪山山脈地層、澳底地塊地層及西部麓山帶地層，因板塊運動產生褶皺，加上海濤與東北季風不斷的侵蝕、磨蝕、風化、搬運，形成各種殊異地形，包括鹽寮至福隆間三公里長的沙灘，龍洞陡峭的四稜砂岩岩壁，鼻頭角的海蝕平臺與海蝕凹壁、野柳岬等等。除此之外，在你望向東北角的同時，你也正注視著臺灣山脈由盛年步入老年的階段。

圖 3-1 從海面上看野柳岬十分壯觀，可看出地層的傾斜方向，以及單面山的型態。
圖片來源：經濟部中央地質調查所，《地質》期刊 第33卷第1期，頁49。

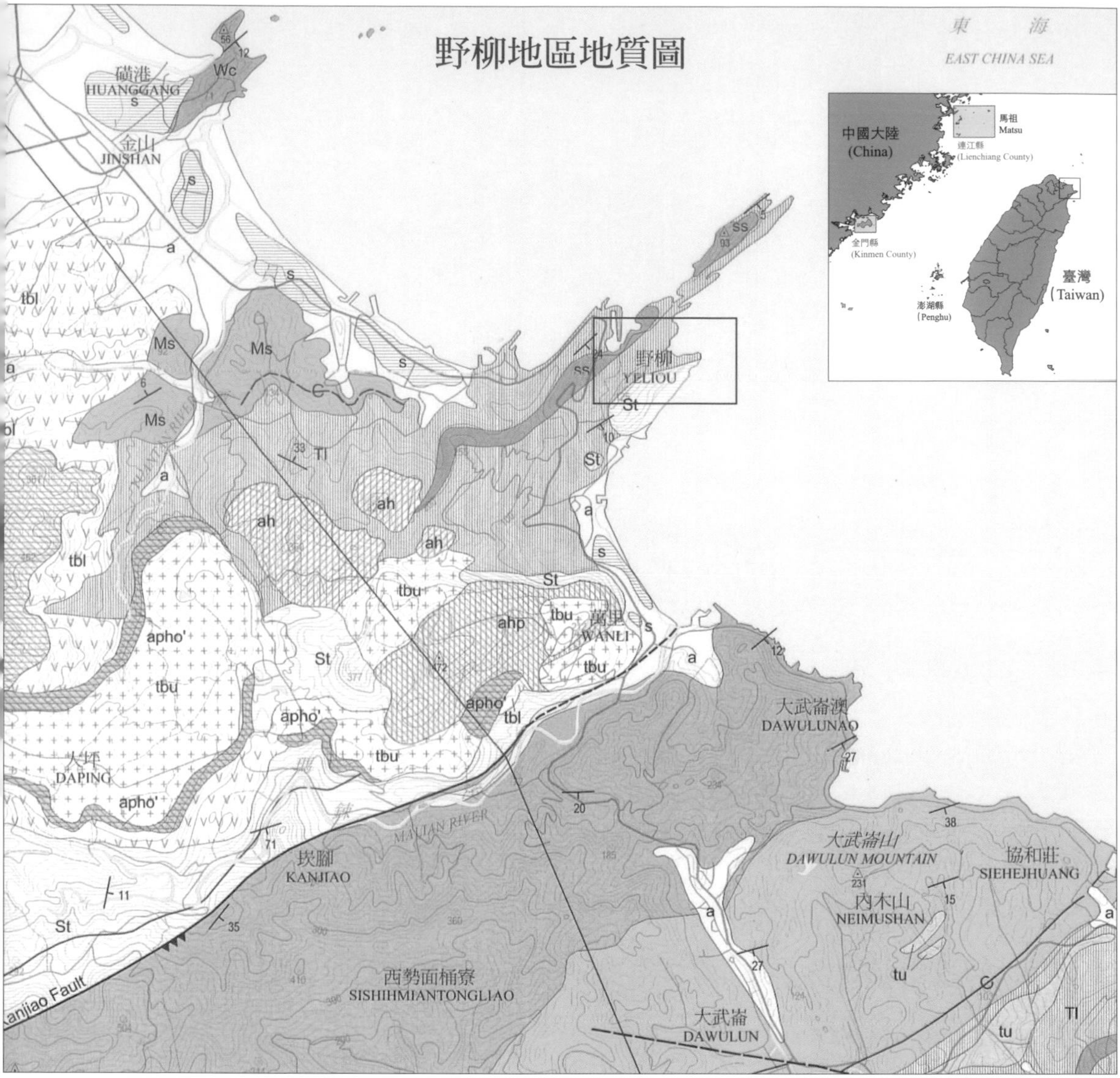

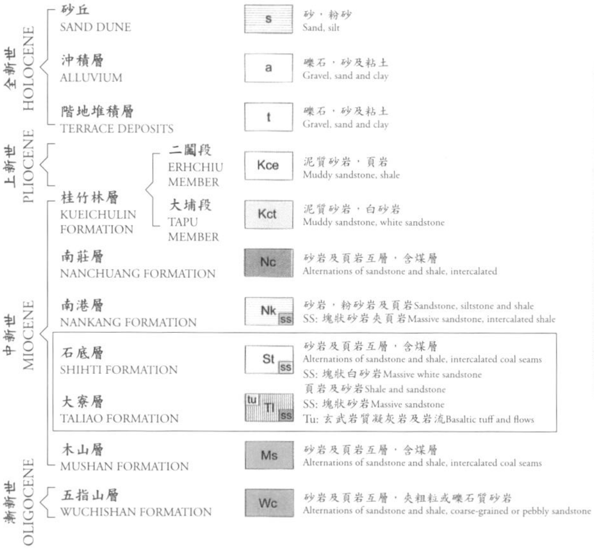

全新世 HOLOCENE
砂丘 SAND DUNE
s 砂，粉砂 Sand, silt
沖積層 ALLUVIUM
a 礫石，砂及粘土 Gravel, sand and clay
階地堆積層 TERRACE DEPOSITS
t 礫石，砂及粘土 Gravel, sand and clay
上新世 PLIOCENE
桂竹林層 KUEICHULIN FORMATION
二鬮段 ERHCHIU MEMBER
Kce 泥質砂岩，頁岩 Muddy sandstone, shale
大埔段 TAPU MEMBER
Kct 泥質砂岩，白砂岩 Muddy sandstone, white sandstone
中新世 MIOCENE
南莊層 NANCHUANG FORMATION
Nc 砂岩及頁岩互層，含煤層 Alternations of sandstone and shale, intercalated
南港層 NANKANG FORMATION
Nk ss 砂岩，粉砂岩及頁岩 Sandstone, siltstone and shale
SS: 塊狀砂岩夾頁岩 Massive sandstone, intercalated shale
石底層 SHIHTI FORMATION
St ss 砂岩及頁岩互層，含煤層 Alternations of sandstone and shale, intercalated coal seams
SS: 塊狀白砂岩 Massive white sandstone
大寮層 TALIAO FORMATION
tu Tl ss 頁岩及砂岩 Shale and sandstone
SS: 塊狀砂岩 Massive sandstone
Tu: 玄武岩質凝灰岩及岩流 Basaltic tuff and flows
漸新世 OLIGOCENE
木山層 MUSHAN FORMATION
Ms 砂岩及頁岩互層，含煤層 Alternations of sandstone and shale, intercalated coal seams
五指山層 WUCHISHAN FORMATION
Wc 砂岩及頁岩互層，夾粗粒或礫石質砂岩 Alternations of sandstone and shale, coarse-grained or pebbly sandstone

野柳的地質主要是由層層砂岩所構成，屬於中新世的大寮層。大寮層的砂岩是約在二千二百萬年前在當時東海淺海大陸棚上所堆積形成的。千百萬年來，更多沙泥覆蓋其上，大寮層逐漸被深埋於海床數千公尺底下。長期深埋的過程中，地底下的溫度與壓力非常大，使原本疏鬆的沈積物逐漸被壓密，並膠結形成堅硬的岩石。沈積在海床的沙層有時含有大量生物殼體，在野柳可以看到許多中新世淺海生物的化石及生痕化石。蓬萊造山運動逐漸被抬升，野柳岬的砂岩可能在數萬年之前才曝露出地表，岩層大多傾斜、甚至褶皺變形，或是破裂出節理、斷裂出斷層。

圖 3-2 圖片來源：經濟部中央地質調查所，《臺北》第三版。原圖比例尺為五萬分之一臺灣地質圖及說明書，圖幅第 4 號。

為何說北部的山脈[1]已步入老化階段呢？讀者們可能還記得第一章曾提到，當兩個板塊相遇時，密度較大者會隱沒。我們在許多地體構造圖中，之所以會看到密度較小的歐亞板塊隱沒到菲律賓海板塊之下，是因為歐亞大陸前緣曾有一塊南中國海板塊，它就像媒人一樣拖著歐亞板塊隱沒到菲律賓海板塊之下，當它功成身退、完全隱沒之後，密度小的歐亞板塊無法繼續隱沒，才和菲律賓海板塊之上的呂宋島弧碰撞、拱起、形成島嶼。

但另一方面，密度較大的菲律賓海板塊仍沒有放棄向西北方隱沒，終於在距今約八十萬年前，菲律賓海板塊如願隱沒到歐亞板塊之下，局部地區開始產生張裂作用，使地塊往下掉，形成盆地，宜蘭平原每年下沉一至二公分，臺北盆地每年下沉二公釐，皆為此因。因為張裂作用，也產生東北西南向的正斷層，即山腳斷層。[2]東北角乃至於臺灣北部，是臺灣地質史成住壞空的縮影。

把時間拉回板塊尚未發生碰撞前，地表上仍無臺灣蹤跡，僅有從華南古陸（今中國福建一帶）沖刷下來的泥沙，一層一層堆積在東海的大陸棚上，從地質年齡約一千三百萬年的木山層算起，由老到新依序為大寮層、石底層、南港層、南莊層與桂竹林層，下方地層在上方沉積物重壓之下，逐漸膠結成堅硬的沉積岩。六百萬年前的蓬萊造山運動，讓這些深埋海底的沉積岩浮出水面，成為東北角的主要地層。

這六個地層的特別之處，在於它們剛好兩兩構成一個「沉積循環」。木山層、石底層、南莊層中發現的煤，代表海濱植物的遺留，屬於「濱海相」沉積；大寮層、南港層、桂竹林層富含海洋生物化石，屬「淺海相」沉積。淺海、濱海沉積相交錯出現，代表當時的海平面曾經歷三次海進、海退的變化，而一次海退、海進的組合，便代表一次沉積循環。潮起潮落，似乎也呼應著野柳這數十年來的興衰。

・臺灣人的集體記憶

翻開家族相簿，半數臺灣人應該都有這麼一張照片：與家人或同學穿戴整齊站在野柳女王頭前，或許還伸手扶著尚未變得細弱的女王頭脖子……

自六〇年代野柳海岸開放觀光，女王頭在半世紀後已是聞名全球的地形與地質景觀，但早在入園人次屢屢突破百萬、中國陸客與各國背包客將此地列為臺灣必訪景點前，野柳早就是臺灣人對於東北角的群體記憶。許多人都到過野柳，也都在女王頭前拍下紀念照，但往後的十年、二十年、甚至五十年，卻可能再也沒有來過野柳。

這顆因形狀特殊被稱為「女王」的蕈狀岩，估算年齡已超過四千歲，在大自然侵蝕與人群紛沓的損害下，女王頭頸圍持續縮減，每隔幾年就會傳出「幾年後將斷頭」的預言。交通部觀光局北海岸及觀音山國家風景區管理處在二〇一四年舉辦了「女王頭記憶」老照片徵集活動，邀請全民一起回憶當年女王頭的風華，當年所收集的照片裡，有五十多年前少女與女王頭的合影，有新婚夫妻合照，也有一九六〇年代來臺灣進行友誼賽的香港南華女子壘球隊與臺北士商學生的合照。

較少人注意到的是，北觀處同時進行了「女王頭保育與保護民意調查」，當時調查報告中，六成民眾贊成使用奈米科技來修補女王頭，延後斷頸時間。其實早在二〇〇九年林務局就委託臺灣大學、高雄師範大學、東華大學等校，組成研究團隊普查研究全臺地景，花了四年時間，登錄了三四一處地景保育景點，再由地質、地理學專家學者，依「科學研究價值」、「地質或地形現象或事件對臺灣的重要性價值」、「地景稀有性或獨特性」、「多樣性價值」、「教育及遊憩觀賞價值」等特質，從中評選，加上民眾票選，選出「臺灣十大地景」，而以女王頭為招牌特色的野柳被評選為冠軍。

圖3-3 野柳單面山與岬灣

單面山與野柳岬

(1) 原始水平地層

地層是由不同種類的沉積物水平往上堆疊而形成的。

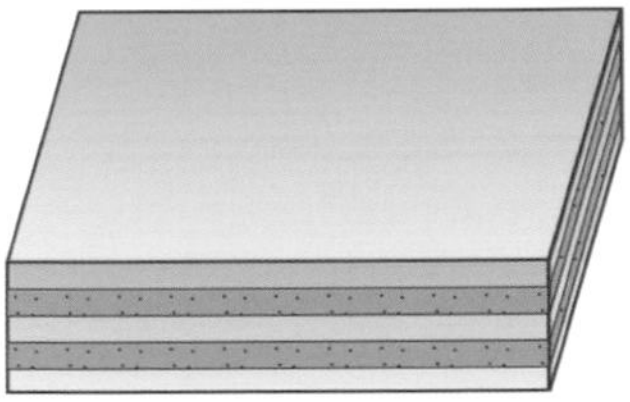

(2) 斷層作用造成地層傾斜

地層受構造活動而擠壓、傾斜。

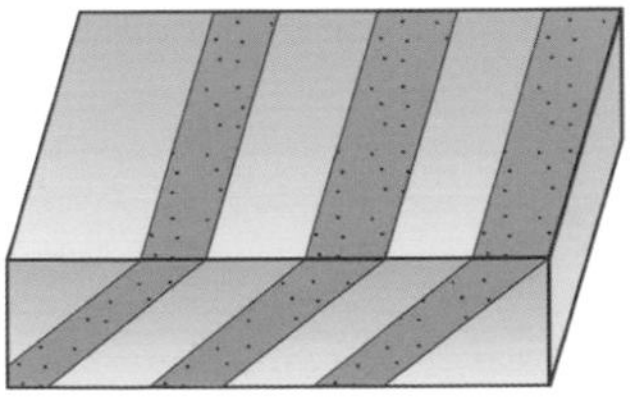

(3) 差異侵蝕形成單面山與岬灣等地貌

軟硬不同的地層導致侵蝕作用產生差異，因而產生岬灣與單面山等地貌。

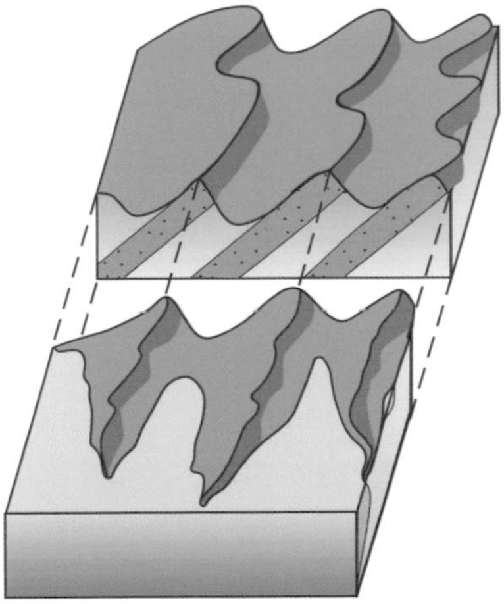

圖3-4 圖片繪製：GEOSTORY

但對於像方月銀阿嬤這樣在野柳住了一甲子以上的在地人而言，野柳變化多端的海岸地形從來不是他們日常生活的重心，逐潮汐往海裡討生活，才是這個小漁港的生活現實。其實不論是早年的漁業或後來的觀光，這兩個野柳的主要產業，同樣都受惠於地形上的「差異侵蝕」。

• 差異侵蝕形成奇岩怪石

造山運動不僅讓原本沈睡於地底的地層隆起，強大的擠壓力量也使岩層出現斷層、撓曲、扭曲、褶曲，原本水平堆積的砂岩岩層，受到擠壓產生褶皺，突出於海上時，變成一側較陡而另一側較緩的單面山面貌；東北角的單面山群走向又與海岸線直交，在差異侵蝕下，抗蝕力強的砂岩便相對突出形成海岬，軟弱的頁岩層被侵蝕後凹入形成海灣，野柳岬就是其中一個主要的岬角。岬灣海岸不像西部沙岸有漂沙問題，港口不易淤積，且海岸線幾乎少有變動，港口通常可維持好幾十年，岬灣便形成了天然的避風港。[3]東北角位於黑潮、東海等海洋生態系統的交會處，擁有非常豐富的生態多樣性，加上海岬地形讓此地缺乏農耕條件，出海捕魚便成了野柳人最重要的收入來源。

至於吸引觀光客眼球的多變地形與奇岩怪石，成因也不脫差異侵蝕。若從海面遠眺野柳岬，它就像隻烏龜般俯臥在海中，所以也稱為「野柳龜」。從地圖上觀察野柳岬，是一塊伸向海域的狹長陸地，面積二十四公頃，長約一千七百公尺、寬約二百五十公尺，最窄處僅有五十公尺，範圍並不大，從野柳地質公園入口走入，可以看見兩座單面山之間有狹長的海蝕平臺相連，較近的被稱為「大單面山」，岬角末端深入海中的單面山則被當地人暱稱為「龜頭山」。

站在大單面山的觀景亭上，可以遠眺整個野柳岬，還能看到整齊排列在海蝕平臺上的蕈狀岩、薑石、

圖 3-5 野柳地景全圖

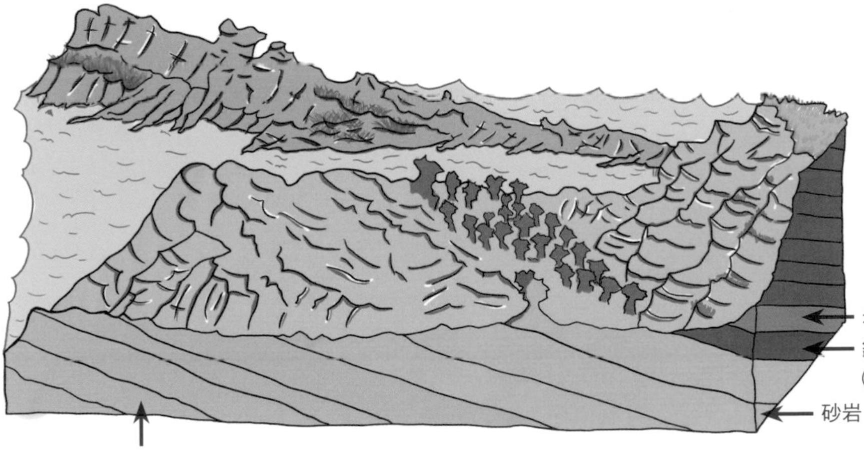

圖 3-6 野柳地層分布圖

圖片繪製：GEOSTORY

燭臺石，它們的成因都與「結核」這種沉積構造有關。大寮層是野柳地質公園的主要地層，如前所述，它的當時的沉積環境是淺海，因此富含有孔蟲、貝類、海膽等生物化石；另外也可看到生物活動所遺留的生痕化石，例如淺海生物挖掘孔穴後被沙粒充填成沙棒。當曾居住在這塊淺海大陸棚上的貝類、海膽等生物，死後骨骼中的碳酸鈣在岩層中聚集成團塊，便形成了結核，可能是球形、卵形、各種不規則形狀，極小如幾公釐，極大到數公尺，當岩層被擡升到地表，富含碳酸鈣的結核因膠結得比周圍岩石硬，便容易形成蕈狀岩、薑石、燭臺石等各種奇岩怪石。[4]

其中外觀狀似磨菇的蕈狀岩，最吸引遊客目光，也讓人好奇如何形成？試著想像岩層間有兩組破裂且幾乎垂直於海平面的節理，當海水不斷沿著節理侵蝕，就如

上圖 3-7 3-8 大寮層的沉積環境是淺海，因此富含有孔蟲、貝類、海膽等生物化石。

下右圖 3-9 貝類、海膽等生物，死後骨骼中的碳酸鈣在岩層中聚集成團塊，便形成了富含碳酸鈣的結核，結核膠結緊密，比周圍岩石更加堅硬。

下左圖 3-10 下方岩柱被侵蝕得比上方砂岩層快，便形成了上粗下細的蕈狀岩。

同切開岩層，形成一列列類似柱子的岩柱；若岩柱上層是含鈣質的砂岩層，比下方的岩層堅硬，在海水波浪、季風及烈日的差異侵蝕下，下方岩柱被侵蝕得比上方砂岩層快，便形成了上粗下細的蕈狀岩；最初是矮矮胖胖的「無頸形」，然後當砂岩層被侵蝕成各種形狀的同時，下方的岩層也逐漸從粗變細，最經典的便是現在看來已來到「細頸期」、瀕臨斷頭邊緣的「女王頭」，當細頸部無法再支撐頭部重量而斷裂時，便結束了蕈狀岩的一生。

燭臺石是結核所造成的另一種奇特地景，上細下粗的圓錐狀石柱直立於地面，頂部中央有含石灰質的圓形結核，由於結核比周圍的砂岩堅硬，當海浪襲來，海水自然繞著結核流動，慢慢磨去周圍較軟的砂岩，形成一圈環狀溝槽，結核如圓球突起，彷彿蠟燭臺點亮了燭火。活靈活現的

上右圖 3-11 上細下粗的圓錐狀石柱，頂部中央有含石灰質的圓形結核，海浪襲來，海水繞著結核流動，慢慢磨去周圍軟岩，形成「燭臺石」。
上左圖 3-12 當結核深埋地下，因地殼擠壓造成破裂節理，呈現交錯紋路，與老薑相似而被稱做「薑石。」
下左圖 3-13 地層必須要有兩組相互垂直的節理，把砂岩切割成大小差不多的方塊；且要有低角度的傾斜，以便海水能順著節理流動侵蝕，才能形成「豆腐岩」。
下右圖 3-14「仙女鞋」

仙女鞋、金剛石、珠石、花生石、象石、冰淇淋石，也都是結核的不同型態。此外，當結核還深埋在地下的岩層時，沿著地殼變動所造成的破裂節理，風化侵蝕讓石塊表面呈現縱橫交錯的紋路，如此一來，外型、紋路皆與老薑相似，而被稱作「薑石」。

與女王頭、仙女鞋相比，豆腐岩可能稍嫌平凡，但其實它的形成條件十分嚴格。首先，地層要有兩組相互垂直的節理，把砂岩切割成大小差不多的方塊；其次，地層要有低角度的傾斜，以便海水能順著節理流動侵蝕；此外，地層須為砂頁岩互層，且砂岩的厚度在半公尺以上（因為砂岩層太薄者容易崩落成為碎礫塊）；最後，高潮時海水激起的浪花，要能越過海蝕平臺的高度，這樣落下來的碎浪才能沖刷岩層的斜面。地層如果太高或是在海水面以下，都無法達到侵蝕的效果。[5]

在野柳岬有許多的節理（沿著岩層脆弱面破裂）與岬角延伸方向垂直，節理面在波浪海水拍打、沖刷下持續擴大成為海蝕溝，在海水持續作用下，水面下方的裂縫往往比上方來得大。例如在被當地人稱為「死囝仔坑」的一處深潭，位於園區第二座橋下，深約三公尺，早年當地兒童喜歡在此戲水，或是抓捕熱帶魚販售遊客、表演跳水以撿拾遊客丟下的銅板。千變萬化的地形奇景，再加上交通便利、開放觀光早，野柳已然成為目前國內地質公園中地質資料最齊全的天然地景教室。[6]

3-2 從漁業到觀光

• 紅線的哀愁

二〇一七年三月，在網路上引發熱烈討論的警示紅線，也與差異侵蝕有關。野柳岬特殊的單面山地形，不僅在海面上造成奇觀，海面下亦讓人驚奇。由於東南面海底是坡度約二十度的斜坡，西北面則是陡峭的海崖，每當漲潮，海流會由東南向西北流去，退潮時流向相反，漲退潮變化大，加上暗礁多，詭譎多變的海岸地形，每當天候不佳、風力一強，就會出現巨浪、瘋狗浪，讓野柳岬自古便常發生船難，在野柳眾說紛紜的命名起源故事中，其中一說出自於西班牙的 Punto Diablos，意思便是「魔鬼之岬角」。

瘋狗浪不只襲擊船隻，也對岸上的釣客、遊客造成威脅。最著名的殉難者，是一九六四年三月十八日，為了搶救不慎落海的學生而不幸溺斃的漁民林添禎。那是他在野柳開放成為觀光區後，第五次下海救人，卻未再歸來。[7]

這段歷史，在六〇年代曾被收錄於國立編譯館的國語課本第九冊第十五課〈義勇的漁夫〉中：「有位漁夫，帶著救人的繩子飛奔過來，但大浪瞬間把他吞沒，遺下白髮的老父，孱弱的妻子，還有七個年幼的孤兒。」後在野柳則有善心人士捐款蓋成的添禎樓可供追憶。

圖 3-15 1964 年為了搶救不慎落海的學生而不幸溺斃的漁民林添禎

野柳在戰後屬於軍事管制區，管制結束後，遊客日益增多，林添禎身故後隔年，正式以野柳風景區開園，屬於萬里鄉公共造產，管理單位決定在臨海沿岸劃設紅色警戒線，提醒遊客禁止越線。之後無論是一九七八年臺北縣政府接手管理，或二〇〇二年由觀光局成立北海岸及觀音山國家風景區管理處接管，抑或二〇〇六年經ＯＴ交由新空間營運，紅色警戒線都未曾消失，對每個階段的管理者而言，那是將人命擺在最前頭的必要之惡。

這條存在多年的紅漆，卻因為被貼上臉書才引發大眾關注。四面八方湧入的尖銳批評，讓經營此地已超過十年的新空間國際股份有限公司總經理楊景謙不禁苦笑，「這條紅漆已經五十年了！」難道如網友所說，堆石堆、釘木圍籬、電子圍籬及架望遠鏡等就行得通？野柳地質公園有半年的時間受東北季風籠罩，海浪伴隨強風侵蝕，這些設備根本不堪承受。

即使離海岸有段距離，也不能保證絕對安全。[8]

圖3-16 因為警示作用畫了五十年的紅線，這兩年引發熱議。

大海無情，五十年來，一層又一層反覆塗上的紅漆，確實是最速成、低成本，也最有警示效果的做法，油漆覆蓋的地面因免於風化、侵蝕，出現明顯的地表高低落差，最高突起處已有八公分，宛如一道突起的圍牆，也成了野柳海岸差異侵蝕的最佳證明。

一條畫了五十年的紅線，至今才引起熱烈討論，甚至許多臺灣民眾是在媒體報導後，才知道這條紅線的存在。或許是過去對地景保護的輕忽，讓人視而不見；也或許是這個每年吸引兩、三百萬國內外遊客造訪的風景區，對許多臺灣人來說，始終停留在童年回憶的一角。

・漁業的興衰起落

一直以來，野柳地區的漁業大多以捕撈趨光性魚類為主，例如魩仔魚、鱙仔魚、小卷，每次出海，會有三艘漁船共同作業，每艘漁船上有四人，

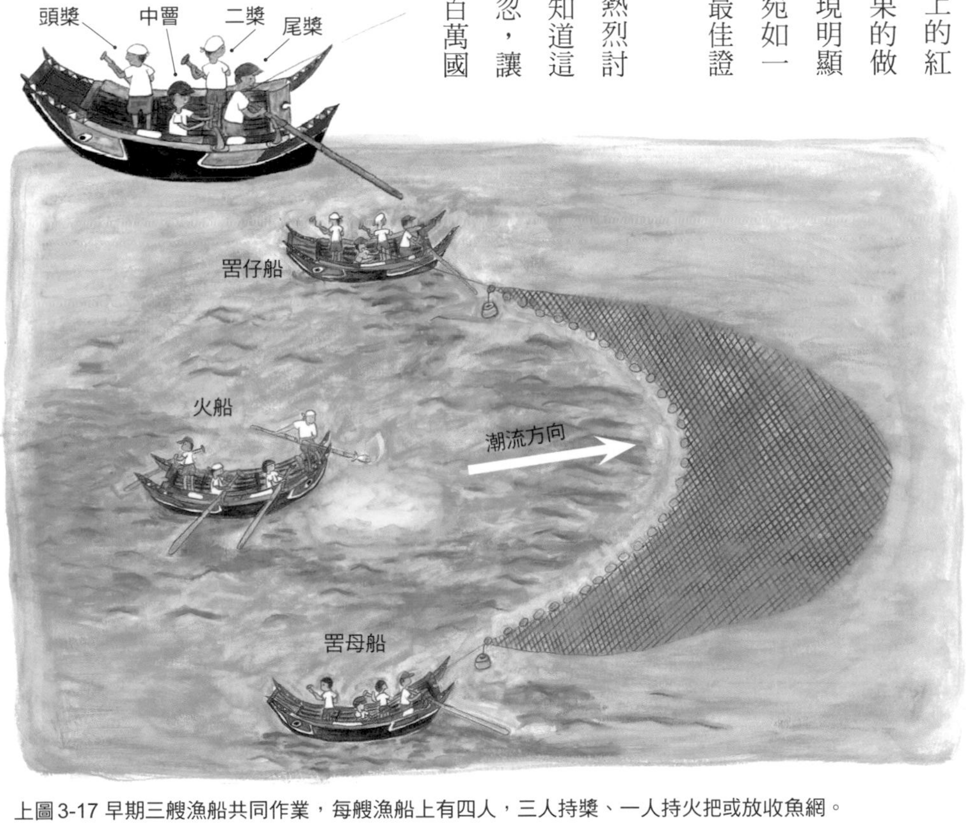

上圖 3-17 早期三艘漁船共同作業，每艘漁船上有四人，三人持槳、一人持火把或放收魚網。
下圖 3-18 三艘漁船分別負責載網（罟母船）、載魚（罟仔船）、持火把誘集魚群（火船）。
資料來源：新北市萬里鄉瑪鋉漁村文化生活協會，《走看野柳：漁人．漁具．漁法》（臺北：新空間國際有限公司，2012年）

三人持槳、一人持火把或放收魚網，三艘漁船分別負責載網（罟母船）、載魚（罟仔船）、持火把誘集魚群（火船）。

為了有效誘集魚群，從最早的竹火把、柴油燈、使用電瓶電池的燈泡、用發電機發電的集魚燈，後來漁船兩側也有水底集魚燈或是懸掛在甲板上的甲板集魚燈，雖然漁具隨著時代不斷進步，規模也逐漸加大，木製舢舨船變成了FRP平底船，人力操作的杉木槳變成了馬達動力，苧麻繩編織的魚網也成了尼龍繩，但一聊起當年漁村生活，方月銀依舊苦笑連連。[9]

「阿爸，今天吃飯還是吃糜（粥）？」八十二歲的方月銀還記得，每次公公都會看一下窗外的天氣，好天氣就煮飯，如果是一句不耐煩的：「煮糜啦！」就是無法出海的壞天氣。

出生於日本時代後期，戰亂讓方月銀沒能上學，等到國民政府來臺，家裡也不讓她讀了，她的人生就是一部臺灣史。一家人先是跟著多桑在九份礦坑工作，後來又到嘉義發展做香蕉乾出口到日本，多桑在戰爭被炸死，媽媽帶著她回到新北市外雙溪的娘家。十八歲那年，她經人介紹嫁到野柳，在山上撿柴、種稻、種菜、養雞鴨。方月銀口中「做到可憐得要死」的生活，來到野柳沒有好轉。五〇年代的野柳，奇岩怪石尚未引人注意，這裡只是一座小小的漁港，那時整個野柳也只有四、五艘有馬達的漁船，一般漁家只要有一艘舢舨船（平底船，早期材質為杉木）就讓人欣羨了，因為船長能分到一半當日的漁獲，剩下一半才由其餘五名海咖（船員）平分。

如果家裡沒船，就要像郭萬興一樣去當海咖，二十五歲離開家裡的雜貨店，跳上漁船討海去，不過那時已經是一九七八年，他登上的是有六馬力的小管漁船，夜裡出海，點亮集魚燈，清晨雲間透出日光時回港。漁獲好時，賺個一千元沒問題，沒抓到魚就是做了一場白工。

這二十年間野柳人是怎麼過的?方月銀回憶,「那時魚不難抓,但是沒好天。」船不夠大的年代,只有三至七月可以出海,但風浪大的時候,即便是四月也不見得能出海。沒事好做,男人也只能踩著木屐在路上閒逛,賺五個月怎麼吃一年呢?漁家生活清苦,她只好到基隆一間米店賒帳,當時一百斤的米要一百元,抓到魚再去還,沒錢又去賒。

無法往海裡灑網,也沒土地可開墾種田,方月銀形容是「沒得靠沒得吃」,直到「天無絕人之路」。一九六五年,她三十歲那年,野柳成為觀光區,遊覽車十臺、十臺地開來,當地婦人開始招攬遊客在仙女鞋、女王頭前拍照,立刻送回當地照相館沖洗當天交件,自創的「快照」生意,一張照片賣二十元,多拍幾張竟然就能賺上一、兩百元,這在當時可不少啊!

「以前野柳的石頭哪有名字,都是我們這些拍照的人取的,現在的女王頭,以前我們都說是『日本婆仔頭』,更像哩!」當時風景區尚未管制,海岸邊處處是攤販,原來頭腦動得快的人,還會去釣熱帶魚,放入小塑膠袋後,加上一點海草與海水,一袋一元賣給觀光客;方月銀則把從海岸撿拾來的貝殼、珊瑚黏在小鏡子上,取名「花鏡」,「一支十元,從臺北來的學生比較有錢,十元也願意買呢!」還有賣涼水、魚乾、海菜的攤子。

「活水錢」來了,野柳人雖然不覺得這些海岸石頭有什麼特別,但他們的生活確實好轉了,各種小攤車出現在野柳海岸,甚至因為海岸難走,開始有了租鞋子的攤販,人潮一多,街上幾戶人家也開始做起了小生意。

不過生意都是女人在做的,漁村的男人不出海時,就是整日閒逛。每當遊覽車來了,方月銀和其他女人就要放下家務出門兜售叫賣,「叫阮頭家顧嬰仔,我要去賣花鏡,他說見笑啊!查埔人炁(按:帶)

嬰仔，會給人家笑！阮下港阿母說，你們這裡的查埔人夭壽好命，紅天赤日頭，木屐穿了逛街，下港人是天光木屐脫了就去種田。」

方月銀還是幫忙說話：「不一樣啦，種田做日時，抓魚抓暗時！」野柳男人再好命，討海就不是個簡單輕鬆的工作，出海抓到魚全家歡欣，沒抓到魚，女人也不敢多說一句話。

還不是因為海上生活風險大，郭萬興隔壁人家就遇到浪大翻船，男人再也沒回來了。討海維生的人宿命就是如此，一家總有個男人死在海上某處，任誰也無法呼天搶地向大海追究討公道。在船上工作近三十年的他，經歷了野柳漁業的起伏，曾經隨著漁業技術進步，最高峰一天漁獲量能有上千斤。

一九七四年開始動工的第二核能發電廠，座落在萬里區與新北市金山區之間的國聖埔，起初野柳人感覺不大，只知道隨著工程進展，不少外地人遷居，選擇住在生活機能已經好過

圖3-19 歷經漁業起伏的野柳漁港，曾是北海岸最大的漁港。

萬里的野柳，幾排新房子也蓋了起來，觀光、漁業、建設業共同造就的榮景，讓野柳人嚐到翻身的滋味。

直到「毒水」來了。「大概民國九十年後，就覺得魚愈來愈難抓，不知道是不是跟核二廠有關，大家都說『毒水』來了。」郭萬興回憶，年紀大一點的如他選擇退休，年輕一點還願意跑船的，就跟了遠洋漁船。

到底有沒有「毒水」，野柳人只能猜測，他們不會說出口的還有近岸岩礁海域放置刺網，炸魚、毒魚、電魚等破壞性漁法如何造成海洋生物大量死亡，以及棄置漁網漁具纏繞在珊瑚表面等造成的海底生態破壞問題；他們更料想不到的是，一座全長一一一二公尺的新野柳隧道（現已更名為萬里隧道）的開通，讓臺二線的遊客直抵龜吼漁港、翡翠灣、萬里海水浴場、金山溫泉。野柳，不再是北海岸最熱門的旅遊之地。

・北觀接手，野柳OT經營

野柳遊客最多的七、八〇年代，是由臺北縣政府管理，當時園區門票正面印有「野柳烏來風景特定區」字樣，背面則印上「實踐三民主義　建立安和社會　復興民族文化　堅守民主陣容」。等到二〇〇二年北觀接手時，野柳已成國人記憶中的景點，每日入園遊客寥寥可數。最後在二〇〇六年以OT方式交由新空間營運，開始朝國家地質公園方向發展。

說起第一年經營的狀況，總經理楊景謙忍不住苦笑：「一月一日開幕有三、四千人入園，隔天也差不多，沒想到一月三日後馬上掉到二、三百人，當時我就想，這未來日子要怎麼過？」

那時他才明白，為什麼如此為人所知的觀光區，只有一家公司來標案，這是一個臺灣人自己都不看好的地方。「你問臺灣人，有沒有來過野柳，大家都會說有。什麼時候？小學啊！沒錯，臺灣人小學校外教學、畢業旅行來過野柳後，就再也不來了。」

楊景謙自承，當時他只知道野柳園區叫地質公園，但對「地質公園」實無概念。二〇〇七年，他與一名公司董事和臺大地理系教授林俊全一起前往馬來西亞蘭卡威，參加第一屆亞太地質公園網路（APGN），「臺灣不是聯合國會員，身分識別牌上只有名字，沒有公園名，也沒有國家名……」後來幾年，他陸續參加越南河內和蘭卡威的世界地質公園會議，韓國濟州島和日本山陰亞太地質公園會議，到二〇一五年到日本山陰參加亞太地質公園網絡會議，臺灣已能組成將近八十人的團隊參加。「那次名牌上各種資料一應俱全，其他人或許沒感覺，但我的感受特別深，從默默無名到Chinese Taipei、China Taipei、China，到Taiwan，臺灣人在地質公園上的努力終於被國際看到。」

另一方面，為了解決沒有遊客的問題，他決定先從改善環境做起。將圍牆的破洞修補好之後，竟然就增加了十萬元門票的進帳。然後是蓋廁所、清潔園區，找師大環教所教師團隊來開課，為野柳編寫環境教育課程，同時進行資源調查與出版，入園人次大幅從五十萬逐漸上升到百萬，但由於門票低廉，年營收僅有兩千多萬。

• 陸客來去，轉型契機

二〇〇八年六月十三日，中國海協會與臺灣海基會簽署《海峽兩岸關於大陸居民赴臺灣旅遊協議》；七月四日，兩岸週末包機首發團抵臺；隔年，「大陸地區人民來臺從事觀光活動許可辦法」修正，放寬陸客來臺觀光的條件、延長在臺停留時間至十五天。據統計，這項政策至二〇一二年九月止，創造三八四四億元的外匯收入。

不分平日與假日，野柳停車場塞滿了遊覽車，海岸邊處處擠滿遊客。二〇一二年平均每日七千人；二〇一三年，強颱天兔來襲，陸客行程完全不受影響，滿滿人潮更成為新聞報導，質與量的失衡，成了野柳的新難題。

二〇〇六年OT剛簽約時，楊景謙評估過，一年約要有二百五十萬人次的遊客，才能符合收益。二〇一五年，新空間與北觀處簽下第二次合約，當時遊客人次創下歷史新高的三百五十萬，北觀處加碼提出四百萬的新目標。他直接回應若沒有考慮環境承載力，實不可取：「野柳現在的問題不是沒人來，而是能裝多少人？做為經營者，我情願限制每年一百萬人次，但門票提高到兩百元；而不是接兩百萬人次，每人收一百元。大量的遊客雖然會帶來短暫的榮景，但事實上給自然環境以及沿途社區帶來的衝擊太大了。」

二〇一六年五二〇大選後，政治環境改變，陸客不來了。陸客大幅減少，換個角度思考，反而是轉型的好時機。楊景謙說：「以前我們說重質不重量，政府單位不太聽得進去，如今碰到這個契機，加上幾位履新長官，確實應該以長遠角度好好重新思考國家觀光策略，不應該都用低價去做市場。」陸客的缺口，新空間正努力從自己國內以及東南亞、日本、韓國等亞洲國家來填補。

地質公園的主管機關是林務局，野柳地質公園因目的事業主管機關隸屬於觀光局，經濟效益始終被排在環境保護之前。二〇一六年七月，國內《文化資產保存法》正式通過，特殊地形、地質現象等自然地景被納入其中，正待立法機關著手制定施行細則，釐清往後的權責管理。

二〇一七年三月，為了野柳警戒區域設置方式所開設的專家學者座談會上，雖然最後未能找出更妥善可以替代紅線的方案，各方專家對於野柳的下一步，卻都提出了更能永續經營的方向。師大地理系教授王文誠認為，臺灣與國外旅遊文化還是有所差異，國外風景區遊客自我管理的意識較高，野柳地質公園未來應朝分區方式管理，某些區域開放遊客自由進入，某些區域則需付費導覽解說，以管理遊客人數，朝向深度觀光發展。世新大學觀光學系教授陳墀吉教授則建議將園區內資源重新盤點，分為只能觀賞不能觸摸區、有限度的互動區。

楊景謙分析，臺灣地質公園發展有快、有慢，有前、有後，當其他地質公園尚在思考如何吸引遊客、增加使用率，讓地質公園可永續發展時；野柳的困境是過多的遊客對環境造成傷害，該如何使用電子監測方式估算遊客量，又該如何做好分散、分流，他希望能將入園人數限制到一百至兩百萬人次，讓野柳地質公園能漸漸轉型，從摩肩擦踵的觀光區，朝向環境生態的教育園區方向修正前進，所以目前園區不僅雇有四位全職環教師，規劃了十三套收費課程，同時也委託外部單位擬定未來分區管制、最適人數等配套方案的可行性，希望兼具安全與環境承載，同時也能支撐起當地的基本經濟收入。

3-3 使自然成為社區再生的動力

• 社區與地質公園間築起一道看不見的牆

與國內其他地質公園相比，野柳確實有得天獨厚的天然條件，交通易達、可觀察地景集中，只要逛上半天，就能觀察到海岬、海灣特有的侵蝕差異現象，以及海蝕平臺上，燭臺石、薑石與蕈狀岩等珍貴地質現象。

這讓野柳地質公園的發展，無論是旅遊商機、國際知名度，效益都已超乎國人想像。但地景旅遊只是地質公園內涵的四個面向之一，地景保育與環境教育，目前園區OT業者正在加快腳步趕上，而最後社區參與這一點，正是最讓楊景謙費心，也承認最需努力的方向。

無論是目前地質公園的經營者或是野柳社區居民，都承認彼此關係頗有疏離。郭萬興聳聳肩說：「不相來往啦！」累積了十多年的心結，結得快解得慢，最初是因為園區開始管制，不讓居民自由進出兜售商品；隨著管理加強，改在售票處旁成立攤販街，統一管理；最後，又另設一條新攤販街，但想做生意的人總是多過攤位數量，抽籤結果也不是人人信服。OT之後，園區內的遊客中心開始賣紀念品、飲料，更讓居民氣憤「搶生意」。

另一方面，對這個本來以漁業為主要收入來源的小漁村來說，曾經大量陸客帶來的不只是摩肩擦踵的人潮，也包括如龍的車陣；做生意的人抱怨賺的錢沒有變多，因為陸客以低價團為主，不是一桌菜壓到一千五百元，就是「一條龍」玩法，半天進出野柳地質公園，用餐時間整車拉走，「彷彿整個野柳只有一個地質公園」。

楊景謙回憶，剛接手的那一年，還有居民站在門口叫囂抗議。後來，他們開始「敦親睦鄰」，以實質捐款回饋野柳各種團體與地方組織，例如社區協會、長青會、宮廟、學校、義警、義消等，萬里國中與野柳國小若舉辦活動需要經費，也盡力協助。雖然關係似乎逐漸改善，新空間也試圖慢慢讓社區、尤其是帶領村民的村里長瞭解他們的想法與做法，但地質公園與社區的連結仍十分薄弱。

經營地質公園究竟是「瓜分在地資源」，還是「提振地方發展」？做為一間營收的地質公園，該如何達到外界期待的社會責任與使命感？

如果每年有兩三百萬人來到野柳地質公園，該如何讓他們走入社區，拿起文化觀光地圖，按圖索驥沿著巷弄慢行？港東路上整排的海產店等著用餐的客人上門，彎入小巷，就是尋常民家住宅，並無像其他觀光區發展出特色店家或咖啡店林立的狀況。寂寥的氣氛，曾讓楊景謙感到為難，「如果人潮都已經帶到家門口了，社區本身是否應該思考可以做些什麼？」

‧社區營造不易

從高雄旗津嫁來野柳的湯錦惠，在野柳還由北縣管理時，便以約聘人員的身分進入園區工作，如今以副總經理身分處理服務工作與導覽活動。九二一地震發生後，她看到各種地方文史團體如雨後春筍般出現，決定在二〇〇四年與其他工作人員成立瑪鋉漁村文化生活協會（瑪鋉是萬里早期原住民語舊稱），同時向郭萬興租下老家古厝，展示四處蒐羅來的漁村古早生活用具與捕魚器具。

圖3-20 3-21 瑪鋉居古厝，是有近百年歷史的閩式建築。

這間現被命名為「瑪鍊居」的古厝，是有近百年歷史的閩式建築，位於港東路巷弄內，過去是一間柑仔店，無論是柴米油鹽醬醋茶或漁具等生活必需品，都能在這裡購買補足。

在「瑪鍊居」附近，還有幾間當地僅剩個位數的硓𥑮厝。早期紅磚屬於有錢人家專屬的建材，農家多用夯土築牆、木梁成頂，蓋成「土角厝」；漁家最好的建材便是硓𥑮石，也就是珊瑚礁，漁民在東北季風或是颱風過後，趁著不用出海捕魚的時間，到海邊撿拾海浪打上來的珊瑚礁石，或是直接選定合用的珊瑚礁，連同底部相連的沈積岩一同敲下，敲打修整成合用塊狀造型，再一層層堆疊，並以泥漿澆灌黏著。珊瑚礁有無數孔隙，硓𥑮厝住起來冬暖夏涼，但終究敵不過時代洪流，六〇年代地方經濟好轉後，一間間拆除，蓋起了紅磚樓房。

已經在野柳生活四十年的湯錦惠，很清楚問題在哪裡。對野柳人來說，觀光業的發展與他們如何過日子實在沒有太大關係，當地人都記得，野柳漁港曾是北海岸最大漁港，漁業資源最豐富時，一艘漁船出海就能帶回幾百萬的漁獲，到碼頭當一天漁工就能有幾千元收入；這個行業收益高、風險大，很多來擺攤的歐巴桑的丈夫、兒子都喪命於大海，幸運活下來的，當年豐厚的收入也足以讓晚年不愁吃穿了，所以即便地質公園開出當一天志工五百元的津貼補助，六十多名志工中也僅有約十人是當地居民；公園為了協助居民接待國際觀光客所開設的語言課程，或是為商家設計的紀念品包裝行銷工作坊，居民也興趣缺缺。

就連公所提議要規劃徒步區，也被居民拒絕，「已經在做生意的人覺得不需要，沒做生意的人更不覺得有必要，車子沒辦法開到門口多不方便。」李梅芳是野柳國小長期志工，一九七五年跟著擔任警察的丈夫一起來到野柳定居，生長在屏東的她，常常帶著孩子到海岸邊散步，欣賞奇岩怪石，沒想到這一住就是四十年，「以前的野柳純樸保守，空氣裡是濃濃的魚腥味，後來觀光人潮多了，漁船變多變大，突然熱鬧了起來又沒落。」

・宗教文化是唯一的凝聚

如今唯一能凝聚村落的，只剩下廟宇活動了，那也是僅存的、活生生的漁村文化，不只中老年人投入，剛畢業的國高中生也樂於參與，成為新一代擡轎跳港的一員。

兩百多年前，一艘「金和順」號帆船，在野柳岬外海因強大側風而翻覆，三百多人全數罹難。據說意外發生前三天，一位野柳老漁民夢到保安宮主祀的開漳聖王託夢警告船難，漁民雖在當日欲出海救援，也因風浪無法出到外海；最後又在各船傳下開漳聖王的咒語，不讓數百具遺體漂入港內，維持港區清淨，這也是接下來傳承百餘年「神明淨港」的民俗儀式。[10]

這場發生在清朝嘉慶年間的船難，真實度多高已無人知曉，但野柳人對海的畏懼與崇敬就在一代又一代青年扛著神轎自保安宮前廣場跳下水時，和堅定虔誠的信仰一起深植野柳人的心。

圖 3-22 3-23 每年農曆四月金包里二媽回娘家活動，是野柳的盛典。

不只保安宮，仁和宮和朝天宮也都香火鼎盛，每年農曆四月金包里二媽回娘家活動，更是野柳另一場盛典，相傳清嘉慶年間，一尊媽祖神像擱淺在野柳海岸岩洞，漁民發現後就地安置供奉，這個岩洞便是海蝕洞，也因此被稱為媽祖洞，成了幾百年來當地漁民信仰中心，但因不斷襲來的浪潮常常將媽祖神像打落，才又遷於金山區金包里建廟天后宮（後更名為慈護宮）。在四月十六日這一天，已遷至金山區慈護宮的媽祖像會回到媽祖洞做客一日，野柳人無論男女老少，肩上批著毛巾、身著輕便服飾或是宮廟衣物，大批大批的人走入地質公園，經過了蕈狀岩與豆腐石，跨過壺穴與薑石，遠眺燭臺石與拱狀石，對著海蝕洞虔誠膜拜。

‧將未來寄託於下一代

一九九三年開始在野柳國小任教的輔導主任吳炯霖，一待就是二十四年，眼睜睜看著野柳從盛到衰，如今成為人口外流嚴重的村落。

野柳國小創立於一九五〇年，當時為「萬里國校野柳分校」，讓野柳的孩子不用跋涉五公里外的萬里村讀書；九年國民義務教育實施後，才更名為野柳國小。

「這裡總是一直在下雨。」從高雄來的吳炯霖，還是很不適應北海岸的天氣，算了算學生人數，最初全校有九個班級，當時觀光、漁業的景氣都很好，一度增班至十二班，全校有三百多人，「那時全臺出現海砂屋問題，學校也被查出來有，開始進行校舍改建，沒想到建好後，遇到居民外移、少子化問題，最後全校剩下六班，現在只有七十七名學生。」

他隱隱觀察到，野柳經濟起落可以從家長會組成看出端倪，「我剛來的時候，家長委員很多，大家都想要競爭當會長，後來逐漸減少，從四十多人降至十人上下，會長要繳交的費用也從十萬、五萬，最後剩下一萬元。」少子化固然是個因素，人口外移更不可忽視，不少學生跟著遷居他處或外地工作的家長轉學他校。

為了挽回學生，野柳國小從一九九六年起，在張明錫老師的主導下，開始推動在地海洋教育，為三至六年級規劃不同的親海愛海、在地景觀、人文風俗等課程，希望藉由這些特色課程，讓孩子能從小認同野柳。

但在海泳與獨木舟課程之外，要讓孩子重新接觸海或是漁業文化還是困難，「臺灣家長還是灌輸孩子一個觀念：海是危險的、海水是不乾淨的。」吳炯霖主任記得，他剛來野柳時，學生還會在放學後到地質公園某處的海蝕溝跳水玩耍，或是到鄰近廢棄的九孔池戲水。

該如何建立起野柳地質公園與漁村文化之間的連結，是目前經營者苦思的方向，湯錦惠帶領著瑪鍊漁村文化生活協會，向耆老訪談舊時漁民生活及生產技能，設法轉化成有形的影音及文字資料，保留下漁村人文資產。

保守的漁村化為觀光名勝，遊客關注的是女王頭與嶙峋奇岩，鮮少把目光轉向港口停泊的漁船。「漁村沒落了，想轉型，當然是轉觀

圖 3-24 3-25 野柳國小神明淨港活動，以及手牽手到地質公園。圖片提供：野柳國小

光，可是觀光業必須有文化做背景。我們很希望能讓野柳年輕人找到回家的路，但地質公園能提供的工作有限，一定要整體社區跟著向上發展才行。」他們想到的辦法，就是先讓相關活動向下發展。

例如這幾年舉辦的「野柳文化嘉年華——來弄輦」，就是起源於地方神明淨港慶典盛事，園區邀請萬里國中、萬里國小、野柳國小、大鵬國小、大坪國小、崁腳國小等六所學校，製作創意輦轎，仿效傳統民俗活動，讓學生扛著自製輦轎在野柳海岸展示遊行，希望幾年後弄輦能再度成為萬里地區一年一次的盛事。

楊景謙說：「五、六年前，我們曾邀請臺灣師範大學地理系蘇淑娟老師來協助規劃野柳地質公園的長期推動。試了很多方法，後來發現，大人都是鐵板一塊，只能從孩子影響起。當時在野柳國小培養的小小解說員，現在都上高中了，有的可能快要上大學，如果說，我們持續與學校合作，從教育扎根，再做個五、六年，那時，第一批培養的孩子進入社會，社區長者也漸漸退休。意思是，把時間拉長，從教育做起，經過五年、十年、二十年，相信慢慢可以產生世代改變。只能這樣子做下去了。」

海，讓野柳生成多變地質，讓人們有了信仰，有了收入，有了文化。海浪襲來又退去，野柳漁村盛起又衰退，唯一不變的只有海岸邊那些岩石，日復一日被海浪拍打著，因侵蝕磨損產生各種細微到人們難以察覺的變化……是黯淡，或輝煌，千萬年來始終遙遙望向大海的女王，是否早有了答案。

注釋

1 依鄧屬予教授的看法，隱沒反轉的作用一直在由東向西推進，目前這條山脈開始老化的界線介於中壢—花蓮之間，見鄧屬予〈臺灣第四紀大地構造〉，《經濟部中央地質調查所特刊》，第十八號（二〇〇七年）。

2 正斷層可理解為「重力」斷層，指岩層上盤往下滑動，正斷層不一定需要板塊運動才能產生，但若是違逆重力往上方推移的逆斷層，通常就需要板塊推擠的力量。平移斷層則是指水平錯移的斷層。

3 經典雜誌編著，《島嶼．岸邊：臺灣海國圖誌》（臺北：經典雜誌出版社，二〇一二年），頁二〇。

4 臺灣地景保育網，陳文山教授：阿山的地科研究室。

5 王鑫，《臺灣的特殊地景—北臺灣》（臺北：遠足文化，二〇〇四年），頁七三。

6 資料來源：野柳地質公園

7 據當時的《徵信新聞報》（中國時報前身）報導，那日遊客約有一萬多人，其中三十六名臺大政治系一年級學生進行春季旅行，二十一歲的香港僑生張國權為了拍照，在「仙女鞋」附近落海，於附近設攤販售小吃的林添禎急忙脫下外衣，在腰上紮了一根草繩就下海救人。

8 二〇一四年七月八日下午四點，有一家九口遊客在地質公園第三風景區岸邊拍照後，走在人工設置的坡道上時，無預警襲來三波六公尺瘋狗浪，導致全家人摔倒在地，只能強拉著欄杆不被浪潮捲入海中。

9 參考戴昌鳳，《野柳地質公園海洋生態解說手冊》（臺北：新空間；交通部觀光局北觀處，二〇一二年）；臺北縣萬里鄉瑪鋉漁村文化生活協會，《走看野柳——漁人、漁具、漁法》（臺北：新空間，二〇一〇年）。

10 出自新北市政府教育局，《萬濤石嵐慢遊情——萬里石門區域生態文史課程》（臺北：新北市政府教育局，二〇一七年）

野柳地質公園

中山高速公路→在金山／八堵交流道下→左轉接臺二線→往金山方向直行即至野柳。
北二高→在基金／萬里交流道下→左轉接臺二線→往金山方向直行即至野柳。

野柳地質公園全球資訊網
http://www.ylgeopark.org.tw/

交通部觀光局北海岸及觀音山國家風景區管理處
http://www.northguan-nsa.gov.tw/

CHAPTER 4

伸進太平洋的一道鼻梁
鼻頭龍洞地質公園

廣闊的海蝕平臺、美麗的岬灣、堅硬嶙峋的龍洞砂岩岩壁，形成鼻頭角與龍洞岬的壯觀景象。當人類製造大量現代生痕的時候，是否聽到海洋正在質問我們最後要留下什麼。

撰文／諶淑婷．林書帆　攝影／黃世澤

4-1 壯闊景觀來自不平靜的大地活動

二〇一六年二月六日，一場震央位於高雄美濃的地震，導致臺南永康的維冠金龍大樓倒塌，造成一一五人死亡。如同過往幾次引發重大災情的地震，維冠大樓的悲劇，也引發了一波對於人口最稠密的大臺北地區一旦發生地震，會產生如何嚴重災情的討論。也只有在這樣的時候，穿越臺北的幾條主要斷層才會進入大眾視野，其中最受關注的山腳斷層，被觀察到有正斷層向下拖曳的活動型態，反映了造山運動之後的山脈崩毀階段。[1]

斷層雖然會帶來災難，但它同時也是形塑地景的力量。東北角之所以會有壯闊的岬灣與天然良港，除了岩層本身硬度不同造成的差異侵蝕，也因為海浪容易沿著斷層的破碎帶侵蝕，鼻頭角與龍洞岬便是典型的例子。

圖4-1 鼻頭角是東北角海岸最北的一個岬角，周圍多海崖地形；龍洞則是由北濱最古老、最堅硬的岩石「龍洞砂岩」所構成。由龍洞岬展望龍洞灣與鼻頭角，龍洞灣地質鬆軟易受侵蝕，加上龍洞斷層通過影響，因此快速後退形成海灣。

鼻頭角龍洞地質圖

鼻頭角與龍洞岬在地理位置上如此接近，在時間上卻相距甚遠。

鼻頭角是一處向東北海域延伸的向斜軸，露出的地層屬於新生代中新世至上新世的砂、頁岩層，主要由桂竹林層二鬮段所組成，二鬮段為構成鼻頭岬主體的岩層，大埔段則分布於東西兩側。二鬮段岩性為厚層的泥質砂岩偶夾薄層頁岩，並可見交錯層理及結核等沉積構造；大埔段由白灰色厚層或塊狀細至中粒砂岩所組成，地層中可見化石碎屑團塊，偶可見盾海膽破片及螃蟹化石。

龍洞是由龍洞砂岩構成，屬於始新世至漸新世的岩層，層位相當於雪山山脈的四稜砂岩。

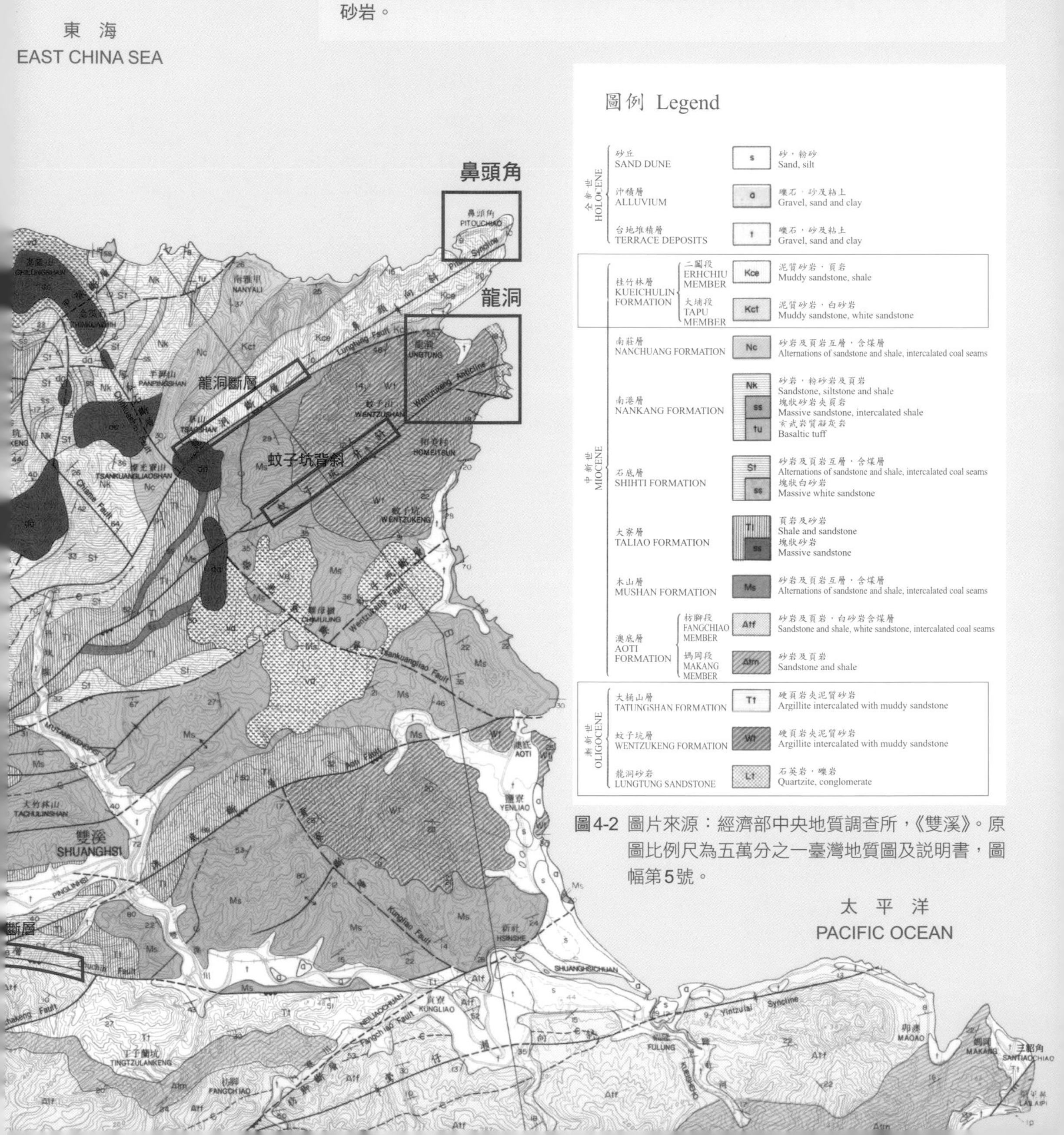

圖4-2 圖片來源：經濟部中央地質調查所，《雙溪》。原圖比例尺為五萬分之一臺灣地質圖及說明書，圖幅第5號。

鼻頭角最寬處約一公里，縱長約兩公里，中央的鼻頭山海拔高一一四公尺。若以地層來看，這裡為中新世至上新世的砂、頁岩層，主要由桂竹林層二鬮段及大埔段所組成，前者構成了鼻頭岬的主體，是厚層的泥質砂岩偶夾薄層頁岩；後者則分布於東西兩側，是白灰色厚層或塊狀細至中粒砂岩所組成。兩者都富含沉積構造，特別是可以觀察到許多型態各異的交錯層，顯示沉積環境的變化。[2]

若檢視這裡的地形，鼻頭岬的西北側海岸多是海崖地形，中央處凹入成為天然港灣；東南側海岸則有明顯並完整的海蝕地形，因為砂岩裡的頁岩受雨水侵蝕及風化的速度較快，經年累月形成了不穩定的邊坡或是深凹的海蝕凹壁；當頁岩下部形成海蝕凹壁後，上部懸空的砂岩因重力及風化作用而沿著節理崩落，接著日復一日的風化作用，使得海崖逐漸後退，形成海蝕平臺，這裡的海蝕平臺就比野柳更寬廣，北起從岬角最北端海岸，南至龍洞灣海洋公園東側，能清楚看到海階地形的發育。[3]

圖4-3 型態各異的交錯層，顯示沉積環境的變化。

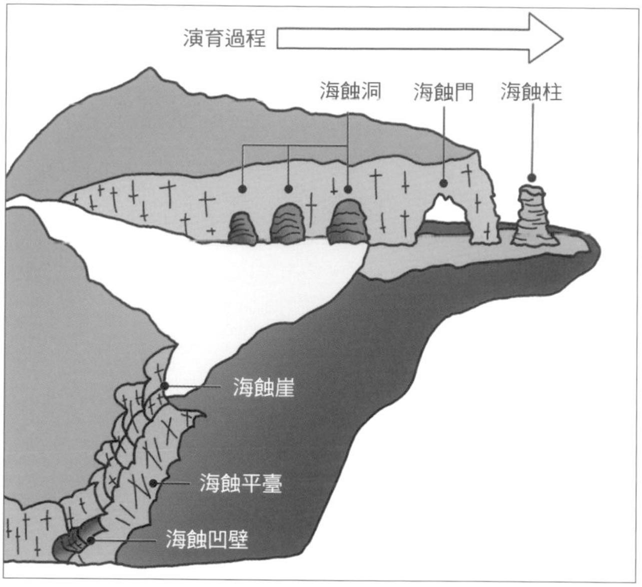

圖4-4 海蝕地形階段演育

波浪沿岩石節理或岩層軟弱處侵蝕，初期逐漸凹陷成「海蝕洞」或「海蝕凹壁」。海蝕洞若發生在岬角，岬角被蝕穿後，則成「海蝕門」。海蝕門持續受拍擊，使岬角尖端和海岸分離，就成「海蝕柱」。受波浪侵蝕而成的陡崖，稱為「海蝕崖」，海蝕崖下方常被侵蝕成「海蝕凹壁」。如果海蝕凹壁受海浪侵蝕而持續內凹，致使上部的崖壁反覆崩塌，將使海岸後退，且在崖腳前方形成「海蝕平臺」。

圖片繪製：GEOSTORY

從鼻頭國小旁的小徑走進鼻頭角步道，可以遠眺北方三島：棉花嶼、花瓶嶼、彭佳嶼，也能就近觀察鼻頭角特有的海岸景觀，還能遙望不遠處的三貂角燈塔。突出於海面的鼻頭岬與三貂角所相夾的海灣就是三貂灣，據傳十七世紀西班牙船艦由菲律賓開抵此處海域時，以拉丁文命此地為San Diego（聖地牙哥），後諧音成「三貂」。

以此海灣分界，一邊是東海，一邊是太平洋（三貂角轉向南），三貂角是雪山山脈地質區的起點，地質沉積環境轉變；由三貂角萊萊鼻的煌斑岩脈及鼻頭角基隆火山群的存在，顯示地層內部有較堅硬之火成岩脈貫穿其中，因此較不易受到風化侵蝕而能突出屹立於海面上。而由龍洞砂岩所形成的龍洞岬，這裡的砂岩內部遍布堅硬變質的石英岩或石英岩層節理，經過浪潮長年侵蝕，造就了雄偉的海蝕門與海蝕崖，還有數十個離水的海蝕洞。而鼻頭岬與龍洞岬兩個海岬中圍成的龍洞灣，由比左右兩個海岬更鬆軟的頁岩與砂頁岩構成，在海浪侵蝕下，快速後退形成了海灣。

圖4-5 龍洞岬海蝕崖高約一百公尺，中央有一海蝕門。
圖片來源：經濟部中央地質調查所，《地質》期刊第35卷第4 期，頁84。

此區突出、凹入的彎彎曲曲海岸線，是因為岩層硬度的不同，在季風、海浪、潮汐、海流等海蝕作用下，軟岩容易被侵蝕向內凹陷變成「灣」或「澳」，硬岩突出成為岬角。[4]

4-2 龍洞砂岩，堅硬又潛伏危機

只要是稍有觀察力的人，應該都會發覺鼻頭角與龍洞岬這兩個相鄰的岬角，岩石外觀差異極大。鼻頭角的砂岩含泥量較高，呈青灰色，一般稱為混濁砂岩或雜砂岩，龍洞岬的砂岩在陽光下卻近乎雪白。更奇妙的是依照地質學的疊置定律，年輕的地層會依序沉積在年老的地層之上，但鼻頭角與龍洞岬這兩個距離如此接近的岬角，地質年齡卻相差數千萬年之多，之所以會有這樣的現象，也是受到斷層的影響。翻開區域地質圖，可以看到龍洞斷層及屈尺斷層將此處分成三大區塊，龍洞斷層以北是西部麓山帶地層，屈尺斷層以南是雪山山脈地層，介於兩個斷層之間的是澳底地塊，也是二個地質區之間的變質過渡帶。[5]龍洞斷層正是鼻頭角和龍洞岬之所以相鄰的原因，板塊運動的力量，讓它們在地理位置上如此接近，在時間上卻相距甚遠。

龍洞岬的壯觀景象，是由北部地區最古老的地層——龍洞砂岩所構成，它的沈積時代約為三千五百萬年前，看起來如此潔白的原因，是它含有大量石英，而石英又是從大陸地殼的主要岩石花崗岩風化而來，再從它所蘊含的薄煤層推測，龍洞砂岩的沉積環境應為濱海至淺海，因為接近大陸邊緣而有源源不絕的石英，海濱植物則成為煤層。龍洞砂岩沉積的年代，東亞大陸邊緣正處於張裂的環境，使今天臺灣島的位置陷落出許多沉積盆地，龍洞砂岩也隨之逐漸被深埋於海床底下，直到六百萬年前的蓬萊造山運動，才因地層推擠而隆起形成山脈，並在風雨與海水侵蝕的魔法下，有機會被世人一睹其面貌。[6]

由於富含石英，龍洞與四稜砂岩（二者層位相當）的硬度甚至比鋼還硬[7]，讓開鑿雪山隧道的工程人員踢到「石英板」，但雪隧工程遭遇的最大挑戰，是在於四稜砂岩地層既堅硬又破碎，裂隙中暗藏的地下水包對工程進行造成極大阻礙。[8]是什麼力量能讓比鋼還硬的四稜砂岩變得如此破碎？自然又是板塊碰撞帶來的斷層作用所致。而龍洞灣之所以會成為全臺灣最富盛名的天然濱海攀岩場，甚至吸引不少外籍攀岩好手來此挑戰，也和板塊擠壓的力量有關。地質技師顏一勤解釋，正是因為地殼變動作用，讓龍洞砂岩產生發達的節理，攀岩者才有抓握的施力點。且龍洞又正好位於背斜軸軸部，像一只倒蓋的碗的頂部，是褶皺構造最平整的地方，「若是位在軸的兩翼上，節理又如此發達，石頭很容易就一塊塊掉光了，這就是為什麼只有這裡的砂岩適合攀

圖4-6 遊客與攀岩者的朝聖之地——龍洞

岩。」

今日攀岩已經不再被視為危險性高、專業人士才能從事的極限運動，只要有正確的裝備與訓練，許多人都樂於體驗攀岩樂趣；而地形多變的龍洞岩場可以畫出六百多條攀岩路線，從最基礎到極高難度的都有，兼具挑戰、輕鬆、玩樂等路線，自然吸引不少初學者或是熟手前來挑戰，然而節理形成的凹凸崖面，固然提供了天然的施力點，但它同時也是岩石開始風化崩裂之處。風、浪、雨水，以及喜好生長在懸崖絕壁的臺灣蘆竹，都在一點一滴侵蝕著堅硬的砂岩，讓攀岩活動多了風險，也年年傳出意外事故。[9] 這裡地勢陡峭，警消必須出動直升機才能順利救援，但國內現有法律對於攀岩未有管制，風管處僅就攀岩者在岩石上打釘攀爬，依破壞地質景觀開罰過。如何查核相關裝備設施是否符合安全要求，或是監督在此收費教學的相關業者，設法提高安全性，還是未有良方。

廣闊的海蝕平臺、美麗的海灣、龍洞砂岩形成的堅硬嶙峋岩壁，為鼻頭龍洞帶來了不同於其他地質公園的觀光旅遊商機。除了攀岩外，海蝕平臺上滿是釣客，海灣內不乏戲水、跳水的遊客，但遊客愈多，鼻頭龍洞地質公園OT業者尹德成教練就愈不放心，他指著眼前的龍洞灣：「有多少人聽過裂流（Rip currents）呢？大家都會說長江後浪推前浪，卻不知道當波浪往前推入海灣，只會有部分在沙灘上消除，

圖4-7 富含石英的龍洞砂岩，硬度甚至比鋼還硬。圖片提供：王梵

其餘則往兩側宣洩，累積起來成了大流，海水將形成離岸運動迅速流回外海，陷入裂流的泳客雖然拚命向岸游卻無法前進，往往最後精疲力竭、無法再留意波浪來襲而滅頂。」

不論是斷層還是水域，我們在面對自然的風險時，似乎總在過與不及間擺盪。每天在海岸邊工作的尹德成，因為有海軍救難背景，下海救人經驗豐富，警覺性高，常常吹哨子提醒，換來的卻是怒目相對。他不禁感嘆，「每當我們吹響哨子，提醒遊客勿入危險水域時，就會被反駁、斥責，臺灣有游泳教育，但是沒有海洋教育，我們沒有教學生海洋潮汐變化、漲潮退潮的原理，能在游泳池游三千公尺或是泳渡日月潭的人，不見得知道海水退潮時根本無法前游，也不知道六級風浪會帶來兩公尺高的海浪，被那種浪打到等於被一部車撞到。「每個人都想冒險犯難，就必須承擔後果，教育、警戒、救援三階段，現在臺灣最重視救援，警戒還有一些機制，教育則是完全沒有跟上。」

二〇一三年十一月，海燕颱風登陸菲律賓，臺灣東北角亦受影響，當時在地質公園海蝕步道區正有樹林社區大學學員攜家帶眷共二十六人進行戶外教學，連續三波八公尺高的瘋狗浪襲來，八人落海溺斃、八人受傷，是近年瘋狗浪造成死亡人數最多的慘劇，李秀娟至今餘悸猶存，「浪從隆起的礁石後方打上來，把人往前推出去，我們接到求救電話，教練們直接下海救援……當時新北市政府責備觀光局，媒體也說園區沒做好管控，但山、海、岩岸要怎麼管控呢？」現在，這條步道已經封閉，必須事先申請才能進入，但人們依舊小覷海的威力，悲劇發生後幾天，家屬來到步道悲悽招魂，一旁仍有許多釣客繼續站在海蝕平臺上磯釣，無視雪白浪花就打在腳邊。

東北角解說志工吳裕隆，是標準海洋活動者，他不僅備有符合自己身形尺寸的救生衣，自用車的後車廂也放著一捆長繩，「我不是要去攀岩，是為了在危急時刻，能拋出一條救命繩。」他說：「那些釣客從鼻頭角坐船來，和船家說好幾點到、幾點走，他們以為在那裡很安全，卻不知道浪一來，能蓋過眼前所有的礁石。但浪愈大，釣客愈是不肯離開；天氣愈不好，釣客愈多，畢竟風浪大時，魚也多。」這並非危言聳聽，此處是東海和太平洋兩個洋流交會衝擊處，鼻頭、龍洞的突岬地形，使海水因潮汐的流勢，在此易形成俗稱「捲螺水」的大漩渦，以順時鐘方向旋轉，大潮大旋，小潮小旋。[10]

觀光局東北角暨宜蘭海岸國家風景區管理處的祕書金保樑，隨手指著不遠處某塊礁石說：「這裡有迴旋流，海巡不敢進來，放救生圈也救不到人，釣客掉下去，只能等待空警，好不容易救上來，卻已經回天乏術了。」民眾的恣意冒險，成了東北角管理處的難題。鼻頭、龍洞遊客多，雖然風管處每年水域開放前，都會發通知給相關業者，但沒有強制力。依據消防署分析近年各級消防機關執行救溺勤務地點，海邊溺水年平均約一百八十人，僅次於溪河。

圖4-8 在濱臺與海蝕平臺上的遊客，常常忽略暗藏的危險海流。

4-3 守護海洋，教育添翼，生物回來了

「我們這一代沒有海洋教育，都認為海洋是自家後院，想要什麼就去撈，想丟什麼就往海裡丟。」站在一隻被魚網纏繞而死在園區裡的綠蠵龜前方，吳裕隆嘆了好幾口氣。一九六三年在貢寮龍門村（又稱舊社）出生的他，出自於對家鄉與海洋的熱愛，平日工作之餘，帶著相機上山下海，記錄著海岸線變化消失的植物，也成為東北角專業導覽解說志工。從地理位置來看，龍洞往南九公里，可依序抵達鹽寮、舊社、福隆，吳裕隆的父親就是舊社村長，「當時靠海生活的人都以漁業為生，必須全村合作捕魚，魚拉上岸後灑滿整個海灘，村民合力煮魚、用鹽巴醃漬，然後運到臺北賣。」

在一九七九年濱海公路開通前，吳裕隆要從舊社老家來到鼻頭角非常困難，「那時路還不通，只能搭公車到舊名蚊子坑的和美，然後步行至少三公里。」但他實在太愛這條鼻頭角步道了，因為鼻頭角岬角西側有聚落與一個小型漁港，東側除了海崖頂端有鼻頭燈塔、軍營及鼻頭國小外，最東側的海岸為無開發的天然海岸，當年的軍事管制意外留下了遺世獨立的美景。

原可一路登上鼻頭角燈塔的燈塔線步道，因地勢陡峭、岩層風化龜裂嚴重，有土石崩落的危險，已經封閉多時，唯一能進出的只有燈塔管理員。令他感慨的是，千百萬年來海、風、雨水與岩石之間產生的各種差異侵蝕作用之下，所造成的地形、地質，雖然吸引了許多浮潛客、釣客與愛好攀岩的玩家，地質相關知識卻難以有效傳達。唯有透過最扎實的海洋教育，才能讓民眾更認識海洋、更認識海岸地形與地質變化、更瞭解兩者之間如何在千百年來不斷交互作用，畢竟消極的救難，無法減少溺水事故的發生；不如積極推廣水域安全觀念，才是根本之道。

有了這層體悟，鼻頭龍洞地質公園內的龍洞灣海洋公園，便積極推動安全扎實的浮潛、潛水課程，以天然礁石為界，在海灣內規劃出一塊遊客可放心活動的安全水域。「水中不是人類的自然活動區域」，在安全規劃的水域內，受到保護的不只是人，也包括了海洋生物。

龍洞灣風景區經理李秀娟清楚記得，二〇〇七年剛接手園區時，人人手中一個撈網，「大家都想來撈魚，海裡看不到比巴掌大的魚，因為都被抓光、毒光、炸光了。幸好地方政府同意設立保育區。」然而，保育區成立後卻數度面臨漁民圍剿，爭執著生存權、漁業權。

十一年來，李秀娟親眼看到當地申請清除覆網的漁船，其實偷偷在採捕海膽；海裡的廢棄魚網纏住了珊瑚和海龜；海岸邊的垃圾有燈泡、有針筒，有整包紙尿布；海邊有人躲著喝酒、吸毒、賭博；有人對著他們怒吼：「政府管不了，你們憑甚麼管！」在這樣的處境下，她始終堅持守護保育區。現在，她有自信保育區雖小，生態豐富度絕不比墾丁、菲律賓、帛琉遜色。而這樣的成果，竟讓當地某些人蠢蠢欲動，隨意捕撈好不容易復育成功的豐富生態，畢竟撈一條魚賣給水族業者就能賺兩百元，一顆海膽能賣一百元。幸好在多年的環境教育努力下，來玩的孩子已經會主動提醒手拿撈網的人：「這裡不可以撈魚！」

二〇一四年十月的臺灣地質公園網絡會議，正式加入鼻頭龍洞地質公園。相較於野柳地質公園的高人氣，鼻頭龍洞地質公園在暑假前的平日時段，遊客實在寥寥可數，李秀娟乾脆將十月至四月開放免費入園，將所有力氣放在六月之後的浮潛、獨木舟等活動課程。

尹德成在空檔時間，持續推廣海洋教育，即便是外縣市，只要有學校提出邀約，他一定盡力達成。李秀娟則在園區內規劃出半天浮潛或獨木舟、半天地質導覽解說課程，兼具地質與海洋教育；並且隨時對外開放申請地質導覽解說，讓來訪的師生民眾有機會走訪鼻頭步道與龍洞灣岬步道，不需顧慮經費問題。

位於鼻頭角步道起端的鼻頭國小與龍洞灣旁的和美國小，是與園區合作最密切的兩所學校。鼻頭國小對外舉辦淨灘活動，也與馬祖的國小、野柳國小、草嶺生態地質國小進行拜訪交流活動，讓小朋友們認識不同地質公園特色；對內則有海上運動會，學生從三年級開始學習培訓浮潛與輕艇操作，以及水上救生、水域安全觀念、海洋生物生態與海蝕平臺地質等教育；和美國小也有發展多年的浮潛和獨木舟課程，選在龍洞灣海洋公園進行的浮潛課，學生必須先接受浮潛教育訓練，從浮潛衣及救生衣等的穿戴從頭學起，接著才是練習漂浮和閉氣，最後才能下水浮潛。獨木舟課程的授課目標野心更大，為了在海中保持獨木舟的平衡、翻舟了要懂得如何自救，學生學的不僅是操舟技巧，也包括風向、洋流與潮汐的知識。每個學生畢業前都要能划舟繞行龍洞灣、演示翻船自救，潛水取得自己的畢業證書，最後在岸邊拋出救命繩救人上岸。

為了生活在這片海灣的孩子，幾所學校舉辦的親海課程

圖4-9 4-10 鼻頭國小的海洋教育活動 圖片來源：鼻頭國小

年年不間斷，日日舉目所及的海岬、海灣、海蝕平臺、海蝕崖、海蝕洞等豐富海岸地形是當地孩子們特有的學習教室，變化多端的大海與濱海動植物則是他們不可多得的老師，因為熟知海，就不怕海，更懂得敬畏海、愛海、保護這片海。

鼻頭龍洞地質公園服務區海岸線很短，大約僅有一公里，被規劃為保育區的潮間帶亦不大，長約百餘公尺，但特殊的海灣地形能抵擋洶湧的潮流，吸引豐富的海洋生物在此棲息，走在架高的木棧板上，可以觀察到玉黍螺、海葵、海兔等海蝕平臺上的生物，以及低潮帶的海葵、菟葵、黑齒牡蠣、寄居蟹及各種藻類，清澈的海灣內約有二十五科八十種魚類，成了生態豐富的自然海濱教室。

地質公園中隨處可見的生痕化石，說明著這些地層在幾百、幾千年前沉積時，也有著與現在同樣豐富的繽紛生態。與岩層層面平行，或筆直或彎曲的線條，是生物的爬行痕跡；若是複雜如糾纏的繩結或樹枝狀紋路，則可能是攝食構造；若是觀察到與層面垂直的管狀結構，則可能是生物的居住構造。釣客的釘鞋在砂岩上留下的細小刮痕，似乎也可以說是一種現代的生痕。但有時人類在自然界留下的痕跡比這要明顯得多，破壞性也大得多。

鼻頭龍洞的生痕化石形成之時，不僅臺灣尚未成形，現代人類也

圖4-11 4-12 豐富的生痕化石

經過長期復育，鼻頭龍洞地質公園潮間帶吸引了豐富的海洋生物在此棲息。

左上圖4-13 饅頭海星（或麵包海星）
左中圖4-14 小海兔　右中圖4-15 梅氏長海膽
左下圖4-16 口鰓海膽　右下圖4-17 擬珊瑚海葵

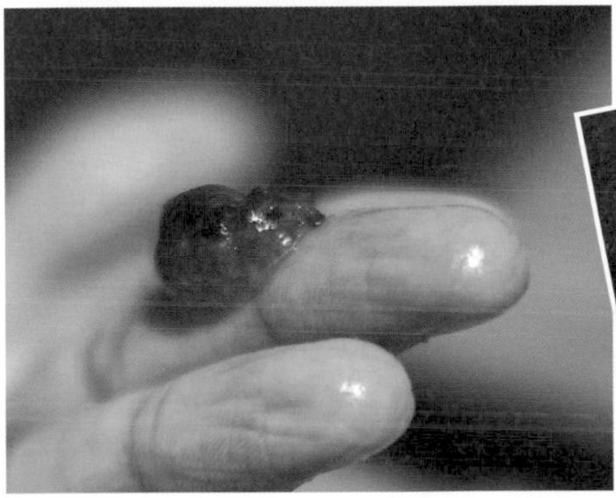

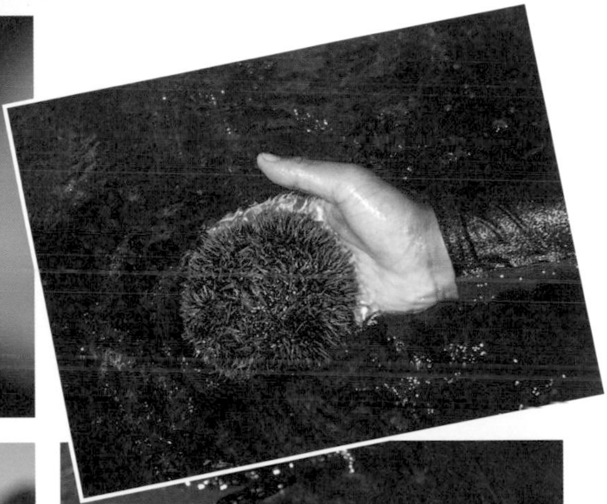

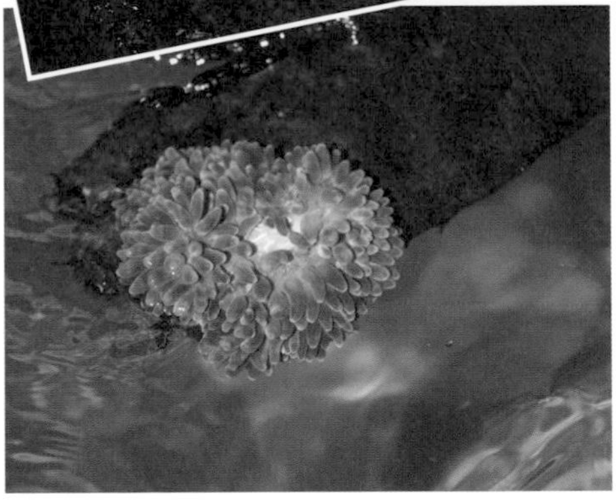

還不存在，千百萬年後的此刻，這些古老生物留下的痕跡，仍在質問我們最後要留下什麼。

注釋

1 參考經濟部中央地質調查所〈富貴角海域地質試測圖說明書〉；陳棋炫、謝有忠、曹恕中〈東北角海域地質調查面面觀〉，《地質》第三〇卷第二期（二〇一一年六月），頁七二至七七。

2 參考〈水流動的感覺，只有交錯層最知道〉http://www.geostory.tw/crossbedding-ripple-sedimentary/

3 參考莊文星，〈東北角海岸鼻頭角—龍洞地質公園地質與地形自然景觀數位典藏〉。http://edresource.nmns.edu.tw/ShowObject.aspx?id=0b81af92d0b81da1ee00b81f28fb1

4 參考王老師科學教育工作室——滬尾天文台，〈精采的台灣海岸地形，從北海岸談起〉。http://blog.isky.tw/2011/08/blog-post_16.html

5 參考經濟部中央地質調查所，〈東北角地區的地質特性〉。http://twgeoref.2002.moeacgs.gov.tw/storage/2007/20070188/cab.pdf

6 參考陳文山教授，〈阿山的地科研究室〉。http://ashan.gl.ntu.edu.tw/chinese/index-GeoClass.html

7 按照摩氏硬度表分級，石英硬度為七，鋼的硬度約四至四・五。

8 參考燕珍宜〈雪山魔咒vs.台灣精神 雪山隧道的開鑿與影響〉，《經典雜誌》第一〇〇期（二〇〇六年十一月）。

9 細數近年所發生較為嚴重的墜崖意外，二〇〇八年，一名女子墜落死亡；二〇一〇年，一名女子與一名男子墜落受傷；二〇一二年，兩名男子墜落受重傷；二〇一五年杜鵑颱風來襲，有遊客硬闖而受困。

10 海洋巡防總局第十六海巡隊公告

鼻頭龍洞地質公園

國道一號北上，經基隆市區循台 2 省道，轉進東北角暨宜蘭海岸國家風景區

從國道三號北上經南港系統接國道五號，下石碇交流道，轉 106 縣道，至十分寮前，接台二丙線至雙溪轉進東北角福隆地區。

交通部觀光局東北角暨宜蘭海岸國家風景區管理處
https://www.necoast-nsa.gov.tw

CHAPTER 5

草嶺地質公園

地震島縮影：災難譜出的生命之歌

九二一地震那一刻，土石如電光石火般的位移，「大飛山」直接從清水溪這一頭「飛」到那一頭。此處地形破碎、地貌崎嶇，不斷從崩壞中重生的「山頂人」，卻永不放棄尋找新的可能與希望。

撰文／陳泳翰　攝影／許震唐

5-1 會飛起來的山

在雲林縣的草嶺，每隔幾天，一天工作結束後，就會有幾名年輕人來到土地公廟旁的屋簷下聚會，討論社區接下來的旅遊活動規劃。多數年輕人都是這幾年才陸續回到草嶺，對家園曾經經歷過的劇變記憶猶新，撫今追昔，有人甚至沒想過有朝一日還會回鄉工作，如同此刻，擁有一群夥伴共同想像家鄉的未來。

年輕人的其中一位，是一九七九年出生的林貝珊，她還記得，剛進入二十一世紀的頭幾年，向來務農的父親，竟然特別跑去知名景點日月潭學習開船。那時候，他們一家人居住的草嶺地區，突然冒出一座湖泊，比日月潭大了一倍，光是開船繞上一圈，就得花上一個半鐘頭。愈來愈多遊客慕名而來，想一睹這座臺灣最大天然湖泊的真面目，還有媒體形容這裡的迷濛色調，堪比昔日聲名遠播的長江三峽。為了接待這些突如其來、源源不絕的外地嬌客，林貝珊的父親也考取了行船證照，加入載客遊湖的行列中。

圖5-1 草嶺位於海拔450至1795公尺，橫跨雲林古坑鄉、嘉義縣梅山鄉及南投縣竹山鎮等地區，源自阿里山區的清水溪，流經草嶺南側，於林內附近匯入濁水溪。

草嶺地質圖

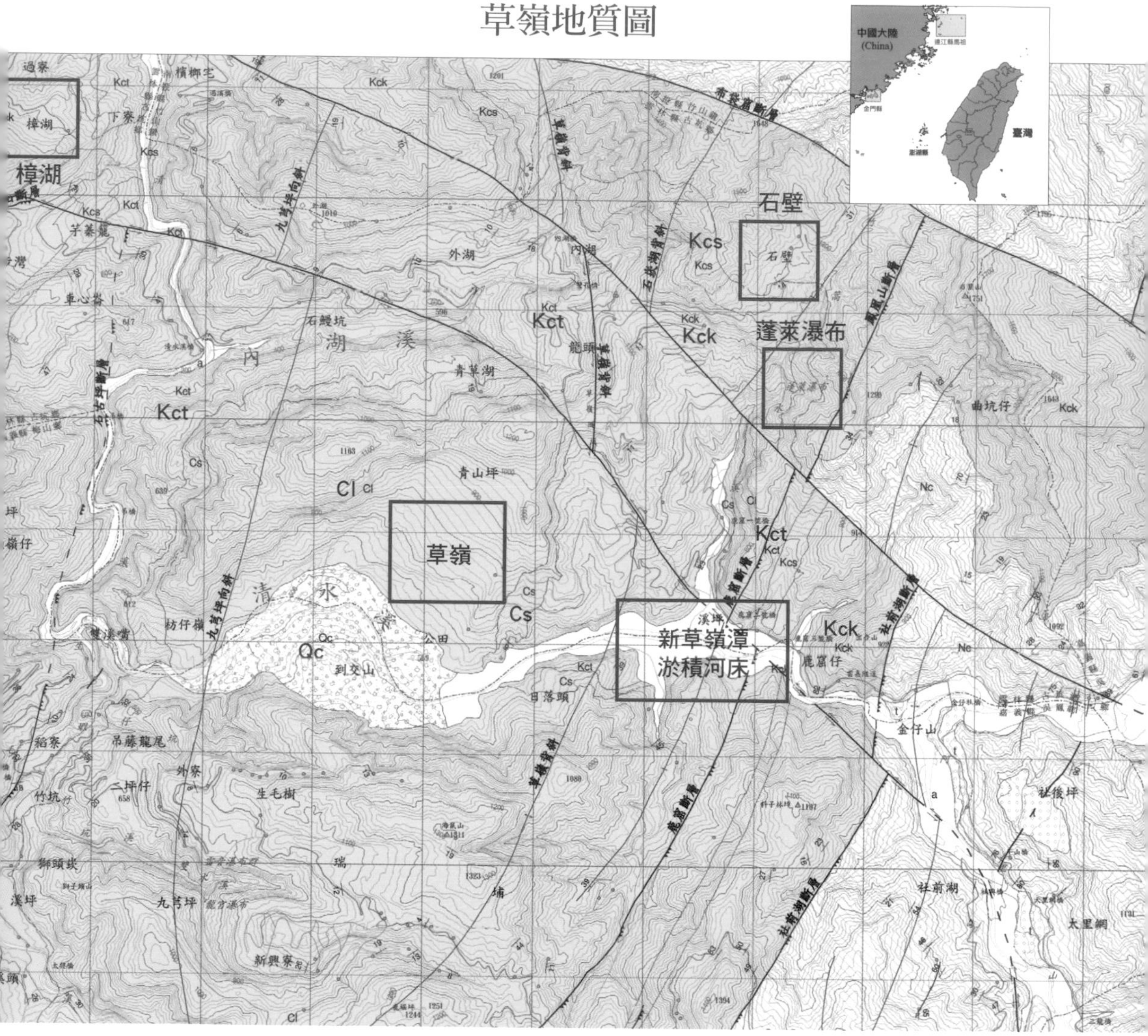

草嶺地區出露的岩層屬地質時代中新世至上新世的桂竹林層（Kct、Kcs、Kck）、錦水頁岩（Cs）及卓蘭層（Cl），地層主要由「泥質砂岩、砂岩及頁岩互層」、「砂岩、泥岩、頁岩互層」、「頁岩夾薄層砂岩」、「頁岩夾薄層砂岩」所組成，層理面發達。溪流沿岸有第四世紀沖積層岩者，因受地形與坡度影響，砂岩層次厚度變化劇烈，因此形成混合組成帶狀層，地質結構以土砂岩為主且地質不穩。

圖 5-2 圖片來源：經濟部中央地質調查所，《環境地質資料庫圖集》。原圖比例尺為二萬五千分之一岩性組合圖。

圖例 Legend

礫石、砂、泥
滑動岩體或塊石
礫石層
礫岩
砂岩
砂岩偶夾頁岩
頁岩

時代	代號	地層
全新世 HOLOCENE	a	沖積層 ALLUVIUM
	af	沖積扇 ALLUVIUM FAN
	Qc	崩積層 COLLUVIUM
更新世 PLEISTOCENE	t	階地堆積層 TERRACE DEPOSITS
	Tkh	頭嵙山層、火炎山段 TOUKOSHAN FORMATION HOUYENSHAN MEMBER
上新世 PLIOCENE	Cl	卓蘭層 CHOLAN FORMATION
	Cs	錦水頁岩 CHINSHUI SHALE
	Kct	桂竹林層、大窩砂岩段 KUEICHULIN FORMATION TAWO SANDSTONE
	Kcs	桂竹林層、十六份頁岩段 KUEICHULIN FORMATION SHIHLIUFEN SHALE
中新世 MIOCENE	Kck	桂竹林層、關刀山砂岩段 KUEICHULIN FORMATION KUANTAOSHAN SANDSTONE
	Nc	南莊層 NANCHUANG FORMATION

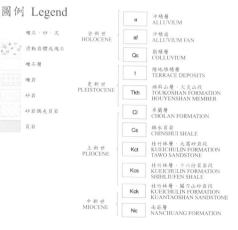

如果不是一九九九年九月二十一日的一場大地震，這處名為「新草嶺潭」的湖泊未必會出現，草嶺居民也不一定要捨棄舊業，掌起船舵。只是那場劇烈的地動山搖改變了地貌，讓許多本來務農維生的人，不得不另謀出路。

全盛時期，新草嶺潭上有三、四十艘遊船服務客人，無奈這個全盛時期極為短暫，二〇〇一年接連兩場威力強大的颱風，沖走了許多載客膠筏，又挾帶大量土石淤塞湖泊，本來一個半小時的遊湖行程，因為湖泊面積縮小，四十分鐘就繞完了，服務的遊船也只剩下十多艘。更要命的是，二〇〇四年再補上一場風災，新草嶺潭終於被土石完全填滿，湖水溢流，再度消失無蹤。不到五年時間，草嶺居民就見證了一座湖泊的新生與死亡，緊接著，又得煩惱起下一份工作該往哪裡尋。

對世世代代居住在草嶺的居民來說，從崩壞中重生，雖然辛苦、無奈，但不能不說是司空見慣之事。天地儘管不仁，只要親友們還在身邊，就能重新找回拚搏的力量。

沉積岩是臺灣西部丘陵地帶最常見的組成，也是草嶺最重要的地質景觀。因此，如果想要理解草嶺居民的命運，就得先從沉積岩談起。

定睛仔細看，雖然同樣被歸類為沉積岩，草嶺各地岩石的組成顆粒大小，往往不盡相同，顆粒最大的礫岩，裡頭包裹了許多鵝卵石；顆粒再小一點的砂岩，摸起來十分粗糙；顆粒最小的頁岩和泥岩，觸感粉粉的，如果用力過大的話，常常一捏就碎。

不同顆粒大小的岩石，來自不同時空環境下的沉積，人們可以盡情發揮想像力，遙想它們當年可能從哪裡來？又是在哪裡沉積下來？顆粒分布均勻的砂岩，數百萬年前可能是一片金黃沙灘；質地細緻的泥岩，或許是細小的黏土顆粒，一路漂流到外海沉積而成；至於較大的礫石或鵝卵石，即便有風和水聯合搬運，也不容易跑遠，或許在河口就停下了腳步，不再前進。

居於河川中上游的草嶺一帶，遍地都含有淘選不佳的大小礫石共同組成的沉積岩，其中一座由沉積岩組成的山頭，叫做堀畚山，草嶺幾次遇上天災時，堀畚山都喜歡插上一腳。新草嶺潭之所以出現，正是因為一九九九年的大地震將堀畚山給震塌，大量土石崩落，堵住下方的清水溪河道，讓奔騰而下的溪水無法繼續前進，只好往上游「回堵」，形成了一汪將近五公里長的山間湖泊。

像這樣的大型山崩，臺語有個詞彙叫做「走山」，彷彿山的一部分自己長了腳，「走」到了其他地方去。但是對草嶺當地居民而言，用「走」已經不足以形容地震那一刻土石電光石火般的位移，有些人更生動地將之稱為「飛山」或「大飛山」，因為在短短三秒內，土石整整滑落了三點五公里，直接從清水溪的這一頭「飛」到了清水溪

沉積岩的演育

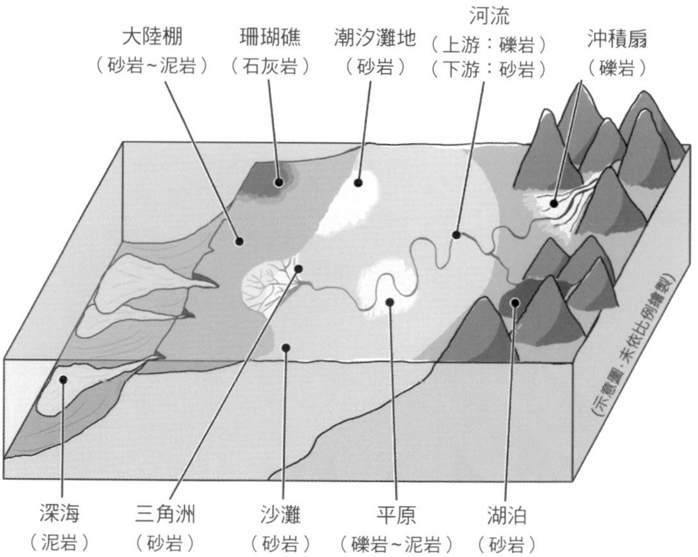

圖 5-3 沉積岩的顆粒（粒徑）大小代表的是當初搬運這些顆粒的能量（水流速、風速等）的大小，沉積顆粒愈大，表示能量愈強。圖中所表示的是在一般情況下，這些環境會生成的沉積岩，特殊情況（颱風等）並未在圖中表示。圖片繪製：GEOSTORY

山崩形成堰塞湖的過程

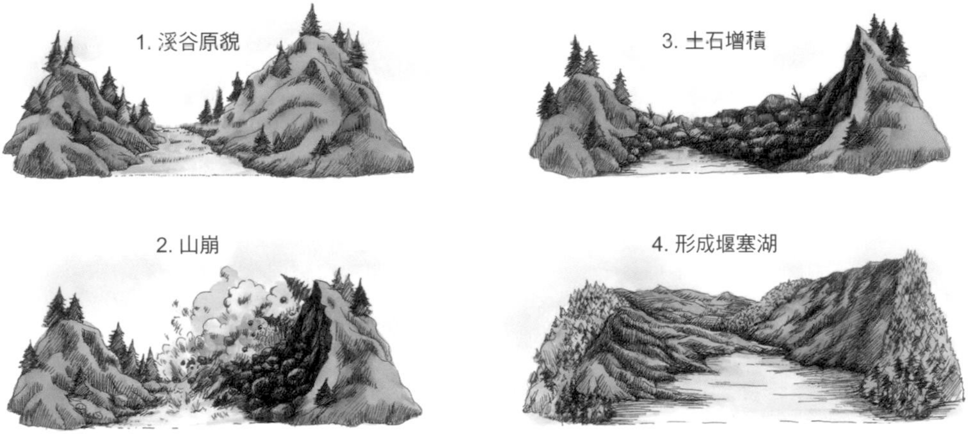

上圖5-4 九二一集集大震導致29人遭土石掩埋而罹難，原本穩定多年的草嶺舊崩塌地，因地震引發大規模的山崩，超過一億立方公尺的土石瞬間飛越河谷到對岸山壁後，再彈回堆積於清水溪谷上，形成高約50公尺的天然土壩，阻礙清水溪的水流，進而形成向上游延伸5公里長、最深處達50公尺的堰塞湖，這就是當時聞名全臺的「新草嶺潭」，為臺灣當時最大的天然湖泊。

圖片來源：經濟部中央地質調查所，《地質》期刊第33卷第1期，頁32。

下圖5-5 圖片來源：遠足文化

表5-6 **草嶺崩山的歷史紀錄**

日期	天然壩高	滑動體積（立方公尺）	導因	草嶺潭的發展
1862／6／6	不詳	不詳	地震	1898潰堤
1941／12／17	70m	＞100,000,000	地震	1942／3／14開始溢流
1942／8／10	170m	＞150,000,000	豪雨	1951／5／18潰堤
1979／8／15	90m	＞5,000,000	豪雨	1979／8／24潰堤
1999／9／21	50m	＞120,000,000	地震	2004／7／2潰堤

資料來源：洪如江（1980）、何信昌等（1999）

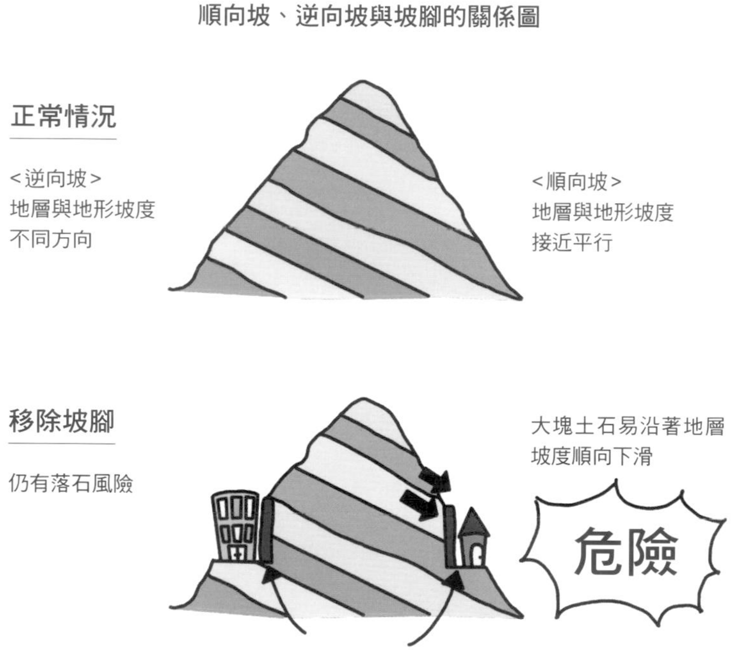

圖5-7 順向坡（Dip slope）是地表的地形面，坡面發育主要受其構成地層走向及傾角的控制。順向坡：凡坡面與層面、劈理面之走向大致平行（兩者走向之交角在20°以內），且兩者傾向一致者。逆向坡：凡坡面與層面、劈理面之走向大致平行（兩者走向之交角在20°以內），且兩者傾向相反者。順向坡可能因為坡腳遭切除致失去支撐力，或雨水入滲至地層面中造成潤滑或岩體軟化作用，使滑動面上方之岩體下滑。
圖片繪製：GEOSTORY

的那一頭，到了曾在海軍陸戰隊服役過的草嶺觀光協會理事長劉文房口中，描述更具象化為「速度就像五七步槍射擊出去的子彈那麼快」。

其實堀畚山已經不是第一次崩塌了，在劉文房記憶中，一九七九年他人還沒退伍前，就曾經山崩過一次，土石同樣堵住了清水溪，也同樣形成了一池草嶺潭，只是那一次的湖泊，只活了短短十天不到，很快就讓河水侵蝕貫穿，潰堤而出。

嚴格算起來，一九九九年地震後的「新草嶺潭」，其實已是有文獻記載以來的「第四代」草嶺潭。從一八六二年以來，幾乎每個世代的草嶺居民，都有機會見到「堀畚山崩塌、草嶺潭形成、草嶺潭又消失」的輪迴過程。其中發生在二十世紀的四度崩山，已被列入了世界近百年大型山崩災害之中。

拿上世界舞臺比較，草嶺潭的重生輪迴是如此地不尋常，得要有一連串地質巧合湊到一塊，才有機會於此造就。一般來說，礫石、沙子、黏土沉積下來時，通常會像千層派一樣，一層接一層以水平方式疊加上去，只是臺灣剛好處在板塊交接之處，被板塊擠出水面的沉積岩，仍然持續受壓，逐漸從水平變得傾斜，當岩層不斷傾斜再傾斜，直到角度和山坡表面大致平行時，就形成了像是溜滑梯一樣的「順向坡」。

順向坡雖然長得像溜滑梯，但因為不同岩層之間有摩擦力擋著，加上下方有坡腳支撐，大體上還算安全，不至於讓岩層滑動形成山崩。不巧的是，堀畚山的坡腳，剛好插入清水溪的河道之中，經過河水經年累月下切，坡腳逐漸消失，只剩下岩層彼此間的摩擦力維繫住平衡，這時候，只要有外來力量像是強震或暴雨介入，岩層下滑的力量大過摩擦力的阻擋，山崩的發生便無可避免。

就像草嶺附近多數岩層一樣，堀畚山也是由砂岩和頁岩交疊而成。組成顆粒較大的砂岩，雨水容易滲透；反之，由細小黏土組成的頁岩，雨水不容易找到縫隙鑽進去。當砂岩疊在頁岩上頭，又遇到暴風雨時，滲入地下的雨水，往往會受困在砂岩和頁岩交接之處，讓兩個岩層之間的摩擦力大為減低，長期研究草嶺地貌變遷的學者李錫堤，形容如此不斷增強的水壓，如同讓上頭的砂岩「浮起來」似的，外力一大，克服了靜摩擦力後的岩層，很容易就會一溜煙地滑了下去。

因此，只要暴雨和地震持續造訪臺灣，清水溪繼續留在草嶺侵蝕下切，砂岩、頁岩交錯出現的堀畚山，就難逃一再山崩的命運。當然，隨著山崩不斷發生，堀畚山的體積愈縮愈小，或許等到容易滑動的山頭都崩塌完畢後，草嶺潭就不會再出現。但在地質脆弱的臺灣島上，其實也沒有太多絕對，人們永遠難以逆料，下一階段的地貌，還會再發生什麼新鮮變化。比方說，曾經聲名顯赫的「草嶺十景」，半世紀不到，就因為大地震攪局而重新洗牌。

圖 5-8 草嶺堀畚山，也就是大飛山，地形是順向坡，加上坡腳消失，相當容易崩塌。

5-2 不斷在崩塌中重生：草嶺十景興衰史

古時華文世界的文人雅士，喜歡在地方志上遴選出「十景」，做為代表地方的特色，這樣的習俗到了積極發展觀光業的當代，持續保留了下來，草嶺地區也不例外。二十世紀下半葉，蓬萊瀑布、斷崖春秋、峭壁雄風、水濂洞、青蛙石、奇妙洞、斷魂谷、同心瀑布、連珠池、清溪小天地被選出來組成了「草嶺十景」，成了當年旅遊業者對外宣傳的重要噱頭。

十景當中的峭壁雄風，是一整片傾斜的砂岩坡面，占地寬闊，早年草嶺居民會利用這一處天然岩壁，鋪曬筍乾等等農作物。後來為了推廣觀光，這面壯觀的峭壁被挪作他用，架起繩索供人攀爬，塑造成宛如好漢坡一般略有挑戰性的特色景點。二十世紀七〇年代到九〇年代間，峭壁雄風一躍成了救國團青年團康活動的熱門景點。

這一面傾斜的石壁，其實就是標準的順向坡，

圖5-9 草嶺十景當中的峭壁雄風，傾斜的砂岩坡面，占地寬闊，早年草嶺居民會利用這一處天然岩壁，鋪曬筍乾等等農作物。

和堀峇山一樣，古代也曾經發生過山崩，只是曾經覆蓋在它上頭的脆弱岩層都已崩落殆盡，才會露出這一塊更加古老、更耐侵蝕的砂岩，得到花招百出的人類多元利用。當草嶺潭於歷史上反覆出現時，峭壁雄風較下方的岩壁，也曾數度被湖水淹沒，幸虧每當草嶺潭又潰堤消失後，峭壁就會再重新露出地表，以完整面貌展現雄壯氣勢。

然而一九九九年那場大地震後，雖然草嶺潭也經歷了重現、消失的歷程，峭壁雄風的命運卻走上截然不同的岔路去。原因在於，過去草嶺潭都是因為湖水沖破土石阻礙，潰堤而出後才消失，但是二〇〇四年草嶺潭的消失，主因卻是土石泥砂大量堆積在湖裡，讓原本的湖水最後被「擠」了出去，在這之後，清水溪雖然又重新蜿蜒，但是這一段水道等於憑空被淤積物給擡升了，迴異於人們認為河道總是下切得愈來愈深的一般印象。

水道擡升的高度有多少？如果搭乘時光機回到一九九九年，人們會發現，蓄積在河川下切地形中的草嶺潭，最深處竟然足足有十七層樓高！正因為大地震鬆動了岩層，使清水溪上游的土石不斷被風雨攜帶而出，導致草嶺潭填滿後，峭壁雄風的下半部無法再因草嶺潭消失而重現，至今淹沒在砂石之中難見天日。可以說，峭壁仍在，但雄風已失。

圖5-10 青蛙石是草嶺十景之一，因岩石受岩層層理和構造的影響，加上水刻風蝕，形成了這座神似青蛙的岩石。青蛙石下方的垂直崖壁，有大小不一、密密麻麻的「多孔狀岩」，表面遍布孔穴的岩石或裸露岩體，主要是由風化作用所形成。

其實當年的草嶺十景中，峭壁雄風還不算命運最悲慘者，原本同樣有著陡峭外貌的斷崖春秋和斷魂谷，因為就在堀畲山土石崩落的路徑上，更是完完整整地被摧毀殆盡，只能在老照片中追思憑弔。原本政府單位在一處可以看見崩塌地全貌的地點，設立了名為「九二一國家地震紀念地」的觀景臺，但由於當地岩層仍在緩慢滑動，觀景臺本身反倒成了見證地質變動的最佳例證——觀景處供遊客休息的木造涼亭，短短幾年就因為地基陷落而扭曲崩塌，最後為了安全起見，索性拆除廢置。過去的十景中，有三景因為地震而消失，也有數個景點因為遊客銳減，變得乏人問津、沒沒無聞，興衰之間令人不勝唏噓。

好在草嶺當地的變動不是只有破壞，同時也出現了創造，而這些新的地貌，難保未來不會孕育出新的可能與希望。

・一道道美麗的自然印記：舊景不去，新景不來

走在昔日堀畲山崩塌後的山坡上，蒼茫大地還沒有完全走出上世紀末的混沌，無論是草木或地貌，仍然以飛快的步調，試圖重建混沌後的新秩序。原先只剩土石黃砂的地表上，先有了生長快速的山黃麻和赤楊這一類先驅植物駐足，接著又陸續出現了山牡丹、山芙蓉、大風草、馬桑、紫花藿香薊、羅氏鹽膚木、昭和草等等植物，逐漸茂盛起來的芒草叢和灌木叢中，也開始有了果子狸、山羌、山豬的行蹤。不過和周圍蓊鬱的山頭相比，坡地上的綠意仍然是淺淺淡淡的，像是黃土地上不太牢靠的點綴。

這裡最讓人吃驚的是發育快速的山溝，地震結束後本來還是平坦的地面，經過短短十多年，就被順著山勢往下流的雨水，挖出一條兩百多公分深的U字形山溝，劉文房私下命名為「年年變峽谷」。山溝

兩側是質地細緻的頁岩，雖然流水無法滲透，但它抗侵蝕的能力比較薄弱，只要雨水不斷沖刷、下切，頁岩就會遭到蝕穿，山溝也會逐漸成形，一直要到遇上頁岩底下比較抗侵蝕，也更能透水的砂岩時，流水的強攻才會暫時放緩，與岩層僵持不下。

同樣是沉積而成的砂岩和頁岩，年齡有別，個性也有所不同。在草嶺地質公園內，這樣的對比不難發現。形成年代愈是古老的沉積岩，沒有意外的話，被深壓在地下的時間也更久遠，來自上方的壓力，因為沉積物不斷堆疊而變大，形成岩石後，便會膠結得更加緊實，更耐得住大自然力量的侵蝕和破壞。

相反的，愈是年輕的沉積岩，由於形成時間承受的壓力不足，往往不夠緊實，不但容易遭到風力和水力挫傷，遇上山區劇烈的晝夜溫差變化時，也經常受一而再、再而三的熱脹冷縮影響，走上風化崩裂之路。

在「年年變峽谷」中露出的砂岩和頁岩，便是沉積岩群體中的年輕分子了。風化龜裂的痕跡且不說，隨手抓起一塊崩落的岩石，輕易就能捏裂。舉目四顧這處比成

圖 5-11 5-12 U型山溝的「年年變峽谷」，以深灰色頁岩為主，通常夾有暗灰色砂岩層及粉砂岩和泥岩之薄層。頁岩質較弱，乾燥時多碎裂成不規則碎片，並具球狀風化剝離構造。

人個頭還要深的山溝，不免會聯想起人類騷動的青春期，似乎也是同樣激烈、用力，不惜粉身碎骨，只為了在心頭刻下永難磨滅的記憶痕跡。

但是草嶺風光殊勝之處，正在其繁複多樣，除了「年年變峽谷」這一處奮不顧身的青春之愛外，也有年歲漸長後，雋永、穩定的中年之愛。

翻越堀畚山的另一頭，是清水溪支流內湖溪的勢力範圍，這裡露出地表的沉積岩，正是年代更久遠、更堅實的大窩砂岩和關刀山砂岩，當地比它們更年輕的岩層，泰半已經風化、崩解，才留下耐力較強的它們和大自然之力較勁對陣。因此，當內湖溪往下匯入清水溪前，不管之前蝕穿過多少頁岩和年輕砂岩，終究得要挑戰這一處經過重重壓力淬鍊後的砂岩，其成果便是鬼斧神工般的「萬年峽谷」。

二十世紀下半葉，連續幾次颱風過後的雨水，沖開了原先淤在內湖溪裡的砂石，當地居民這才發現身邊竟有如此一處線條優美的溪谷。人們無法想像溪水需要花上多長的時間，才足以切開如此古老、厚實的砂岩，索

圖5-13 5-14 萬年峽谷多為砂岩與頁岩，除了峽谷，還有急湍、深潭以及階瀑等豐富地景。砂岩質地堅硬、純淨，灰白至淡灰色，大自然的力量，將其雕鑿出一幅油畫般的景致。

性就以「萬年」來稱呼它。無獨有偶，在清水溪的另一條支流加走寮溪，也有另一處形貌壯麗的「太極峽谷」，同樣是由河水切割大窩砂岩和關刀山砂岩而成，某方面可說是和萬年峽谷「系出同門」，在臺灣西部同享盛名。

在萬年峽谷裡，水流除了切出銳利、柔媚兼具的溪谷外，也在比較平坦的砂岩上，打磨出了一個又一個壺穴。如同峽谷的形成一般，壺穴同樣需要經過滴水穿石般的漫長等待，才能讓卡在岩石凹處的小石塊，不斷因水流而帶動，以漩渦狀運動打磨岩石，直到鑿出圓融孔洞為止。

內湖溪穿越萬年峽谷後，迎面便會撞上一處陷落的斷層，溪水由斷層面一瀉而下，形成一束秀麗的瀑布。過了瀑布再往下延伸，溪床兩側還會出現鑲嵌在岩石中的扇貝化石，密密麻麻讓人目不暇給。看在地質學家眼中，每隔數公里就有不同變化的草嶺，簡直是一本求之不得的天然教科書。

圖5-15 樟湖地區幾百年前，可能是砂質至泥質的海底，也可能是淺海的溫水區，其形成的過程是菲律賓海板塊和歐亞板塊推擠的結果，發生地層褶皺和斷層活動之後，因河川發育，呈現大片露頭的化石。

5-3 破碎地貌下的代代拚搏：山頂人的產業歷程

不過最初來到草嶺的漢人移民，看上的可不是這裡的化石或地景風光。人們大老遠從平地跋山涉水來到交通不便的草嶺，為的是砍伐樟樹來提煉樟腦。所以草嶺一帶率先被開發之處，並不是如今商家最多且地勢平坦的上、中、下坪商圈，反倒是海拔更高、或是更深入山中的石壁和樟湖兩地，至今在石壁社區，還留有當年伐木所經的木馬古道，只是用途已經轉為觀光休閒。

即使到了二十世紀，地形破碎、地貌崎嶇的草嶺，長年還是交通不便，更別提一開始來此開墾的漢人先祖，來回平地得要費上多少九牛二虎之力。因此，如今仍住在草嶺的老一輩居民，都曾經度過必須自力更生的日常生活，他們不僅要自己找空地種植稻米，還要學習就地採集山中藥草醫治百病、栽種棕櫚來製作蓑衣和掃帚。不只如此，就連食用油也要自己製作，才能省去山上山下交通往返的時間。如今草嶺馳名的苦茶油，便是先民開墾荒地種下苦茶樹的遺澤，茶油榨取後剩下的殘渣，還可用來代替肥皂洗滌衣物。在苦茶油對健康的益處還沒有被社會廣泛周知之前，已經開始榨取苦茶油的劉文房，成了臺灣第一位以苦茶油奪得「神農獎」的傑出農友，至今也還是唯一一位。

圖5-16 5-17 草嶺栽植的苦茶樹，曾讓劉文房以苦茶油奪得神農獎。 茶園圖片提供：草嶺國小楊惟至

除了苦茶之外，在靠山吃山的草嶺，牛樟、竹筍、愛玉、檳榔、茶葉和咖啡，都陸續扮演過重要的經濟作物。對草嶺居民來說，經濟活動最明顯的轉折，或許是上世紀七〇年代起風起雲湧的阿里山縱走熱潮，讓做為其中一處中繼站的草嶺，明媚風光更為外人所知，這一處峽谷、瀑布、奇岩皆有的寶地，便以「草嶺十景」為號召，吸引絡繹不絕的遊覽車，也讓許多自稱為「山頂人」的草嶺農民，兼差投入了觀光周邊產業，從農業跨入了服務業。

一九八九年草嶺隧道打通，堪稱草嶺觀光發展史上的關鍵里程碑，這意味著從平地前往草嶺，不必再繞道彎彎拐拐的舊山路，也意味著草嶺離都市的大千世界更近了一步，不再是交通偏僻之地。當時沒有人料到十年後的一場地震，又會將草嶺再度打回原貌，逐漸遠離繁華、遠離人潮，從絢爛復歸平淡。

草嶺隧道是在林貝珊小學五年級時通車的，二〇一六年回到家鄉工作的林貝珊，和友人相約碰面時，還是會把「隧道口」當作一個重要指標，就像某棵櫻花樹一樣，隧道口也是當地居民默會致知的交通暗語。現實中，隧道的這頭和那頭，的確常常是一邊下雨一邊晴朗，而在某種象徵意義上，隧道也真的像是一道開關，劃開了「山頂人」和「山下人」的兩個世界。

5-4 朝生態轉型的發動機：不能消失的學校

二〇一〇年，「山下人」黃閎至來到了草嶺國小任教，他對這裡幾乎是一見鍾情，從此甘願每天花上一個半小時通車來回。對黃閎至來說，草嶺的野地裡，看得見遷徙的紫斑蝶棲息在龍眼木上，還有螢火蟲大白天於蒲桃樹旁飛舞，生態風光如此美好，再適合像他這樣熱愛自然的人不過。

一九九九年大地震後，原本就受學童減少困擾的草嶺國小，彼時又被震出危樓，一度面臨廢校窘境。對地方人士來說，一旦國小廢校，後果幾乎等同廢村，畢竟如果沒有孩子留在山上，成年人也會跟著離開，有朝一日可能只剩下老年人留守故居。經過一番爭辯，草嶺國小最終躲過了廢校命運，易地重建後，轉型成為地質特色小學。在熱愛生態的師長支持下，草嶺國小逐漸走出自己的路，也讓像黃閎至這樣的老師，有了如魚得水、一展長才的天地。

雖然班級人數不多，但是草嶺國小孩子的課程豐富程度，遠遠超過一般平地學校。在一堂名為「走讀草嶺」的課程中，孩子們會跟著老師一塊認識當地的動植物，一塊去看農民採收竹筍、曝曬筍乾、榨取苦茶油；最近幾年，學校還多了「樹冠層觀察」和「溪流調查」的特色課程，由師長帶著孩子們攀上樹梢、走下河谷，實際接觸課本上介紹過的地質和生態名詞，也從中一併學習觀察和求生技巧，例如溯溪過程的地質、地形、生態、水文觀察，以及求生技巧的學習都是在草嶺扎實生

圖 5-18 5-19 草嶺國小溯溪、攀樹課程。
圖片提供：草嶺國小

活必備的。

「戶外的五感體驗，往往可以創造更深刻的記憶。與其在課堂上不斷強調河流的下切力量，不如實際帶他們走入溪谷之中，只要感受過一次強勁水流，就知道課本上講的是怎麼一回事。未來我們還想在學校設立地質監測站，讓孩子可以自己觀察環境變動。」二〇〇八年來到草嶺國小執教的鄭朝正，是帶孩子走出戶外的推手之一，對他來說，這樣的教學方式不只為了強化學習效果，也是為了塑造孩子的家鄉認同。

「草嶺的孩子，上了國中以後，就得離家到外地求學，我希望他們長大後會對這裡清新的空氣和水質自傲，甚至帶領更多朋友一塊認識草嶺的美好。」鄭朝正心知肚明，像他這樣的「山下人」老師來來去去，不可能一輩子待在草嶺，社區想要走出可長可久的新路，終究還是要仰賴在地居民。課堂上對孩子的訓練，只是其中一環，鄭朝正和其他草嶺國小的老師們，還發揮自己在教學設計上的專長，為地方民眾安排一系列培訓課程，讓他們有能力自行從事更生動的深度旅遊解說。

曾經在大眾觀光活動輝煌一時的草嶺，而今正在換一種方式定義自己，像林貝珊這樣返鄉的青年，逐漸從上一代手中接下轉型擔子，以友善生態的方式經營農業，重建螢火蟲等生物的自然棲地，他們在地質公園的先天條件上，規劃發展小而美的深度旅遊，這時候，草嶺國小老師們貢獻的教學資源，正好推了返鄉青年們一把，成為不可多得的助力。

草嶺的轉型之路才剛開始徐徐前進。可以想見，經歷大地震衝擊後的地方與人，就像崩塌後的堀畓山坡地一樣，是從一片中荒蕪中置之死地而復生。漫長的將來，草嶺若要重現盎然生機，總會需要一些傻子自告奮勇，願意承擔起先驅植物的重責大任。

慶幸的是，草嶺有愈來愈多懷抱類似信念的年輕人，手拉著手逐一在荒地上生根茁壯。這些在草嶺的「山頂人」就如同臺灣的縮影，在無可避免的天災威脅下，不放棄尋找可長可久的永續生存之道。

化石與地質

化石封存了歷史與生物活動，是自然與地質教育最佳教材

一九九九年的大地震，震塌了草嶺的堀畓山，卻也讓本來深藏在岩石中的珍貴化石，像孫悟空一樣蹦了出來。當時在高中任教的化石收藏家陳南榮，曾經帶一批學員來此探勘，陸續發現了鯨魚、扇貝、螃蟹、法螺、竹蟶、西施蛤、海膽以及碳化的植物化石，蔚為奇觀。可以想見，這裡的沉積岩本來也是水下世界的一分子，在層層堆積的過程中，封存了彼時的生物遺骸，再因為菲律賓海板塊與歐亞板塊擠壓之故，逐漸隆起浮出水面，形成今日的面貌。

草嶺一帶化石資源豐富，萬年峽谷下方的貝類化石區，便很適合從事野外觀察，這塊占地約莫五千平方公尺的河床上，散布大量的貝殼化石，除了斧足綱的海扇貝，腹足綱的錐螺、黃玉螺外，還有一些單體珊瑚和少許海膽化石，如果能在受過訓練的專業人士帶領下參觀，這裡將會成為大人、小孩都熱愛的自然教室。

化石不只可以賞玩，對地質學家來說，古生物化石更是鑑定地質年代的得力幫手——許多特定生物，只在地球歷史上特定時間存在過，換句話說，如果在某一處岩層中，發現了這些特定生物的化石，便可以跟著大膽推斷，岩層大約也是該時期的產物。

以臺灣為例，目前島上地表所能發現到的最古老岩層，是中央山脈以東的大南澳片岩，它是受到板塊活動不斷高壓推擠，由沉積岩轉變而成的變質岩。學者們目前認為，大南澳片岩最初的沉積年代，甚至比恐龍出現的中生代還要更早，因為研究者在這一帶的岩層裡，發現了活躍於古生代的紡錘蟲化石。

理論上，保存良好的化石，通常只能在沉積岩中發現，像大南澳片岩這樣受過高溫或高壓影響的變質岩區域，極難找到完整的大型動物化石，所以要辨別變質岩的形成年代，得要倚賴身形更加微小、有機會不被扭曲變形的生物遺骸——比如存在至今已有五億五千萬年之久的有孔蟲。在大南澳片岩區發現的紡錘蟲，便是有孔蟲的一種，只是該種類已經在地球上完全滅絕。至於在墾丁、澎湖一帶聞名的星砂，則是當代仍然活躍於全球海洋的有孔蟲之中，部分種類的死後遺骸。

對於有心理解過往世界的人們來說，化石是非常重要的敲門磚，可以讓人據之推論，從前該處的環境和生態，可能是什麼樣貌？推理過程本身，不失為磨練演繹力和想像力的大好契機。英國的侏羅紀海岸世界遺產園區，就善用了當地數量龐大的化石資源，開辦了室外導覽和採集之旅，並設計了室內課程，讓孩子們

圖5-20 5-21化石是非常重要的敲門磚，讓孩子理解地球歷史，也可訓練學童推理、想像以及探索能力。善用在地化石資源，設計室內與戶外導覽之旅，或可成為科學教育重要一環。

可以自己練習用黏土捏塑模型、正確地採集化石、認識化石的生成原理。

至於臺灣西部，由於侵蝕作用強烈，加上偶爾的工程開挖，讓許多本來埋藏在岩層中的生物化石，有機會露出地表為人所知。除了草嶺之外，苗栗、南投等地的貝類化石；臺南左鎮的哺乳類動物化石，也都值得一探究竟。臺灣雖然化石數量比不上侏羅紀海岸世界遺產園區，但也可以從事非採集的室外導覽，乃至於效法英國在合適的室內場所安排教案。妥善利用的話，科學教育潛力仍然無窮。

草嶺地質公園

客運：
從斗六市搭台西客運至竹山，再搭員林客運至草嶺。

自行開車：
國道一號，雲林系統接 78 號快速道路至古坑系統→ 149 甲→桶頭→草嶺地質公園
國道一號，斗南交流道經斗六→ 149 甲→桶頭→草嶺地質公園
國道三號，古坑系統→ 149 甲→桶頭→草嶺地質公園
國道三號，竹山交流道→竹山→桶頭→草嶺地質公園
國道三號，斗六交流道→斗六→ 149 甲→桶頭→草嶺地質公園

參考
雲林縣政府文化處
http://caoling.yunlin.gov.tw

臺灣國家地質公園網絡
http://140.112.64.54/TGN/park3/super_pages.php?ID=tgnpark14

國立台灣大學地理環境資源學系
http://lab.geog.ntu.edu.tw/ctlee/caoling-geopark.html

CHAPTER 6

愈挫愈勇的甘甜之鄉

燕巢泥岩惡地地質公園

像被剝光一般裸露，幾乎沒有植被，白日能見表面密布條條蝕溝，夜晚據說會反射銀白月光。即便惡地質地貧瘠，無法成為養活所有人的奶與蜜之地，人們卻從未棄守這片土地，他們對於惡地的感情，打從出生便已深植在基因裡。

撰文／邱彥瑜　攝影／許震唐

6-1

歡迎來到月世界！

如果有條隧道，只要忍耐一點八公里的黑暗，出口盡頭就能直達月球，你去不去？民國八十九年，臺灣第二條南北向高速公路「福爾摩沙」田寮至燕巢路段通車，其中一點八公里長的中寮隧道，從中寮山的腹肚劃出一條直奔北方的捷徑。從隧道北端穿出，夾道迎接的是廣闊無際的月世界。

它們是一列列縱橫的坡地，像被剝光一般裸露，幾乎沒有植被，偶有刺竹沿著稜線生長。白日能見表面密布條條蝕溝，夜晚據說會反射銀白月光。而月世界之名，正投射著人們對於月球的想像。無論是嫦娥寂寞寄居的月宮，還是電視上阿姆斯壯的那一步，蒼白之下，更多是遠離人間、了無生機的淒涼。

在地質學上，月世界這種景觀被稱為「惡地」(badland)，源自美國中西部印第安人形容「通行困難且崎嶇不毛之地」。因為地表遭到水流侵蝕，形成細密的蝕溝和雨溝，聚落之間受溝谷阻隔，水流也輕易地帶走表層剛發育好的土壤，導致植被無處依附。對於此處生活的人們來說，「惡地」意味著交通不便，又不利於農業發展。

臺灣西南部惡地的「惡名」，也早在十九世紀知名的英國攝影家約翰．湯姆生（John Thomson）遊

圖6-1 燕巢位於新化丘陵與嘉南沖積平原的交界，東北方是大片古亭坑層，成為惡地地形與泥火山的先天條件。臺灣西南部從臺南關廟、左鎮，到高雄內門、旗山、田寮與燕巢，都是古亭坑層月世界所在的範圍。

燕巢地質圖

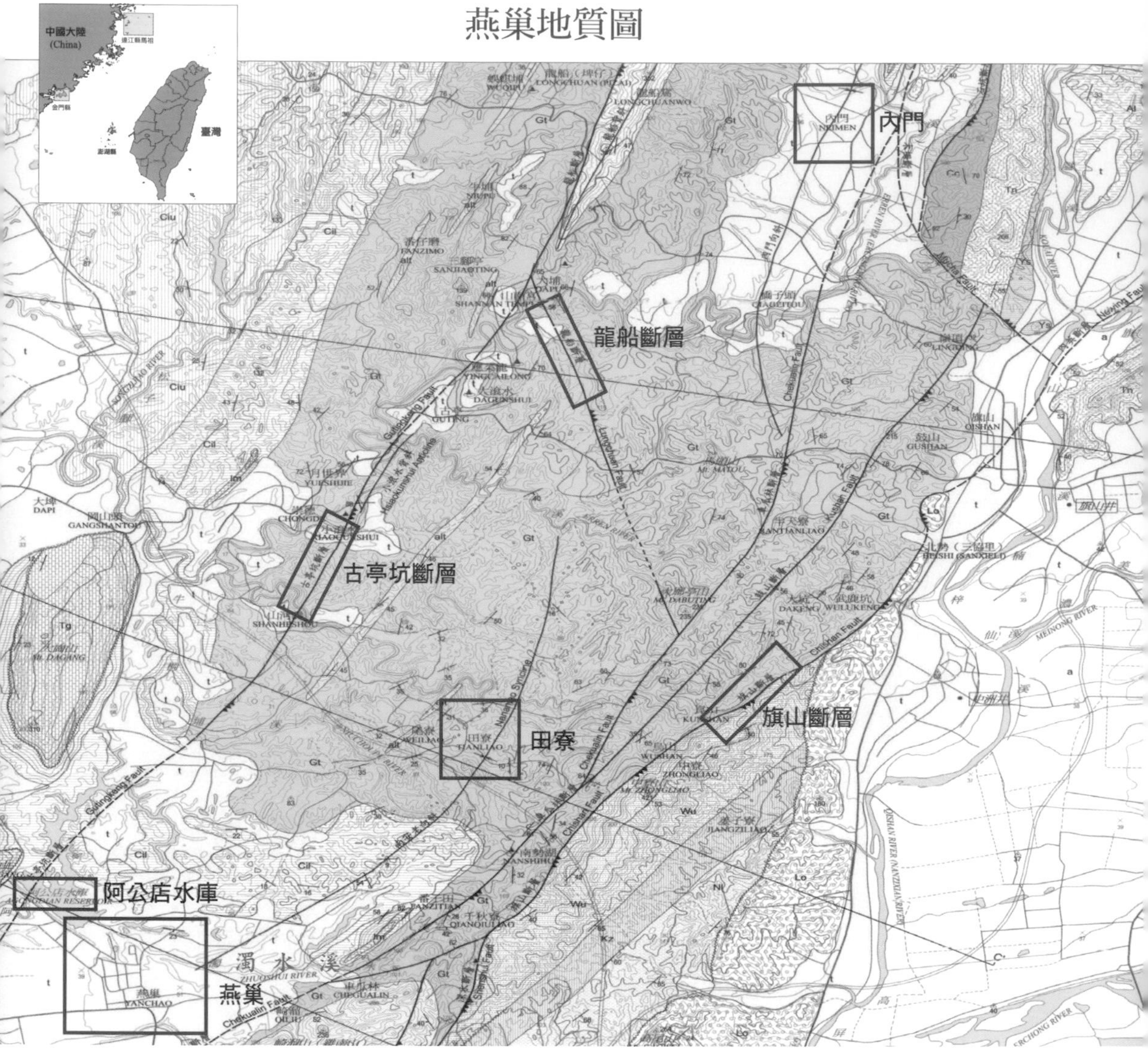

臺灣南部地區廣泛分布上新世至更新世的古亭坑層泥岩，因地殼擡升、河川下切形成低矮的丘陵地。燕巢區的地質大略可分木柵層、古亭坑層、崎頂層。

木柵層位於燕巢區東南部，土壤為砂岩及頁岩互層與砂岩層；古亭坑層由燕巢區金山里向西南延伸；崎頂層分布於金山里靠近雞冠山附近，土壤大略包括頁岩質沙層、石灰岩、砂岩層。而河階堆積層分布，於燕巢區西半部，面積達全區面積一半。

圖6-2 圖片來源：經濟部中央地質調查所，《旗山》。原圖比例尺為五萬分之一臺灣地質圖及說明書，圖幅第56號。

圖例 Legend

全新世 HOLOCENE	沖積層 ALLUVIUM DEPOSITS		a	砂，礫石及泥 Sand, gravel and mud
	臺地堆積層 TERRACE DEPOSITS		t	砂，礫石及泥 Sand, gravel and mud

木柵斷層以西地區 Region West of the Mucha Fault

	大岡山石灰岩 TAGANSHAN LIMESTONE		Tg	珊瑚礁石灰岩 Coral reef limestone
更新世 PLEISTOCENE	崎頂層 CHITING FORMATION	上段 UPPER MEMBER	Ciu	厚層砂岩，夾薄層泥岩 Thick-bedded sandstone, intercalated with thin beds of mudstone
		下段 LOWER MEMBER	Cil / lml	砂泥岩互層夾石灰岩 Alternated sandstone and mudstone, intercalated with limestone
中新世晚期至更新世 LATE MIOCENE TO PLEISTOCENE	古亭坑層 GUTINGKENG FORMATION		Gt / alt / Gtc / Gtl	泥岩，夾砂泥岩互層及厚層砂岩透鏡體；Alt: 砂泥岩互層 Gtc: 雞南山透鏡體，厚層砂岩、砂泥岩互層、礫岩及石灰岩；Gtl: 龍船透鏡體，厚層砂岩及砂泥岩互層

記中一覽無遺。湯姆生曾受傳教士馬雅各邀請，來到當時隸屬清朝的臺灣，踏上從臺南城（臺灣府）通往中央山脈的探險路線，途經馬雅各在臺南六龜、木柵等地傳教的平埔族部落。[1]

「山丘的表面往往裸露著沙粒、黏土與灰石，缺乏草木；這種環境比長有樹林的山丘更容易製造塵土……熱氣從黏土坑層的白崖反射回來，導致空氣異常窒悶。」[2]湯姆生筆下炙熱難熬的白崖，經自然書寫作家劉克襄辨識，應為臺南左鎮的草山月世界附近。

過往的不便，今日已經由公路技術克服，更以高架橋避免破壞這段特有的地質景觀，車裡乘客好似搭上登月小艇，得以近距離免費觀賞。其實，中寮隧道口僅是西南部惡地的一小段，從臺南關廟、左鎮，到高雄內門、旗山、田寮與燕巢，都是月世界所在的範圍。

最早被命名的月世界，位於高雄市田寮區崇德里，至今仍是熱門景點。民國五十六年山林農牧局在流經此處的二仁溪河道興闢攔砂壩，兼顧蓄水以供農用，月光倒映其中，成就「月景農塘」美名。民國六○至八○年代，月世界更成為武俠與奇幻片的拍攝場景，無論是神妖相逢的《西遊記》或是正邪過招的《龍門客棧》、《楚留香與胡鐵花》，一一在鏡頭留下月世

圖6-3 《龍門客棧》是1967年在臺灣上映的武俠電影，由胡金銓導演，石雋、上官靈鳳主演，開啟了臺灣武俠片新風潮。惡地是本片重要拍攝場景之一。圖片來源：財團法人國家電影中心

界的神祕樣貌。

民國九〇年代後，隨著國內觀光興起，臺南左鎮、大內也不讓田寮月世界專美於前，紛紛開發參觀行程。而緊鄰中寮隧道西南方的燕巢，近年成立「高雄燕巢泥岩惡地地質公園」，不只惡地，還有泥火山，以及珊瑚礁體的雞冠山，成為西南惡地樣貌最豐富的地點。

臺灣西南部月世界屬於泥岩惡地，由原本深埋地下的古亭坑層，出露於地表之上。古亭坑層是臺灣分布最廣的泥岩層，面積超過一千平方公里，可填滿三分之一個高雄。中油曾在西南泥岩區鑽探許多口井，其中龍船一號井深達四二六五公尺，仍未貫穿古亭坑層，可見泥岩厚度至少四、五千公尺，但上限難以估量。

長年居住在惡地旁的燕巢人，稱呼惡地土壤為「海仁土」（或稱海銀塗）。「仁就是土豆仁、雞卵仁的仁」長期深耕燕巢文史的援剿人文協會創辦人林朝鵬認為這是長者的智慧，他們早已看出如今分布於丘陵之上的泥岩，前世其實身處於一片海洋。

根據化石定年，古亭坑層於中新世（二三〇〇萬年至五三〇萬年前）晚期至更新世（二五〇萬年至一萬年前）[3]這段時間慢慢形成。也就是說，若將時針撥回一千萬年前，臺灣尚未被擠出海面成島。現今燕巢所在的西部麓山帶，仍在大陸棚以外的深海[4]，不斷接收從西側歐亞板塊沖刷下來的沉積物。

沉積物們原本是歐亞板塊上的岩石，被迫開展一趟離開原地至異鄉落腳的旅行。岩石遭侵蝕成為碎屑，而後被風力或水流帶走。在路途中，因為風力和水流的淘選作用，顆粒大、比較重的碎屑先行脫隊，顆粒小而輕的碎屑則留到最後。這些發生在千萬年前的旅行，我們無法親眼見證，只能凝視眼前的沉積構造推測當時的沉積環境。

對於地質學家來說，他們根據岩性、岩層厚度、粒徑大小、沈積構造與化石種類等辨別不同沈積機制所造成的岩相差異，但肉眼可辨識的最簡易方法，就是顆粒的大小。當水流帶走碎屑，細小顆粒容易懸浮於水中，直到進入相對平靜、搬運力道變小的環境中，才會沉降下來。

故事的主角泥岩，主要由沈積物中最小的泥和黏土組成，顆粒小於〇．〇〇四公釐，不管是肉眼或觸覺都無法察覺。顆粒極小的泥岩，經歷長時間旅行，在距離原岩相當遠的旅行終點堆積下來——深海。[5]

同時期臺灣北部的地層則以顆粒稍大的砂岩為主，砂岩直徑可大到肉眼可見，通常還來不及到深海便先沉降於河口或濱海等海陸交界之處，反映北部環境為比較淺海的大陸棚（水深二〇〇公尺以內）。當一波又一波細小的黏土顆粒堆積在海底，本身的重力作用使顆粒與顆粒間的孔隙與水分減少，少許滯留的水分含有礦物質，將顆粒牢牢地膠結在一起，成為泥岩。

六百萬年前，臺灣島終於被擠出海平面，稱作蓬萊運動。歐亞板塊與菲律賓海板塊碰撞，形成最初的臺灣島。因為板塊不斷推擠，擠出山脈，一座又一座的山脈壓在歐亞板塊上，將臺灣西部壓出一大片凹陷，形成前陸盆地。臺灣西部前陸盆地不只接收來自歐亞大陸板塊沉積物，也堆積自臺灣島侵蝕下來的沉積物。菲律賓海板塊持續向西北推擠，臺灣島也逐漸長高，隨著高度增高、坡度漸陡，岩石碎屑旅行的時間縮短，減少旅途中被媒介搬運的磨損，沉積物顆粒也越來越大。最終在西南部堆積成厚實的沖積層，目前出露最老的地層，為超過四千公尺的古亭坑層。

從二百萬年前的更新世開始，盆地逐漸填滿、深度變淺，覆蓋於古亭坑層之上的岩層顆粒較大，被稱為崎頂層。燕巢地區出露的下段崎頂層，以暗灰色泥岩與砂岩交互堆積而成，偶爾夾帶石灰岩。同時也受造山運動浮出水面，在中央山脈以西，形成丘陵與廣大的沖積平原。

燕巢位於新化丘陵與嘉南沖積平原的交界，西邊與南邊屬沖積平原，地勢低緩，泥跟砂共構成臺地堆積層。正北方則是下段崎頂層，其中生物殘骸形成的石灰岩，比泥岩更抗侵蝕，在燕巢東方突出一座雞冠山。東北方則是大片古亭坑層，成為惡地地形與泥火山的先天條件。

「沒下雨有硞硞（tīng-khok-khok，指硬梆梆），下雨就黏黐黐（liâm-thi-thi，指黏答答）」，林朝鵬轉述長者們的形容，精闢地解釋泥岩與水的關係。泥岩一旦吸水，體積膨脹，成為爛糊的泥濘，反之，缺水則乾縮且堅硬。泥岩因日曬乾燥而龜裂，若伸手觸摸，很輕鬆便能將之一塊塊剝落，徒留指尖的粉沙感。

泥岩顆粒細小，顆粒間的空隙也小，本身難以透水。泥岩本身膠結力不足，導致泥岩容易受到風化。若是氣候乾燥，泥岩尚能維持堅硬，但遇到西南部夏季暴雨的氣候，只能投降。

臺灣西南部乾濕分明，雨量多集中於六至八月，夏季暴雨往往來得又快又急，形成劇烈的侵蝕力道。當雨

圖6-4 泥岩顆粒細小，膠結力不足，因日曬乾燥而容易剝落龜裂。

水降落至地表，因為滲入不透水的泥岩，水流促使覆蓋層崩塌或滑移，先帶走表土，使植物難以生長。缺乏植被保護的裸露泥岩繼續承受雨水沖蝕，削成尖銳稜脊，以及坡度可達四十五至五十五度的V型溝谷。若是河流行經，更形成樹枝狀的細密網路。每經歷一個雨季，泥岩遭沖刷的厚度可達十公分。

雨水為惡地帶來豐富的地表樣貌，鑿刻出一條條蝕溝正是大自然耗費千年的雕刻勞作。此外，地表逕流若遇到其他岩層，往深度較脆弱的泥岩流去，打通一條水流行進的隧道，隧道頂部崩塌成為潛水洞，若未完全崩塌殘留不長的頂蓋，則被稱為天然（拱）橋。最有趣的莫過於土指，若某塊泥岩受樹葉或礫石覆蓋，久而久之，被覆蓋處受侵蝕少，相對其他受侵蝕的泥岩突出，形如手指。高雄內門便有一處名為「尪仔上天」的景點，地上佈滿一株一株土指，有如仰望登天的木偶。

除了西南部古亭坑層成就惡地，在山的另一端，臺東利吉也有月世界一般的地形。相較古亭坑層僅由泥岩組成，鮮少夾雜其他種類的岩石，利吉位處菲律賓海板

圖6-5 6-6 6-7 土指、潛水洞、天然拱橋
圖片提供：陳士文

塊與歐亞板塊碰撞交界處，使得海洋地殼上的火成岩、沉積物混入原有的沉積層，並打亂原有的地層順序，飽受板塊運動影響，成為混同層。混入的外來岩塊比原有泥岩堅硬，當雨水沖蝕遇到堅硬岩塊便往兩側流下，造成類似樹枝狀的蝕溝。仔細對比兩地，便會發現利吉惡地的蝕溝較淺，西南惡地的稜脊更銳利，蝕溝更為深邃。

雖然西南部惡地已有三個月世界，但燕巢拒絕成為下一個。一九九四年，燕巢鄉公所為推動地方觀光，將東北方的泥岩惡地命名為太陽谷。後來在烏山頂泥火山與新養女湖附近發現另一處完整的惡地地形，取名為嫦娥谷，後改為新太陽谷。

兩座太陽谷四周皆被嶙峋的泥岩山稜包圍，中間則是低窪的谷地，落差高達好幾層樓。與月亮相比，太陽聽起來強大許多，但燕巢惡地的觀光名氣一直比不上隔壁已開發為風景區的田寮月世界。「因為人類登陸過月球，大家比較能想像吧。」援剿人文協會理事長潘炎聰苦笑著說。彼時觀光保育的風氣還未成熟，開發意圖卻

圖6-8 孤峰巍巍，炙陽下的太陽谷稜脊險峻，比臺東利吉惡地的蝕溝更深。

先行一步。

當地農民數十年前早就在太陽谷底開挖蓄水池，為缺乏水源的看天田帶來一絲希望。如今太陽谷底不見水池，剩下稀疏植被，只有周圍裸露的山坡依舊，偶有銀合歡與刺竹攀附在稜脊的尖端，有如一條細窄的綠色絲帶。

新太陽谷的命運也相去不遠，二〇〇二年曾遭非法開墾。隨著技術進步，推土機與怪手已能輕鬆闢地，剷平谷底後企圖興建土堤，剛好被定期巡視的潘炎聰發現並舉報，暫時逃過開墾命運。後來，新太陽谷與鄰近的烏山頂、新養女湖成為燕巢觀光的必去景點，一臺又一臺大型巴士載著觀光客上山。

「我攔下來叫他們下車，空車開過來，人用走的，這地基不穩，很容易坍下去。」長年導覽燕巢自然生態的陳士文忍不住激動，他的擔憂並非空穴來風，泥岩坡地確實不適合過度開發。新太陽谷旁唯一可通行的道路，二〇一五年因颱風坍方，隔年林務局剷除靠近道路一側邊坡的泥岩，採用常見的植生邊坡穩定工程，穩固容易滑動的泥岩。

另一方面，林朝鵬也發現林務局為防範谷底遭私人侵占開墾，在新太陽谷種植兩千株白千層、相思樹與黃槐。陳士文感嘆，往年冬季滿谷白茅搖曳，如今只能見到數十公分的年幼樹苗，整齊劃一地在谷底排排站好。

沿路向西北方的雞冠山繼續前行，仍不時遇見損毀的路基。路邊可見工程單位施放不少箱型籠保護邊坡，透過在鐵絲網籠放置石塊，藉助石塊重量抵擋泥岩下滑的壓力。但高雄師範大學地理系教授齊士崢提出不同看法，箱型籠可透水的優點，反而讓細粒物質流失，剛性路面也會受可輕度變形的特性影響，箱型籠並不適合做為道路的下邊坡護坡。

圖6-9 刺竹與銀合歡適應泥岩惡地，像惡地上的綠色絲帶。

人造物行不通，還可以倚賴植物。惡地邊坡上常見刺竹相依，除了耐旱特性讓它適應西南部泥岩地區的條件，也是穩固土坡的首選。只是表土歷經多次沖刷流失，不少刺竹根部也暴露在外迎風飄零，抓不牢表土的刺竹則順坡下滑。做為泥岩山區的道路，不斷修補就是它的宿命。

泥岩帶來的災害甚鉅，甚至被稱為臺灣山脈之癌。二〇一六年梅姬颱風帶來豪大雨，燕巢一處坡地崩塌，土石掩埋民宅，導致一家三口喪生。齊士崢解釋那並不是土石流，而是泥岩遇水軟弱，導致泥岩層上的老崩積土滑動崩塌。聊起這齣悲劇，燕巢區內最多惡地的金山里里長林順輔相當感嘆，想買下燕巢山坡地開發的，大多是不瞭解泥岩的外地人。

除了雨水，泥岩也會被河流帶走。攤開燕巢地圖，赫然發現一條名為濁水溪的河流，但此濁水溪並非眾人熟悉的母親之河。「我們這是白濁，中部的（濁水溪）是黑濁，因為泥岩是灰白色。」林朝鵬解釋，這條濁水溪的源頭，正是燕巢最知名的養女湖泥火山。

雖然名氣不如中部的濁水溪，但若換個名字，知道的人就不少。濁水溪與同樣流經泥岩惡地的旺萊溪匯流後，合稱阿公店溪。日本政府為解決下游岡山地區遇雨成災又缺乏灌溉水利的困境，昭和十七年（一九四二）就在兩溪匯流處動工興建阿公店水庫，因二戰延宕，直到一九五三年才竣工。

一九九一年，啟用不到四十年的阿公店水庫，有效蓄水量僅剩原本設計的四分之一，其餘空間都被一九五二萬立方公尺的淤泥塞滿，等於每年淤積五十萬立方公尺泥沙。阿公店水庫的集水區高達四分之三都屬泥岩區，平均每年沖刷九公分，帶來最多泥沙的罪魁禍首正是濁水溪，年平均泥沙生產量是旺萊溪的三到四倍。

阿公店水庫不得不在一九九七年啟動八年更新計畫，斥資百億清除淤泥、越域引水以及排洪。二〇〇六年重新啟用後，每年六至九月進行「空庫防淤」，從源頭管制，避免暴雨帶來更多清不走的泥沙。站在阿公店水庫的蓬萊吊橋上，正可眺望濁水溪匯入阿公店水庫，即便是七月空庫期，仍可見到大量泥沙淤塞，形成一片沙洲。沿著濁水溪一路往上游走，河道最窄處甚至不過幾公尺寬，即便在上游設置箱涵、護岸、攔沙壩等，改善仍然有限。即便人們多麼努力想征服惡地，卻難以與之抗衡。

6-2 滾水之地泥火山

如果嶙峋惡地讓你看見泥岩清冷孤傲的一面，兼具視覺與聽覺享受的泥火山則熱情如火，讓首次見識的人難掩興奮。

「康熙六十一年，鳳山縣赤山裂，長八丈、闊四丈；湧出黑泥，至次日，夜出火光高丈餘。」

一七二二年屏東萬丹鯉魚山噴發泥漿的壯觀景象，率先在《重修福建臺灣府志》裡寫下臺灣泥火山最早的噴發紀錄。

燕巢泥火山日夜不間斷地以氣泡形式釋放泥漿與壓力，高雄鳥松與屏東萬丹的泥火山則屬間歇性噴發。因地點、時間無法預料，泥火山總讓人措手不及，劇烈噴發的奇景必定攻占當日新聞版面。泥漿與高壓天然氣蓄積時間較長，等待一年數次的噴發時機，大量泥漿恣意流竄，有時淹沒稻田，有時則闖入民宅，流淌數日才會結束。噴發時伴隨的天然氣偶爾會起火燃燒，看來與三百年前的描述相去不遠。

「斷層地質比較鬆散、破碎，把地下水跟天然氣帶上來。碰到這邊是厚厚的泥岩層，超過四千公尺，水碰到泥岩層，變成泥漿一起帶上來，泥火山就是這麼形成。」導覽員生涯邁入第八年的陳士文，駕輕就熟地向一群澎湖來的遊客解說泥火山的成因。

當地底天然氣受到壓力往上推，急切尋找噴發出口，這趟穿越地表的旅程，沿途經過泥岩層，混合地下水及泥沙成為泥漿，最終來到地表裂隙，源源不絕地噴發、流瀉出來。噴發後的泥流往低處流動，冷卻停滯

圖6-10 泥火山以氣泡形式釋放泥漿與壓力

堆積成丘，因表層收縮速度與底層不同，表面龜裂形成類似熔岩的繩狀或塊狀裂痕。泥火山噴發、泥漿流動與冷卻的過程與火山相似，因此獲名。雖取火山之名，但泥漿溫度接近氣溫，不如岩漿炙熱。

形成泥火山的條件相當明確：泥漿、高壓氣體上湧與地表裂隙，三者缺一不可。三項條件看來各自獨立，背後成因卻是環環相扣，共同推手便是臺灣西南部的古亭坑層泥岩及板塊運動作用力。

首先，歷經百萬年累積的古亭坑層泥岩，無疑是泥漿的主要來源。學者們認為，泥漿水分主要來自泥岩沉積物時期遺留的孔隙水，加上泥岩膠結鬆散，容易被地下水份一併帶走，形成泥漿。

其次，泥火山噴發的天然氣中九成為甲烷。數百萬年前，臺灣西南部仍處於海平面下的深海區域，自歐亞板塊及古臺灣島沖刷下來的泥沙，帶有不少生物遺骸，經過長時間腐爛分解，形成甲烷等碳氫化合物。同時期北部為淺海環境，沉積物顆粒較大，南部深海反而累積不少細緻的泥岩，緊緊包覆著生物遺骸，當遺骸分解為天然氣時，便無法從泥岩的隙縫逸散出去，成為封存天然氣的特殊結構。

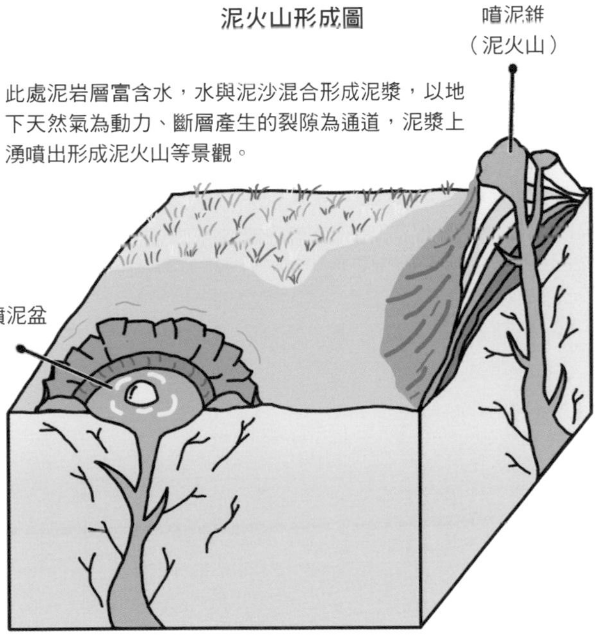
泥火山形成圖
噴泥錐
（泥火山）
此處泥岩層富含水，水與泥沙混合形成泥漿，以地下天然氣為動力、斷層產生的裂隙為通道，泥漿上湧噴出形成泥火山等景觀。
噴泥盆

圖6-11 圖片繪製：GEOSTORY

有了天然氣，還必須有向上推擠的壓力。地底壓力來源很多，可能來自於氣體本身持續累積，就像不斷對氣球吹氣，終致爆炸。此外，溫度變化、地下水也都可能形成壓力。另一個壓力來源，則來自板塊運動的推擠作用力，將泥漿往上推。

推擠作用力帶來的影響不僅往上推，也會以水平方向推擠旁邊的岩層，受推擠的地層傾斜或變形為波浪狀，稱為褶皺（或稱褶曲）。若力道過大，造成岩層斷裂，產生相對位移的破裂面，則為斷層。對於在地震帶上長大的臺灣人來說，斷層想必是再熟悉不過的地質名詞。

攤開地圖，便能發現西南泥岩地區密佈近十條斷層，褶皺更不計其數。造成此區地層彎曲與破碎的主因，正是東側的中央山脈。由歐亞板塊與菲律賓海板塊碰撞擡升的中央山脈，對於西南地區的地層形成一股由東向西的推擠作用力，地層受力彎曲變形，形成木柵與龍船（南段分支出古亭坑斷層）兩條逆移斷層。[6] 力道持續向西擴散，又生成內門向斜與龍船背斜。[7] 此一力道並未停歇，逐漸向南轉為東南往西北推擠，發展出旗山、內英、鼓山、車瓜林及深水等斷層。

檢視西南泥岩區的泥火山，除了滾水坪之外，其餘分布都與斷層位置吻合，由北而南分別是鄰近龍船斷層的龍船窩（臺南龍崎）、鄰近古亭坑斷層的大、小滾水（高雄田寮），而燕巢地質公園的重要角色——烏山頂、養女湖與新養女湖，則靠近旗山斷層。

旗山斷層屬於第一類活動斷層，地質學者宋國城、陳文山調查燕巢深水村附近的斷頭河與錯置河谷，根據河谷中堆積物的錯動時間，推測出旗山斷層曾於七千年前活動過。[8] 這條長約三十公里的活動斷層，從高雄旗山向南延伸至仁武，為高雄市內唯一的活動斷層，經濟部因此將旗山斷層分布區域劃入地質敏感區。原本預計在仁武開闢新校區的中山大學，便因地質敏感而必須於環評中加入地質敏感區安全評估。但旗山斷層對人類造成的影響，其實早就開始了。[9]

「有些人開車比較敏感，從臺南往屏東開，一進去中寮隧道，車子就會頓一下。」在地居民說，穿越旗山與車瓜林斷層的中寮隧道首當其衝，不僅隧道內壁出現龜裂，也有路基下陷等情況。

從泥火山的分布地點看來，靠近斷層絕非巧合，因為褶皺或斷層易使地層破裂，形塑泥火山最後一項要件——噴出泥漿的地表裂隙。但並不能直接將斷層等同為泥火山的成因，而是推擠作用力同時造就它們。

根據噴出物質的不同，泥火山還有其他形態的兄弟姐妹。像是臺南關子嶺著名的「水火同源」，因穿越地層泥沙含量少，僅噴出地下水與天然氣，點火可燃燒。屏東恆春則有著名的「出火」，地表純粹只噴出天然氣。

泥火山的特殊之處，早在日治時期已受重視。西元一九三〇年，當時統治臺灣的日本總督府首次頒布《史蹟名勝天然紀念物保存法》，這部法令類似現在的《文化資產保存法》，除了各種人為建物與遺跡等史蹟名勝，動植物與地質礦物等天然紀念物也在保存範圍中。總督府設立一調查委員會，專門調查臺灣有哪些值得列入保存的景點，直到一九四五年二戰終結，共發布三次保存名單。

當時隸屬於高雄州岡山郡燕巢庄的橋子頭泥火山，正是第一波（一九三三年）獲指定保存的天然紀念物。有趣的是，日本本土並沒有泥火山。這座天然紀念物今日還在噴發，現名為滾水坪泥火山，座落於燕巢西南方角宿里，距離橋頭火車站只有四公里，這也是它當時被關注的原因——離橋頭糖廠（當時為臺灣製糖株式會社）相當近。除了是糖廠員工熱門休憩景點，從地底源源不絕冒出的瓦斯，也明示此處蘊藏能源。明治四十四年（一九一一年）滾水坪附近曾開挖油田，如今留下的許多舊照片，多為當時油田開採調查所拍攝。

但現今燕巢地質公園範圍，已不見滾水坪之名，正因為它太方便抵達，與農人爭奪生存空間的競爭敗陣下來。現在的滾水坪泥火山，已不見高聳的錐狀泥火山，只留下大片綠意走避的淺灰色平臺。以壽命來說，此處也已經活躍超過八十年，但泥漿並未停歇，數個直徑不到一公尺大的噴泥口，大多已乾涸，但仍能發現一兩處靜靜地流出泥漿，一不小心踩上去，便不慎留下到此一遊的鞋印。剛噴發的泥漿水分較多，為青灰色，水分蒸發後呈灰白色，因體積乾縮，龜裂呈魚鱗狀網格，並留下白色鹽晶。

隨著統治者更替，滾水坪風光不再，泥漿甚至被一車車載走，送往製磚廠。當燕巢開始種起果樹，滾水坪附近的農民們砌起數公尺高的擋土牆，企圖將泥漿圍堵在圍籬之內，形成現今滾水坪的景象。農民們的擔憂不是沒有道理，距離滾水坪步行一分鐘不到之處，聳立著好幾棵桃花心木的枯枝，正因為幾年前此處也出現一座小泥火山，汩汩流出的泥漿奪走了它們

圖6-12 現在的滾水坪泥火山，大多乾涸，僅剩一兩處靜靜流出泥漿。曾經生長於此的桃花心木，因一次泥漿噴發殘留枯枝。

的生命。即便如此，偶有新的噴泥口萌生，泥漿仍不間斷地流淌，一層一層地在地表上堆疊，並企圖越過擋土牆，彷彿是造物者難以阻擋的意念。

後來，滾水坪將壯觀泥火山之位讓給燕巢東北方的烏山頂。一九九二年，行政院依據《文化資產保存法》公告烏山頂泥火山附近共四・八九公頃的區域為自然保留區，也是現有二十二個自然保留區中面積最小的一個。除了泥火山，行政院農業委員會也曾於一九八八年委託地理學者王鑫調查保育惡地地景的可能性，直到二

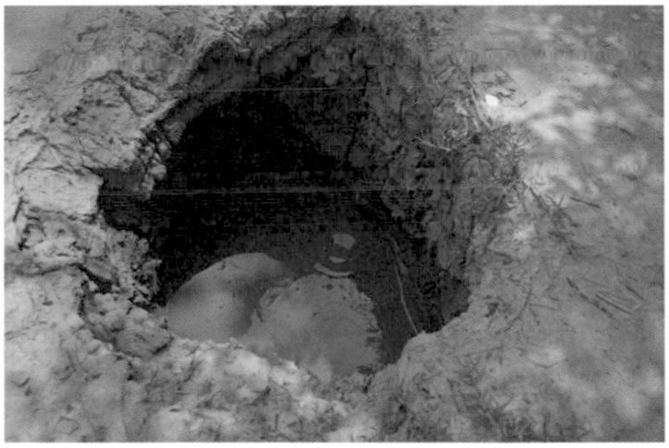

左上圖6-13為噴泥錐　右上圖6-14為噴泥盾
左下圖6-15為噴泥池　右下圖6-16為噴泥洞

噴泥錐（mud cone）：泥漿黏稠度最高，常形成高數公尺的錐狀土丘。噴泥口直徑約數十公分，邊坡陡峻，常大於20度。例如烏山頂的泥火山。

噴泥盾（mud shield）：噴泥口直徑50公分以上，邊坡介於 5度至20度之間，不像噴泥錐那麼陡，外形像個盾狀丘。

噴泥盆（mud marr）：噴泥口直徑50公分～2公尺之間，邊坡約在 5度以下，外形就像是裝滿水的臉盆。

噴泥池（mud basin）：噴泥口不大，但所噴出的泥漿非常稀，常在窪地處形成直徑十公尺以上的泥池。

噴泥洞（mud hole）：噴泥口多在30公分以下。

〇一〇年進一步成立燕巢泥岩惡地地質公園，讓同屬泥岩家族的其他地形一齊歸隊。

烏山頂何時開始噴發已不可考，八十歲老人家小時候已有記憶。在王鑫一九九六年的泥火山調查報告中，全臺泥火山多達十七區，最後由烏山頂雀屏中選。原因正是早期交通不便，人為破壞較少，加上臨近活躍的旗山斷層，導致附近的泥火山樣態殊異，可說是各領風騷。

泥火山依據邊坡陡峭與否，可分為噴泥錐、噴泥盾與噴泥盆。而無明顯邊坡的泥火山，視其噴泥口直徑大小，再分為噴泥池與噴泥洞，共五種類型。光是烏山頂保留區內就有噴泥洞、噴泥盾與全臺最高的噴泥錐，附近的養女湖及新養女湖，則是噴泥池與噴泥盆，來烏山頂走一趟，便能見識泥火山百態。

養女的殉情傳說

養女湖的傳說版本眾多，大意是一名養女與青年相戀，卻被迫嫁給養父母具有殘疾的兒子，因此殉情於湖畔。養女憤怒擾動大地，化為數公尺高的泥漿噴出湖面。

但真正讓養女湖聲名大噪的是一九五七年改編的電影《養女湖》，當年代表臺灣參與「亞洲影展」，因演技過火、處理失當遭評審與媒體譏為「最佳勇氣獎」，因有傷國家顏面，甚至引發政府跨部會調查此

圖6-17 養女湖因交通不便，久無人煙。泥漿氣泡仍活絡，滾滾往山下流去。

事。雖然電影技術跌了跟頭，但一九七九年又有一部改編電影《秋蓮》上映，女主角是當時火紅的鳳飛飛，此片引發《養女湖》小說原著繁露出面指控《秋蓮》抄襲，並承認養女湖的故事不是鄉野奇譚，而是由她虛構的情節，這才揭開養女殉情的真相。

既然有新養女湖，顯見故事原本應發生於舊養女湖，但因交通不便，養女湖早已久無人煙。帶隊的潘炎聰也已經兩、三年沒上山，依憑記憶，從蕭家古宅入山大約十五分鐘後，轉入路旁草叢，撥開及腰的芒草，爬過六棵因風災受害的倒木，才一見養女湖的真面目。直徑可達十公尺的養女湖，幾無邊界可言，凸起的氣泡也不小，泥漿含水量比例高，滾滾往山下流去，更是濁水溪的源頭。過往也是熱門的校外教學景點，在潘炎聰孩提印象中，鄉公所圍起一圈欄杆以免遊客發生危險。

相比之下，直徑僅六、七公尺的新養女湖有如庭院池塘。地主除了在一旁販賣蜂蜜、泥漿蛋等特產，也會在噴泥池一角點火，因天然氣含量豐富，熊熊火焰能燃燒半小時以上，也可看見大量褐色油漬隨漣漪擴散，獨特景觀吸引絡繹不絕的遊客。

圖 6-18 新養女湖泥漿汩汩，伴隨冒出的地下水和天然氣，形成多變圖樣。

烏山頂：見證全臺最高的泥火山

雖然地質公園已成立，但進入烏山頂自然保留區，必須於登記站填寫遊客資料。踏入烏山頂，首先映入眼簾的是全臺最高泥火山，外觀為相當標準的噴泥錐，邊坡上則密布雨水與風力蝕刻的痕跡。因泥漿黏稠度高，堆積出的邊坡陡峭，山頂也愈來愈尖，最高時曾超過五公尺。二〇〇六年停止噴發，像是再也長不高的老人，只能承受大自然侵蝕使它變矮。

正當嘆息無緣目睹最高泥火山的生前樣貌時，耳邊卻傳來「啵—啵—」的氣泡聲，南側另一座高聳的噴泥錐上頭有三個噴口，如三座小山連成一列迷你山脈。最南側的噴口仍在噴發，高度超過三公尺，仰頭只見灰色泥漿凸起成氣泡，破滅之後泥漿四濺溢出噴泥口，沿著邊坡緩緩流下，形成舌狀泥流。一旁尚未完全乾涸的暗灰色泥流，被遊客惡作劇刻上「豬臉」，這般刻字行

圖 6-19 走進烏山頂自然保留區，映入眼簾的是全臺最高泥火山，外觀相當標準的幾座噴泥錐，泥漿仍不斷噴發。

圖 6-20 泥火山的泥漿溢流，線條層層疊疊仿若火山熔岩流。

為正是烏山頂常見的破壞行為之一。

儘管保留區內多起告示牌明確禁止攀爬、挖取泥漿、點火等破壞行為，並標明違者可處以二十萬以上、一百萬元以下罰金，但園區內平日無人看管，週末才有援剿人文協會志工生態導覽，缺乏管理的情況下，幾乎只能訴求遊客自律。諷刺的是，十多年前的遊客不只刻字、攀爬，甚至將噴泥口挖成一個大洞，隨著觀光人潮湧入的不只是收入，更多是破壞。

珊瑚堆疊成雞冠

做為燕巢三奇之一，雞冠山最能從名字看出端倪，山稜如雞冠般的起伏交錯，一見便令人難忘。沿著高三八鄉道深入燕巢東北部的金山社區，民宅沿著鄉道興建，當地居民多種植芭樂、棗子。金山社區東南方的雞冠山雖僅二四六公尺高，呈東北—西南走向，與周圍丘陵落差將近一百二十公尺，可說是拔地而起。傳奇樣貌更早在一八九四年的《鳳山縣採訪冊》留下紀錄：

「金山在觀音里，線北四十一里，脈分自烏山，與大滾水山、尖山相輝映，石筍秀削，旁一峰日石瓶，上有異花一本，色白味香，人不能識，山高二里許，長五里許，其麓寬平，多產老藤，山腰有泉分注濁水，援剿中二溪。」

雞冠山原名金山，一說是在夕照餘暉下，從岡山平原區看過來，只見此山金光閃閃；另一說則認為是土匪將搶來的黃金藏於山中。「但從來沒人發現過（黃金）。柴山也有這個傳說，可見清朝土匪真的很多。」潘炎聰笑著說。

當地人則多以麒麟山稱呼，從空中俯瞰此山有如一隻往後看的麒麟，又稱倒趴麒麟。古代麒麟象徵吉祥，雞冠山因此被視為風水寶地，處處林立道教寺院，像是建於麒麟肚臍的金山道院，鼻頭上的天聖宮，麒麟尾的金山村天后宮等等。

雞冠之名則是一則民間傳說：據聞山上曾有一雞公蛇盤據山洞，蛇頭上長著鮮紅雞冠，雞公蛇常在月圓之夜下山偷吃村人飼養的雞。天公想懲罰貪心的雞公蛇，沒想到雞公蛇不聽勸，還爬到山頂想咬天公。天公大怒，派雷神棒打雞公蛇，蛇身與山一起沉到地底下，僅留雞冠露出地表，久了便成為雞冠山。

無論是雞冠、麒麟，或有人以劍龍岩稱之，此山之奇確如所見。但這座奇岩的形成並非偶然，而是不同岩層所致的差異侵蝕。雞冠山是下段崎頂層中少許由生物殘骸形成的石灰岩，當周遭泥岩抵不過侵蝕，耐侵蝕的石灰岩則留了下來，形成長約九百公尺，寬僅七公尺的山壁。山壁下方仍是不透水的泥岩，雞冠山意外成為儲存雨水的容器，附近居民早期無自來水

圖6-21 雞冠山原名金山，高二四六公尺，位於金山社區東南方，山稜如雞冠般起伏交錯。

圖6-22 山壁上盡是海底生物殘骸，海相沈積露出白色鹽分。

可用，多仰賴山中泉水，佐證史料中「山腰有泉」的記載。

由石灰岩構成的山脈，在高雄地區並不罕見，大小崗山、半屏山與柴山更為知名。早期多著眼於石灰岩的經濟價值，開發做為水泥之用。鄰近雞冠山的大、小崗山，水泥廠進駐開發將近三十年，雞冠山由於量體小，受到的關注也少，一九八一年也曾傳出要開發的消息，受金山村民力阻，也成就一段環境保育的佳話。

沿著步道往上走，可看見垂直矗立於步道旁的土黃色山壁上，全是海底生物的殘骸，以螺類、貝類、珊瑚及其碎屑為主，尚能見到些許尚未分解的貝殼，一一鑲嵌於山壁上。此外，海相沈積使得山壁上不少白色鹽分，一般無特殊耐鹽構造的植物難以攀附，此處唯見桑科植物山豬茄，在柴山等石灰岩山脈也能見到。

山壁近九十度垂直矗立，登山健行者不多，一九八〇年代卻受到攀岩者的熱愛，不少人慕名前來。近年，經援剿人文協會建議，增設符合生態工法的木棧道，取代傷害環境較劇的水泥步道。

若不想走完全程步道，雞冠山中途有一條捷徑，可在半小時內直接爬上雞冠最高峰，最後一段必須拉著繩索，踩著腳下的珊瑚礁，爬上高點，往東便能看見中寮山與惡地地形，往西則能看見大小崗山，天氣好的時候，據說還能望見臺灣海峽。

6-3 惡地上的好人

「各位鄉親，阿伯、阿母，抹這個護膚美容養顏又助消化噢。」林朝鵬模仿著導遊的語調，逗得臺下聽眾哈哈大笑，但這卻不是一個笑話，而是許多遊客看見泥火山的直覺反應，更在千禧年成為遠近馳名的「泥療」秘方。

面對地底湧出的未知物質，人們總是情不自禁地被吸引。遊客參觀泥火山時，伸手挖取泥漿抹在臉上，期待有如市面上主打能清潔毛孔的火山泥一樣有效。「殊不知這只是海裡的爛泥，」林朝鵬搖搖頭嘆息，因為泥漿來自海底，大量氯離子使其 ph 值偏鹼性，還可能傷害皮膚。

「司機帶著遊客來，興高采烈咬著香菸爬上去要點，他們說這是火山，點火會燃燒。」林朝鵬回憶，一九九九年九二一地震後，觀光人潮湧入未受影響的南部，成為燕巢發展泥岩觀光的濫觴。

圖 6-23 噴泥洞的泥漿容易取得，遊客常誤以為是火山泥，實則 Ph 值偏鹼性，可能傷害皮膚。

不僅遊客缺乏對地質景觀的保育知識，引發各種離譜的破壞行為；主管機關資源匱乏，更難將關愛送抵偏遠的燕巢。生長於斯的援剿人文協會，義不容辭地成為在地的守護者。為保護泥火山不再繼續受侵害，援剿召開公聽會，邀請主管機關農委會、地方政府、學者以及旅遊業者等參與，求取觀光與保育間的平衡。這也點燃援剿人文協會從文史轉向關注自然生態與地質景觀的導火線，直到現在，援剿仍不斷透過導覽、遊說主管機關增設導覽告示、簡報室等方式，不放棄讓更多人看見泥火山的機會。

光從援剿這個名字，仿若能聽見兵器碰撞的聲響。援剿為燕巢舊地名，根據《燕巢鄉誌》所述，鄭成功渡臺後，以軍隊開發土地，實施屯田制度，令其後備軍隊「援剿中鎮」於燕巢鄉東、西、南燕三村屯墾，「援剿右鎮」駐紮於現安招村，燕巢南部則有「角宿鎮」屯墾，直到日治時期才改為燕巢（取同音異義）。如今，燕巢只剩角宿沿襲軍隊番號，而援剿一名則成為人文協會自詡保存文史的證明。

他們大量培訓烏山頂泥火山與雞冠山的導覽志工，年齡層橫跨小學生到銀髮族。二〇〇九年更承接政府委託，由志工排班輪值烏山頂泥火山週末的解說員，成為守護惡地的最強力量。

他們認為，唯有透過導覽，才能讓遊客瞭解特殊地質景觀形成不易，發自內心珍惜泥火山，避免好奇心成為破壞地景的殺手。剛開始輪值人手不足，陳士文笑說，「曾有一年，跨年那天在烏山頂，大年初一也在烏山頂。」如今投入自然導覽的在地居民愈來愈多，一個月才會輪到一次值班。

從文史調查、生態導覽到環境保育，無役不與的援剿人文協會是九〇年代社區營造運動的老將。成立於一九九五年，援剿早期以文史訪談、產業調查為主，為燕巢留下珍貴的人文紀錄。許多成員在協會成立時才初為人父、人母，轉眼小孩紛紛長大，協會也已經二十歲了。

「惡地這地景，以在地人來講，看都不看，又不能耕作。純看地景，又不能賺錢。」林朝鵬分析，觀光至今未能成為燕巢主要經濟收入，大多數居民還是倚賴種植果樹維生，或是到不遠的高雄市區就業養家。多年以來，援剿從未有專職工作人員，全靠協會成員在工作之餘撥空參與，即便再怎麼忙碌，「做社區就是生活的一部分，跟呼吸空氣一樣。」林朝鵬直率地說。不倚賴單一個人做組織，所有人一同承擔，反而是援剿生生不息的祕訣。

據說，林朝鵬曾對來參訪惡地的德國學者兼聯合國教科文組織（UNESCO）的地科科學部長艾德（Wolfgang Eder）博士這麼說：「你好，我們來自惡地，我們是惡地上的好人。」即便惡地質地貧瘠，無法成為養活所有人的奶與蜜之地，援剿的人們卻年復一年從未棄守著這片養大他們的土地。剛辦完小學生導覽營的隔日，潘炎聰傳來烏山頂熱騰騰新生的噴泥口照片，這片泥岩惡地任何的風吹草動，都逃不過援剿成員們的眼睛。即便不仰賴惡地維生，但他們對於惡地的感情，打從出生便已深植在基因裡。

6-4 出於泥的酸甘甜芭樂

走進便利商店，鮮食櫃上的水果盒已成為都市人渴望健康飲食的捷徑。繽紛水果盒裡不變的綠葉——芭樂，更是臺灣國產水果的代表。

「高雄燕巢鄉，經火山岩漿沖積形成的土壤，礦物質特別豐富。種出來的珍珠芭樂，口感清脆，富含維他命C，甘甜滋味中帶有淡淡清香。」拿起架上一顆重達兩百六十克的芭樂，包裝上這麼寫著。每一百克的芭樂，維生素C含量高達二二八、三毫克，遠超過成年人每日最低所需的一百毫克，加上臺灣自產豐富，難怪成為便利商店的最愛。

唯有一點讓人無法同意，燕巢芭樂得天獨厚的土壤來源並非「火山岩漿」，而是泥火山。光從外形與噴發型態看來，泥火山就像是縮小版的火山。地表上有一噴發裂口，湧出來自地底的濃稠液體，噴出後漸漸停滯，堆積成角度與高度不一的錐體或是小山丘。

只要親眼見過、摸過泥火山流淌出的泥漿，便能感受到它們溫熱有別。岩漿原本是包含地殼與上部地函在內的岩石圈，因為壓力變化或溫度升高導致熔點較低的部分產生熔融，轉為高達七百至一千三百度的液態，高溫使岩漿呈現炙熱的紅色。而泥火山噴發的泥漿，接近氣溫，溫涼而不燙手。

相較於富含矽酸鹽的岩漿，泥火山的泥漿呈弱鹼性，照理說不利植物生長。但在芭樂農的眼中，卻是老天給燕巢的一份大禮。農民們相信，泥岩中的氧化鎂等微量元素隨雨水沖刷，為燕巢土壤帶來豐富的礦物質，造就其他地方無可取代的酸甜口感。

「臺語說酸甘甜（sng-kam-tinn）的感覺，有些人就是喜歡吃我們這種帶點酸的。」在燕巢，不管是種芭樂，還是吃芭樂的，都能朗朗上口一嘴芭樂經。燕巢人都深信，彷若初戀的酸甜滋味，一口

圖6-24 芭樂苗圃

就能讓人辨識出燕巢芭樂。

即使「珍珠」才是品種，但「燕巢芭樂」卻是真正深植人心的招牌，更躋身二〇一六年新總統就任國宴佳餚之列。去年全臺收成十三・三萬公噸的芭樂，高雄燕巢佔二・三萬公噸，意味著臺灣每六顆芭樂中，就有一顆來自燕巢。無論是在河谷，或是惡地形的邊坡旁，無處不見芭樂園。在燕巢種植農作物的耕地中，高達四成是芭樂。但燕巢成為芭樂之鄉，卻只是近四十年的事。

「以烏山頂來說，也種過稻田。適合當地經濟價值的東西，像是做掃帚的糠榔（khong-lông），種那個可以大量賣。」陳士文曾聽耆老說，烏山頂泥火山附近曾有稻田，與現今荒蕪景觀大為不同。如今的烏山頂，僅有少數耐鹽植物，如鯽魚膽，憑藉特殊耐鹽構造與泥火山相伴。在地理學者王鑫的泥火山調查報告中，也記載著一九七六年尚未劃入自然保留區的烏山頂曾有稻田。如今，沿著陳士文手指的方向望去，只見與人齊高的雜草，據說踩下去全是泥濘。

圖6-25 耐鹽植物鯽魚膽

烏山頂並非特例，當時燕巢確實以稻米為主要作物。翻閱臺灣早期農業重要作物，無論是樟腦、糖、茶或稻米，皆無水果的一席之地。日據時期重視稻、糖，而後國民黨政府來臺，為了養活大批移入的人口，臺灣西部縣市幾乎都從事稻作，燕巢也無法自外於這趨勢。一九〇〇年，燕巢所屬的觀音上里稻作面積占六成五，後來雖有下降，但直到一九七一年，燕巢稻米、甘蔗的栽作面積仍占全鄉耕地一半以上。

一九五〇年代，稻米生產過剩、產值暴跌，政府一九五一年推動四期四年經建計畫輔導農業轉型園藝作物，才成為臺灣果樹發展的濫觴。直到一九九〇年代，水果的農業產值已經超越稻米，確立水果王國的地位。

一九八一年，燕巢果樹栽種面積已占據全鄉四成的耕地，而後不斷攀升。如今，光是芭樂一項作物就占全鄉耕地四成，還不包括其他果樹，而稻田只存在於五十歲以上居民的割稻回憶裡。

「都是為了錢，哪裡比較賺，就往哪裡鑽。」種芭樂超過二十年以上的大哥們不約而同脫口說出。從稻作轉向芭樂，並不浪漫，而是為了生計。隨著稻米價格低迷不振，政府力推休耕，轉作果樹，燕巢也種過柳丁、香瓜、香蕉、蓮霧、木瓜等。最後棗子與芭樂勝出，遂成燕巢三寶「芭樂、蜜棗、西施柚」的由來。

芭樂原產期為四至七月，但夏天也正是芒果、西瓜、荔枝等高甜度水果的盛產季。為避免強碰，農民們透過技術管理，讓芭樂在冬天的果樹上多留些時間，因生長緩慢、水分較少，更能增加甜度。「棗子遇到颱風，一年辛苦都沒了。芭樂這季價錢壞，下季說不定就好了。」透過修枝與控制施肥，一年四季都能採收的芭樂漸漸成為最多農民趨之若鶩的安穩保證。

「獨番石榴不種自生，臭不可耐，而味又甚惡。」十七世紀末著名遊記《裨海紀遊》當中，來臺採硫的郁永河筆下難掩嫌棄。十七世紀末到十八世紀諸多臺灣見聞名著中，處處可見芭樂蹤跡。在漢人視角中，紅肉種的番石榴「土人嗜之」，這與現在強調清脆、香甜的芭樂，簡直完全不同。

從番石榴一名便能察覺它的異國血緣，與石榴相似，因此得名。一般多認為墨西哥至祕魯的熱帶美洲是番石榴的原產地，番石榴橫越太平洋來到亞洲，靠的則是西班牙人一五二六年將番石榴種子帶到菲律賓，而後葡萄牙人也將番石榴傳入東亞、東南亞等地。至於落腳臺灣的契機，有一說是當時航海冒險的歐洲人從中南半島或菲律賓傳入臺灣，也有人認為是中國移民開墾之際攜入臺灣，可以確定的是，傳入時間不晚於十七世紀。

芭樂的品種改良，可說是一部愈挫愈勇的混血史。日治時期曾從印度、印尼爪哇、美國、中國以及夏威夷等地引進，雖然品種繁多，但品質真合市場需求者不多。當時種類之多可稱為百花齊放，不只現今市面上常見的紅、白肉兩種，甚至還有黃、綠兩色果肉，歷經混血汰選剩下中山月拔（東山月拔）、梨仔拔、日茂月拔等，統稱為土芭樂或是在來拔。

根據一九五一年《臺灣果樹誌》記載，土芭樂長五至十二公分，直徑約五至七公分，比網球大不了多少。不僅體積小，種子多，更受更年性限制，果實脫離母樹後散發催熟賀爾蒙「乙烯」，導致無法久放。加上早期運輸不易，大多加工後食用，像是用糖、鹽醃漬，或是曬製果乾。雖然銷路不佳，但土芭樂適合壓榨成汁，當時唯一生產芭樂果汁的黑松公司，一九七、八〇年代便與斗六農會契作，喜酒桌上必定都要來上一瓶的綠洲芭樂汁，便主打保

圖6-26 芭樂不僅是重要經濟收入，近年也成為燕巢努力開闢的觀光行程。

留中山月拔濃郁氣味。

一九七五年是芭樂界最值得紀念的一年。由泰國引進越南大果種子培育，泰國拔成為世紀拔、珍珠芭樂、帝王芭樂等現有品種的始祖。比起土芭樂，泰國拔一顆重達五百至六百克，以果實巨大著稱，一九八四年首度上市，批發價每公斤高達一百元以上，創下天價。泰國拔不僅大顆，更有清脆、非更年性的特性，讓芭樂踏入鮮食市場。

泰國拔的引進，幾乎成為燕巢中生代芭樂農的回憶起點。透過泰國拔的變異品種，不斷改良研發新品種。一九八二年發現廿世紀拔，果肉厚而且脆，盛行於中部。直到一九九〇年代，農民記憶中偏瘦長、比較小粒的白芭樂（土芭樂）與偏圓的泰國拔交配後，種出現在最暢銷的珍珠芭樂。而後燕巢也推出少籽、果面粗糙的水晶芭樂，以及帝王、珍翠等改良品種。相較其他品種，珍珠芭樂罹病率較低，果肉厚實細緻且甜度高，品質穩定又便於管理，也是燕巢最主要種植的品種。

出生自熱帶，芭樂喜好十五至三十二度溫暖潮濕的氣候，但不耐低溫，與臺灣的氣候可說是一拍即合，全臺灣海拔一千公尺以下排水良好的土地都可以栽種。一九七〇年代，臺北曾是芭樂的主產地，隨著北部發展工商業，芭樂產地往南遷徙，一九九〇年代以後，大勢底定高雄與彰化的產區優勢。

而燕巢如何成為芭樂之鄉？說來又是先天不足後天努力的故事。做為淺根性植物，芭樂必須種植於排水良好之處以免淹浸，田間也必須有充分的水源。顯然，穩定水源是芭樂生長的必要條件，但燕巢並不具備。

燕巢屬臺灣南部最常見的夏雨冬乾氣候，降雨集中在五到九月，十月到三月則是漫長的乾季。午後暴雨或颱風挾帶雨量更是來得又快又急，落在燕巢東北透水性差的泥岩上，還來不及滲入地下水層，就在地表成為逕流，頭也不回地溜走了。降雨不均，水又留不住，讓泥岩地區的農民只能選擇從事旱作，或是成為看天田。

缺乏水利設施的燕巢鄉，只能看老天何時施捨雨水，然而人們並未停止與天搏鬥，想辦法留住更多的水。人們將腦筋動到泥岩上，開著推土機將泥岩山丘挖出平地，興築小型水塘，利用泥岩透水性差的特性，將雨水蓄積於水塘之中。一方面讓雨水沖蝕稀釋泥岩的鹽分，一方面又能做為灌溉水源，從蝕溝中帶走的泥沙，淤積在水塘底部，漸漸形成一塊新的平地，又能被開闢成為耕地。

直到一九八〇年代，「西德井」利用電力抽取地下水，一九九〇年代燕巢地區倚賴地下水灌溉的耕地面積突破七成。築壩蓄水的場景至今仍在燕巢能夠見到，但如今灌溉功能衰微，惡地嶙峋的外觀伴隨陽光倒映在水中，反成為奇特景觀。

「這裡原本是埤仔，蓄水池，三年沒流掉的水崩下來，人走過去，鞋子都黏著，牧羊人也不敢讓羊吃這裡的水，水很鹹，土也會吐鹽。」在惡地旁栽種芭樂超過二十年的許大哥，回憶此處開墾前，原本是阿公店水庫為減少上游淤沙的攔沙壩，鹽分與泥濘更是他的第一印象。

高雄在地人多將泥岩稱為「海仁土」，意指海裡來的土，也就是海底沉積的古亭坑層。而他所稱的「鹽」則是泥岩含大量可溶性鹽類，水分蒸發後，會蓄積於地表，以白色晶體的樣貌依附於地面。透過長期蓄水為土地洗除不少鹽分，許大哥再施灑甘蔗渣有機肥改善鹼性土壤，嘗試許久才讓土壤酸鹼中和，成為適宜種植芭樂的土壤。

許多遠離泥岩區的農民們，有時也會用阿公店淤積的泥土，與砂質土混合攪拌，既保有泥土中的微量元素，又避免土質太黏，讓根無法延展。根據研究，燕巢土質為黏土，因此栽種前必須先翻土，大雨後也必須快速讓雨水流出，避免芭樂根長期浸泡於水中爛掉。

有趣的是，遠離泥岩地區的土質檢測並無特別偏鹼，農民們也認為泥漿流動數百年，燕巢其他地區的土壤不可能如泥火山周圍偏向弱鹼性。但是，他們依然堅信，泥火山為燕巢土壤帶來特有的微量元素，讓清甜芭樂加上酸味，口感更為豐富。

芭樂不僅是重要經濟收入，近年也成為燕巢努力開闢的觀光行程。靠近惡地的金山社區，也善用芭樂產業的優勢，帶著觀光客參訪社區內傳承三代的芭樂種苗場，主打可以飽覽「芭樂的一生」。「芭樂媽媽與孟子媽媽做一樣的事，為了好教育，必須要孟母三遷。」金山社區發展協會經理劉閎逸笑稱，從種子、育苗到嫁接，不同時期的芭樂必須在特定空間中培植。

「小時候大家都一樣是土芭樂，嫁接就像是長到青少年之後，要讀大學或專科，嫁接成功，就變成那種品種了。」劉閎逸生動地譬喻嫁接是芭樂成長過程中的重大階段。在育苗場主人的巧手下，將珍珠芭樂的枝條尾端插入土芭樂的枝幹，以糯米紙綑綁進行嫁接，若癒合後長出新葉，便代表嫁接成功。嫁接的好處在於土芭樂較適應土壤與氣候，抗病性較高。

到果菜市場去，會發現燕巢芭樂是少數不用開箱檢驗品質的

水果，這歸功於燕巢農會長期共同運銷、分級包裝的團結。從一九八四年泰國拔被引進燕巢後，燕巢農會就開始輔導農民共同運銷，至今超過三十年，芭樂產銷班多達十八班，年運銷量更達一・五萬公噸。燕巢水果的共同品牌「燕之巢」，更獲一九九九年農委會第一屆優質水果品牌認證。

「你有才條（能力）種多少，產銷班就能銷多少。」在參與產銷班的農民眼中，產銷班讓農民能更專注栽種，而毋須擔心包裝、運銷等銷售端的工作。

對於燕巢人來說，種芭樂最能見證他們不服輸的精神。連在地的親子團體，也以「芭樂園」為名，他們二十多年前一起帶著孩子成長，互相幫忙。在小孩長大離家後，他們互相扶持，繼續為燕巢這塊土地而努力。自詡為一年四季皆能開花結果的芭樂，即便艱困，也要努力在這塊土地上生活下去。

注釋

1 劉克襄，〈一具相機走臺灣：湯姆生穿過月世界的旅行〉，收錄於《新活水雜誌》，二〇〇六年第五期。

2 收錄於劉克襄二〇一五年修訂版《福爾摩沙大旅行》當中〈穿越惡地形：英國攝影家湯姆生的內山紀行〉一文（臺北：玉山社，二〇一五年）。

3 林啟文，《旗山》。原圖比例尺為五萬分之一臺灣地質圖及說明書，圖幅第56號，經濟部中央地質調查所，二〇一三年。

4 大陸與海洋盆地之間的過渡地區，包含大陸棚（又稱淺海）與大洋區（包括大陸斜坡與深海）。大陸棚是受海水掩蓋的大陸，包含從海岸線向外延伸至平均海面下深度兩百公尺的區域，屬於向海緩慢傾斜的平臺。除了距離海平面的深度之外，波浪可及範圍也會影響海底沉積物的特性，因此正常天候浪基面與暴風浪基面之間被稱為濱面帶與遠濱過渡帶。大陸棚以下坡度驟降形成大陸斜坡，邁入大洋區，此處甚少受暴風與波浪影響。（引用自張恭豪，《臺灣西南部前陸盆地初始發育的沉積環境演化》，成大地科所碩士論文；臺灣大學地質科學典藏數位化計畫，二〇一五）。

5 同上注。由顆粒極細小的泥岩、頁岩所構成的泥岩相，也大多位於此處的遠濱環境（也可稱為深海）。

6 逆斷層為斷層面之上的上盤相對向上移動，下盤相對向下。

7 褶皺形狀如波浪，向上隆起段稱為背斜，向下凹陷段則為向斜。

8 宋國城、陳力、陳彥傑，〈有關旗山斷層的一些新觀察〉，經濟部中央地質調查所，《地質》期刊第二三卷第三期，二〇〇五年，頁三一至四〇。

9 陳文山、陳于高、楊小青（二〇〇五年）〈地震地質調查及活動斷層資料庫建置槽溝開挖與古地震研究計畫（4/5）〉，經濟部中央地質調查所研究報告第九四至七號，共一六五頁；〈活動斷層地質敏感區劃定計畫書 F0003 旗山斷層〉，二〇一四年。

燕巢泥岩惡地地質公園

客運：

1. 從岡山搭乘開往燕巢或田寮的客運班車即可。
2. 往泥火山可從高雄搭高雄客運往旗山，在深水農場站下車。

自行開車：

1. 南下者下路竹交流道，循 184 縣道東行至田寮，右轉經田寮鄉公所後，取左邊往大崎頂、田子埔的鄉道可往燕巢風景面各據點。自交流道至燕巢月世界約 18 公里。
2. 北上者下岡山交流道，循 186 縣道至燕巢，續接中民路前行，過金山 2 號橋後直走，可往燕巢風景面各據點。自交流道至燕巢月世界約 9 公里。

參考

援剿人文協會
http://www.yonchao.org.tw/

行政院農業委員會林務局
https://ecocommunity.ieco.tw

臺灣地質公園網絡
http://140.112.64.54/TGN/park4/super_pages.php?ID=tgnpark18

CHAPTER 7

風、沙、水角力的最前線

雲嘉南濱海地質公園

風頭水尾之地，因為貿易成了歐洲人與漢人最早落腳、建立聚落的地點。
然而，西海岸數百年來的劇烈變化，恰好成了映照臺灣社會快速變遷的一面鏡子。
滄海桑田，是人類學習謙卑，以自然為師的時候了。

撰文／陳泳翰　攝影／許震唐

7-1 風頭水尾，海進海退之間

一六六一年，臺灣民間慣稱國姓爺的軍事將領鄭成功，在金門集結大軍後，發兵攻打當時以臺南為根據地的荷蘭人；這是他戎馬生涯中最後一場重大戰役，僅僅一年多之後，鄭成功便在臺灣病逝，生命最後一年，絕大多數時間都消耗在與荷蘭人的圍城攻防。

戰爭剛開始，鄭成功的軍隊就先占了一點老天爺奉送的便宜，本來荷蘭人在入港必經的水道附近，蓋了一座碉堡防守，不巧的是，幾年前一場威力驚人的暴風雨，竟然將碉堡給摧毀了，鄭成功的軍隊因此得以長驅直入，減少了搶灘時的無謂犧牲。

碉堡之所以損毀，倒不能怪罪荷蘭工匠偷工減料，錯就錯在選址不佳，運氣也不好。碉堡被蓋在名為「北線尾」的沙洲之上，下頭是一片不太牢靠，容易受到自然力量影響的沙灘地，遇上前一回威力驚人的風暴，北線尾沙洲被打得面目全非，碉堡倒塌只能說是意料中事。也因為少了碉堡的掩護，當反攻的荷軍與鄭軍在這塊沙洲上廝殺時，落得幾近全軍覆沒的下場。

事實上，荷蘭人將碉堡蓋在沙洲之上，也有自己的一番苦衷。十七世紀，當西班牙人與荷蘭人相繼在臺灣建立長期聚點時，主要還是著眼於與原住民及少數漢人交易鹿皮、鹿肉、蔗糖等產品的「貿易」活動，所以一開始，這群歐洲移民多半定居在離海岸線不遠之處，防禦工事自然也是沿著海岸線設計。如今看來單調的海岸線，卻在串接起大航海時代的世界貿易體系中，成了臺灣與早期全球化接觸之地。

有趣的是，當初千里迢迢來到臺灣的歐洲人，對島嶼內陸不太熟悉，不知道自己率先落腳的雲嘉南濱海地帶，其實是一處先天不良的土地，沙洲上的建築後來倒塌並不稀奇，自古以來一直有數不清的風暴和地震，讓這片土地有得罪受。日後移民到臺灣西海岸的漢人，居住幾代後便瞭解這裡真是問題多多，只好自嘲家鄉是「風頭水尾」之地，哀嘆生存條件之嚴苛。

「風頭」，說的是冬天吹拂臺灣的冷冽東北季風，通過這一帶平坦的濱海鄉鎮時，總是特別強勁。「水尾」，則是指當地以泥沙為主的土地，肥分不足、鹽分太高、灌溉又不易，因此，農業上的生產效益嚴重不足。

形成「風頭」的原因，在於東北季風從北方進入臺灣海峽時，被東側的中央山脈和西側的福建武夷山束緊，形成一個狹窄的氣流通道，進而放大了風速——箇中原理就像是用手捏緊寬口水管後，噴出來的水柱，也會突然變得猛烈。對生長在海濱的居民和生物來說，如此強風和它揚起的沙塵，肯定不是什麼友善的環境。

至於「水尾」一詞，則歸因於河流挾帶而來的泥沙，沉積在這片濱海地帶時，沒有充足時間發育成充滿腐植質和微生物的肥沃土壤。尤其沙地導熱能力又極差，在夏季平均氣溫接近攝氏三十度的臺灣沿海，只有濱刺麥、林投、草海桐、馬鞍藤一類植物能夠捱過挑戰，於高溫下勉強存活。無奈高溫也會使得有機物分解變快，加上海濱排水又太迅速，到頭來腐植質依然不易累積，土壤仍

圖7-1 雲嘉南濱海沙洲分布示意圖
圖片提供：雲嘉南風景區管理處，《鷗鷺望幾》（臺南，2010年），頁33。

圖7-2 雲嘉南海岸以堆積地形為主，因為波浪減小，波浪所能攜帶的能量亦隨之減小，終致無法搬運而形成堆積現象。常見因堆積作用而產生的沙洲、潟湖、河口濕地等地形。海岸沙洲的變遷見證了臺灣歷史及地理的演變。圖為頂頭額汕，是七股潟湖三大沙洲南段的部分，與網子寮汕隔著七股潟湖的南潮口對望。

雲嘉南濱海區域地質圖

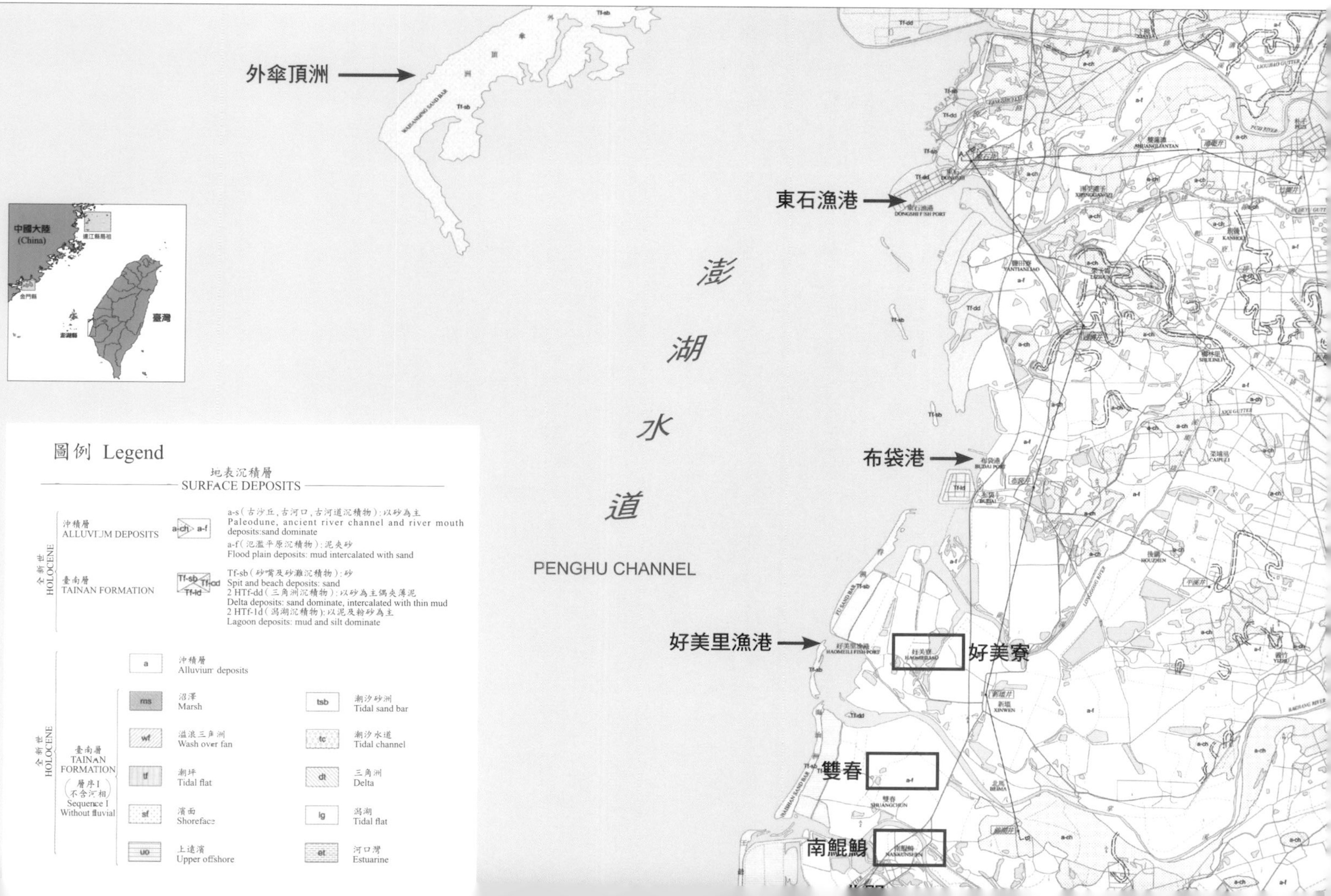
外傘頂洲
東石漁港
布袋港
好美里漁港
好美寮
雙春
南鯤鯓
澎湖水道
PENGHU CHANNEL
中國大陸
(China)
臺灣
圖例 Legend
地表沉積層
SURFACE DEPOSITS
全新世
HOLOCENE
沖積層
ALLUVIUM DEPOSITS
a-s（古沙丘，古河口，古河道沉積物）：以砂為主
Paleodune, ancient river channel and river mouth deposits:sand dominate
a-f（氾濫平原沉積物）：泥夾砂
Flood plain deposits: mud intercalated with sand
臺南層
TAINAN FORMATION
Tf-sb（砂嘴及砂灘沉積物）：砂
Spit and beach deposits: sand
2 HTf-dd（三角洲沉積物）：以砂為主偶夾薄泥
Delta deposits: sand dominate, intercalated with thin mud
2 HTf-ld（潟湖沉積物）：以泥及粉砂為主
Lagoon deposits: mud and silt dominate
臺南層
TAINAN FORMATION
層序I（不含河相）
Sequence I Without fluvial
沖積層
Alluvium deposits
沼澤
Marsh
溢浪三角洲
Wash over fan
潮坪
Tidal flat
濱面
Shoreface
上遠濱
Upper offshore
潮汐砂洲
Tidal sand bar
潮汐水道
Tidal channel
三角洲
Delta
潟湖
Tidal flat
河口灣
Estuarine

雲嘉南濱海地質結構主要由地質年代甚新之沖積層構成。嘉南平原東側山麓一帶則為砂岩、泥岩構成之頭嵙山層及紅土台地堆積層。嘉南平原低地，多由沖積土、鹽土、擬盤層土及砂性土等構成。

圖7-3 圖片來源：經濟部中央地質調查所，《朴子、佳里、臺南》。原圖比例尺為五萬分之一臺灣地質圖及說明書，圖幅第43、49、55號。

舊不易生成。倘若再考慮到灌溉不易、海水鹽分、強勁季風也不時作祟，想在西海岸務農維生簡直是自找苦吃。

偏偏這處風頭水尾之地，因為貿易成了歐洲人與漢人最早落腳、建立聚落的地點。移民們為了在有限的環境條件下討生活，窮盡了腦汁，便因地制宜發展出了鹽業和養殖漁業，從此改變了這一帶的地景風貌，為後世人們添了許多撫今追昔的傳承線索。

7-2 濱海而生的鹽業與養殖漁業

一九三五年出生的老鹽工涂丁信，退休後成了臺南濱海北門井仔腳鹽田的專業顧問。這位身子硬朗的老人家，記性也是一流，仍然能將諸多關鍵數字倒背如流：他記得自己是在一九五七年二月十二日這一天進入台鹽公司上班，接著分毫不差地朗聲道，若要細說濱海鹽田的歷史，那還得從一六六五年的陳永華開始說起。

原來當初鄭成功軍隊雖然擊退了荷蘭人，卻遭到海峽對岸清王朝的經濟封鎖，許多過去可以靠貿易取得的物資，突然都被斷了貨源，供需大大失衡。效忠鄭氏政權的參軍陳永華，見狀決定重修荷蘭人統治時期試驗失敗的瀨口鹽田，以日曬法從海水中取鹽，好供應當時移入臺灣的軍隊

和黎民所需。

在陳永華之前，臺灣的原住民已經懂得熬煮海水製鹽，但是生產規模遠不如陳永華所開闢的鹽田，更何況引入海水曬太陽來取得粗鹽結晶，還可以省去燃料花費，對植被有限、薪柴並不豐足的雲嘉南沿海地帶來說，是個合乎經濟理性下的抉擇。有趣的是，地溫過高、鹽分太重，固然讓濱海沙地無法在農耕上占到便宜，但若是換成製鹽，這下子劣勢倒成了相對優勢。

涂丁信還記得，鹽工們會先讓海水在蒸發池中曝曬，濃縮成鹽分更高的鹵水，再引入結晶池中慢慢曬出粗鹽。早年結晶池的地表多為「土盤」，是將雲嘉南沿海豐富的沙子和黏土混合調配後，再用石輪來回滾動壓實而成。鹽工們經年摸索出來的沙子、黏土比例，大約是六比四或七比三。之所以要

圖7-4 7-5 臺南將軍區北門鹽場的扇型鹽田是目前臺灣面積最大最美的鹽田景觀。因為曬鹽是分階段進行，考慮到製成、排水與採收方便，將鹽田開闢成扇狀，藉空拍可以觀賞到扇形鹽田美麗的全貌。

讓兩者混搭，是因為沙子顆粒較粗，如果純用沙子，鹵水很容易沿著孔隙滲漏；若是純用顆粒較細的黏土，雖然滲漏的問題得到解決，地表卻又會變得太過鬆軟——不但鹽工行走不易，收鹽時更是一不小心就會將泥沙等雜質一塊耙起。唯有混用兩者，才能讓鹽田緊實又富彈性，符合勞動者們的需求。

鄭成功與擱淺的鯨

國姓爺生前與臺灣緣分淺薄，死後卻在島上留下許多文化遺產和傳說。許多臺南老一輩的人，還記得鄭成功是「鯨魚」轉世的故事，近似情節傳頌數百年，不僅出現在稗官野史，也出現在清代官員的筆記之中。各方說法言之鑿鑿，彷彿每個人都有親眼看過鯨魚似的。

不過事實剛好相反，在鯨豚學家眼中，「大如山，能吞舟」的鯨魚，出沒在臺灣西部海域的紀錄都是偶然。原因在於，大型鯨魚很少會願意游入堆滿兩岸河川沖積物、平均水深只有五十到一百公尺的臺灣海峽；相較之下，花東外海離岸不遠處，便是陡峭的海底峽谷，更適合大型鯨魚遨遊，也讓當地業者有條件經營賞鯨活動。

成功大學海洋生物及鯨豚研究中心主任王建平，一九八五年來便持續搶救擱淺鯨豚，就他長期觀察，不小心進入臺灣海峽的大型鯨魚，多半是有病或有傷在身，才會不敵潮流推送，停留在雲嘉南沿海的沙灘上動彈不得。於此亡故的大型鯨魚，部分被製作成標本供人研究，臺南成功大學的安南校區，便收藏了一具由王建平本人操刀製作的「布氏鯨」標本，同樣位在安南區的四草大眾廟，廟旁則有間小小陳列館，存放一九九二年擱淺在四草大橋附近海灘的母子「抹香鯨」標本。

鹽業之外，另一個適應雲嘉南濱海特性而生、流傳至今的產業，便是養殖漁業，尤其虱目魚養殖，更是擁有數百年的歷史傳承。

在分類學中，虱目魚算是孑遺物種，是虱目魚科、虱目魚屬中唯一的一種魚，雖然它沒有什麼近親，但因為抗病和適應能力強，在太平洋和印度洋海域分布廣泛，很早就被人為飼養，一直是東南亞許多國家的桌上佳餚。菲律賓人尤其熱愛虱目魚，酥炸、火烤、香煎、煮湯樣樣都來，讓它在當地幾乎擁有「國魚」一般的地位。

雲嘉南濱海飼養虱目魚的歷史，可以追溯到荷治時期，甚至有人推測，養殖技術可能就是由荷蘭人從印尼帶來臺灣。鄭成功軍隊來臺後，也跟著在沿海地帶開鑿魚塭，徵稅充實軍用。

一九四五年誕生於臺南沿海的吳新華，小學時就開始到圳溝、外海撈捕野生的虱目魚苗回家給父母養殖，在人工孵育技術還沒有研發成功前，臺灣的虱目魚塭都得要靠野生魚苗補充新血。從小在魚

圖7-6 臺南沿海的虱目魚養殖
圖片提供：雲嘉南風景區管理處，《鷗鷺望鹹》（臺南，2010年），頁53。

塭間打轉的吳新華，從教職退休後，曾經對臺南沿海的虱目魚養殖業，做過相當完整的田野調查。

在吳新華的研究中，過往沿海居民養殖虱目魚的方式，充滿了善用地質條件的智慧。雖然許多沉積在雲嘉南沿海的黏土，因為顆粒較細、孔隙狹小，導致排水不良，相當不適合農業耕作，但如果用它來圍築魚塭，劣勢就能轉為優勢。黏土的特性，正好將魚塭中的海水保留下來，不至於輕易滲透出去，池底也能提供藻類良好的生長環境。因此，恪遵古法的漁民，每一年都會使用讓吳新華懷念的「熬坪」方式，為來年放養的虱目魚苗，提前備好營養可口的食物。

所謂的熬坪，是在年度的漁獲收成後，將魚塭中的海水全部排乾淨，將池底曝曬到完全龜裂，藉此清除腐敗的藻類和汙泥。等到過去一年留下的廢物處理完畢後，就能為新的一年來做打算，漁民們會在曬乾的池底均勻灑下米糠、豆餅等有機物，再引入海水協助發酵，當這樣的過程一再重複後，魚塭池底就會長滿厚厚一層營養物，適合滋養虱目魚愛吃的藍綠藻。日後，大快朵頤終日的虱目魚長大後，肉身的油脂與香氣，便會因為曾經飽食藍綠藻而格外濃厚。這是吳新華心中的極品虱目魚，可惜的是，自從深水式的集約養殖法在當代出現後，傳統魚塭便被逐步淘汰，連帶也讓靠熬坪方式養殖出的淺水虱目魚，日漸成為老一輩人舌尖上的鄉愁。

什麼是深水式集約養殖法？

傳統使用「熬坪」培養藍綠藻的淺水虱目魚塭，為了讓喜愛陽光的藍綠藻能夠大量繁殖，水深大概都會落在三十公分上下，鮮少超過四十五公分，才能讓陽光照進池底。由於有底藻當作魚隻食物來源，漁民可以減少飼料的投放數量。但是到了當代，為了增加單位面積的收穫數量，漁民傾向將魚塭挖得更深，達到一百到一百五十公分，甚至還有兩百公分深者，再利用電動水車增加溶氧量，以高密度養殖虱目魚。由於魚塭變深後，池底曬不到太陽，藍綠藻就無法滋生，漁民便必須大量投放飼料。如果飼料投放不當，魚塭的水質容易受到汙染，導致密集養殖的虱目魚死亡，反之，管理妥善的話，食用飼料的虱目魚腹部往往比較肥滿，容易切成肚片，更適合今日坊間以取用魚肚為主的產銷方式。

7-3 土地的悲劇考驗：大愛仁醫治烏腳病

儘管發展出鹽業和養殖漁業，也有近海的漁業資源可以運用，對那些在雲嘉南濱海生養滋長的家庭來說，這片風沙之地，給出的考驗卻是永不停歇，其中最廣為人知的一樁憾事，是在一九五〇年代末大量發生的烏腳病——許多病患因此截肢，其他難耐惡疾煎熬者，也有人選擇了仰藥自殺的不歸路。

在烏腳病盛行的沿海區域，早年飲用水可以靠低窪地收集的雨水供給，只是隨著食指日益浩繁，人們開始掘井抽取地下水，無奈濱海地區的淺層井水，容易受到海水滲入，變得又苦又鹹，渴望飲用甘甜井水的人們，遂將水井打入地下一百公尺左右的深處取水。不幸的是，這深度的地下水雖然不再苦鹹，卻暗藏致病因子，愈來愈多人出現了血管末梢阻塞、雙腳組織逐漸烏黑壞死的症狀，也就是民間所謂的烏腳病。

臺灣的公共衛生學者，這段期間積極投入烏腳病的病因調查，發現深井水是肇禍元兇後，便由政府補助居民接管自來水，才讓病例不再攀升。起初學者們斷定，深井水中的致病因子是高濃度的砷，但是日後又有其他研究者，提出深井水中的螢光物質和腐植酸可能也是致病因子，雖然兩派說法各有擁護者，烏腳病真正成因還不到蓋棺論定之刻，但是前述物質各自對健康的危害，倒是都獲得了實驗數據佐證。[1]

烏腳病盛行之際，出身當地的醫師王金河，在基督教會資源支持下，免費為罹病居民義診，雖然當時烏腳病的病因尚未釐清，王金河一家人卻因為飲用自家貯水池中的過濾水，幸運地躲過深井水的危害，也才能夠健康地服務鄉親。由於王金河長年對家鄉無私奉獻，日後贏得「烏腳病之父」封號，屢屢獲頒獎章。

昔日王金河行醫的診所，如今被改建成了臺灣烏腳病醫療紀念館，負責維繫館務的王秀美，是王金河醫師的女兒，她回憶父親在世之時，總覺得人們把他說得太偉大了。「王醫師常說，如果沒有這些病人，怎麼會有他？每次他得到表揚，都要感謝病人們願意相信他，願意讓他治療。」王秀美嘆道：「但是他永遠不曉得，他用疼惜之心付出的這份愛，就給了病人們多大的鼓勵和安慰。」

圖7-7 大愛仁醫王金河行醫的診所，如今改建成臺灣烏腳病醫療紀念館。

7-4 特殊地質成考古寶地

雲嘉南濱海深井水中，部分地區重金屬含量有過高的問題，尤其砷含量過高引起烏腳病問題，對居住於學甲及北門地區的百姓產生身體上極大的危害。對於資深考古學家朱正宜看來，可能有地質上的成因，主要是水體及沉積物間產生的某種反應有關。他說：「臺南的丘陵地帶，分布著質地細緻的泥岩和頁岩，風化後會形成較細的顆粒，隨著河水往下游帶，這些細小顆粒一旦於近海環境沉積下來，就會形成厚厚富含有機物質的黏土層。在這種環境下，沉積物逐漸處於還原環境中，最後導致原本黏附於土粒間的砷被溶解而進入水體中，因此若某些特定地區，沉積物中有機質含量過高，導致溶出的重金屬超標，情況就會更加嚴重。」

這些泥岩和頁岩的身世，得要追溯到臺灣島形成的年代，當北部浮出海面時，南部卻還在海底，當時陸地上被風化、侵蝕的岩石碎屑中，顆粒最細小者漂得最遠，最後沉積到了外海，在穩定壓力環境中膠結、岩化，逐漸形成岩石。等到臺灣南部從海底擡升起來，這些由細小顆粒組成的泥岩，便在現今臺南、高雄一帶隆起成為丘陵。[2] 原先深埋海底的岩層浮出水面後，注定有朝一日，又要重演被風化、侵蝕的命運，再次形成細小的沙子和黏土，被風力或水力搬運離開，只不過最近的這一次輪迴，它們多半在還沒有入海前，就先在臺灣南部原始的濕地、潟湖沉積下來，形成了日後嘉南平原的主體。[3]

朱正宜在臺南考古已經超過二十年，在他眼中，這裡的環境是考古學家的寶地，因為近潟湖或溼地環境中，不僅沉積速率高，且保存環境佳，對於一些文物的保留相當有利。「雖然臺南的地下水可能對活人不好，但是對死人卻不錯。」朱正宜說，自從六千年前海水面穩定之後，臺灣的人類活動痕跡，有不少都在臺南的地層裡被幸運保留了下來。關於其中的機制，他解釋道：「許多遺骸能夠形成化石，是因為有礦物質進入骨骸，替換掉裡頭的有機質，剛好臺南的地下水充滿了鐵、鎂等礦物質，又有黏土層將它封閉起來，使得浸泡在地下水中的骨骸，外型能夠保存完好。反過來說，臺灣北部火成岩居多，風化後形成的土壤酸性很重，別說替換了，連骨骼的有機質都會被腐蝕掉，對化石的保存相當不利。」

在臺南從事考古挖掘工作多年後，朱正宜慢慢搞懂一件事，他發現愈往西邊去，愈找不到距今約三、四千年的古老遺址，反之，距今只有一、兩千年的遺址，在臺南的東、西兩側都找得到。「我們大概可以藉此推斷，屬於同一個時期的所有遺址中，最西邊的那一個，大概就是當時海岸線所在的位置，或至少是離海岸不遠的地方。」朱正宜說。這條考古學家描繪出來的原住民遷徙軌跡，和歷史學家描繪的漢人移民軌跡，方向剛好相反，一條大體上是由內陸往海岸移動，另一條卻是由海岸逐漸向內陸擴張，要解釋兩者研究關懷上的差異，得要回到一粒沙子的生命史開始說起。

7-5 劇烈變化的海岸線

從地圖上看，臺灣島的形狀像是一顆番薯，不過拉到時間長河裡，臺灣島的外型一直變化多端，有時胖成番薯，有時瘦得像玉米，有時甚至還和亞洲陸地連成一片，不再是一座孤懸的島嶼。

影響臺灣外型的主要因素，取決於海平面的升降，而海平面的升降，則和全世界的氣溫息息相關。在全球氣溫較低的冰河期，大量地表水在循環過程中，變成陸地上的冰，不再流入大海，使得海平面跟著降低；冰河期結束後，全球氣溫回暖，融冰重新匯入大海，海平面又重新上升。臺灣島的輪廓，便在海水這一進一退之間，不斷遞嬗演變。

距今大約六千年前，全球氣候進入了一段穩定期，海平面不再發生變動，來自臺灣中部山區的風化碎屑，不斷被河流和風力帶往下游，在平原地帶沉積下來，讓臺灣西部日益「發福」，逐漸發育成現在的番薯模樣。這段期間，較早登上臺灣繁衍子嗣的原住民，也跟著將活動範圍，往逐漸淤積而出的「海埔新生地」移動過去，隨著由沙子和黏土構成的海埔新生地愈變愈多，原住民的居住空間也跟著愈來愈寬闊。一直到三百多年前，荷蘭政權和鄭氏政權，將臺灣從史前時代帶入有文字紀錄的歷史時代，乘船湧入的漢人移民，才又增添了更多由海岸向未知內陸探索、發展的路徑。

嚴格說來，若是回到三百多年前，從鄭成功登臺時算起，漢人移民的遷徙足跡，不完全只有往東邊的內陸一途，只是當時西邊的海灣仍在海裡，還沒有讓沙子給填平。比方說，日後王金河行醫的北門區，數百年前還是一座沒有與陸地相連的沙洲；涂丁信揮汗如雨的井仔腳鹽田，甚至可能根本還在大海裡面。從古地圖中可以發現，當時雲嘉南濱海一帶，存在兩座人型潟湖，民間稱之為倒風內海和臺江內海，保護這兩座潟湖不受海潮直接侵襲的沙洲，更是數量眾多。

這些昔日的潟湖，隨著時光遞嬗，逐漸被曾文溪、急水溪等河川攜帶的泥沙給填平，有些成了今日的農地和建地，有些成了虱目魚塭，有些成了濕地，還有些則被分割成更小的潟湖，無法預測接下來的命運。當這些過去也是風沙之地者，逐漸變成陸地後，只剩下地名還可以遙想當年環境：名字中若是出現沙崙、崙背，可以佐證當地曾經存在過沙丘；至於汕尾、線尾、頂汕、鯤鯓，則和海上浮現的沙洲有關。

潟湖

當泥沙入海之後，可能因為地形及沿岸洋流等因素，在距離海岸線不遠處堆積形成沙洲，當沙洲持續發育茁壯，有可能會將部分水域包圍起來，形成了半封閉模樣的潟湖，與海洋間隔著極為狹窄的水道相通，臺灣民間過去慣稱為「內海」。一般而言，在侵蝕、堆積作用極其旺盛的地區，比如臺灣西南部，同一處潟湖很難永恆存在，特別是在海進時期。潟湖像是從海洋變成陸地的過渡階段，經過數十或數百年後，原本被沙洲圍住的潟湖水域，往往會被泥沙填滿，逐漸變成陸地，是為陸化。可以想像的是，今天臺灣西部許多地區，數千年前可能也都經歷過由海洋變潟湖而後陸化的階段，才逐漸發育成現在的樣貌。如今

沙洲潟湖溼地演育圖

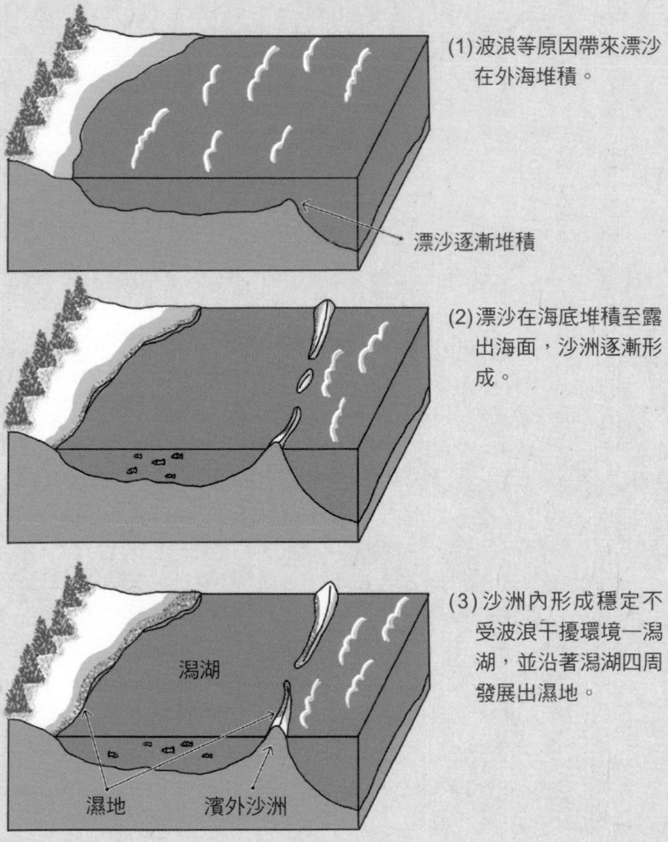
(1)波浪等原因帶來漂沙在外海堆積。
漂沙逐漸堆積
(2)漂沙在海底堆積至露出海面，沙洲逐漸形成。
(3)沙洲內形成穩定不受波浪干擾環境一潟湖，並沿著潟湖四周發展出濕地。
潟湖
濕地
濱外沙洲

圖7-8 圖片繪製：GEOSTORY

研究者們對潟湖能夠發揮的作用相當看重，除了調節水量、保護海岸的功用外，大量存在於潟湖的浮游植物，還能夠發揮強大的固碳作用，因此建立的高生產力，更讓潟湖成了絕佳的天然養殖場。

不過海濱既是風、沙、水角力的最前線，地貌變遷的故事，就不會只有泥沙淤積、逼退海水那麼簡單。在大學任職的老師劉相君，為了還原鄭成功與荷蘭人作戰的完整經過，花了十年以數位方式疊合古今地圖，將Google Map、荷蘭古地圖、臺灣堡圖、二十世紀美軍地圖一一參照比對，再與史料交叉驗證，最後準確辨識出昔日臺江內海的海岸線、沙洲、海港、古河道的位置。過程中，劉相君發現，除了潟湖陸化之外，西海岸其實也有沙洲沈入海底，變動不居的海岸線，正是雲嘉南濱海地帶的本質。

「許多文獻中的地名，往往因為地貌變遷，跟現在的名字對應不起來，這時候就需要靠地圖來做比對。」劉相君說，對歷史研究者來說，比起亞洲其他地區，雲嘉南沿海有項別人比不上的得天獨厚優勢，在於它曾經被擅長繪製地圖的荷蘭人給占領過，「中國傳統的地圖很不精確，只能呈現相對位置，但是多虧了荷蘭人留下的各種地圖和航海圖，我們不但可以得知當時海岸線的具體輪廓，連航道的水深都能一清二楚。」

進入二十世紀後，形塑雲嘉南濱海風貌的力量，除了大自然之外，又多了人類的意志。尤其在過去半個多世紀，人們一度深深相信河海工程能夠克服自然，不斷嘗試以人為方式填海造陸，位於濁水溪出海口旁，規模在世界名列前茅的六輕石化產業園區，便是以抽砂填海方式打造而成。

從濁水溪口往南走，來到雲嘉南濱海地帶，如今以生態濕地聞名的四股和七股，當初也是與海爭地

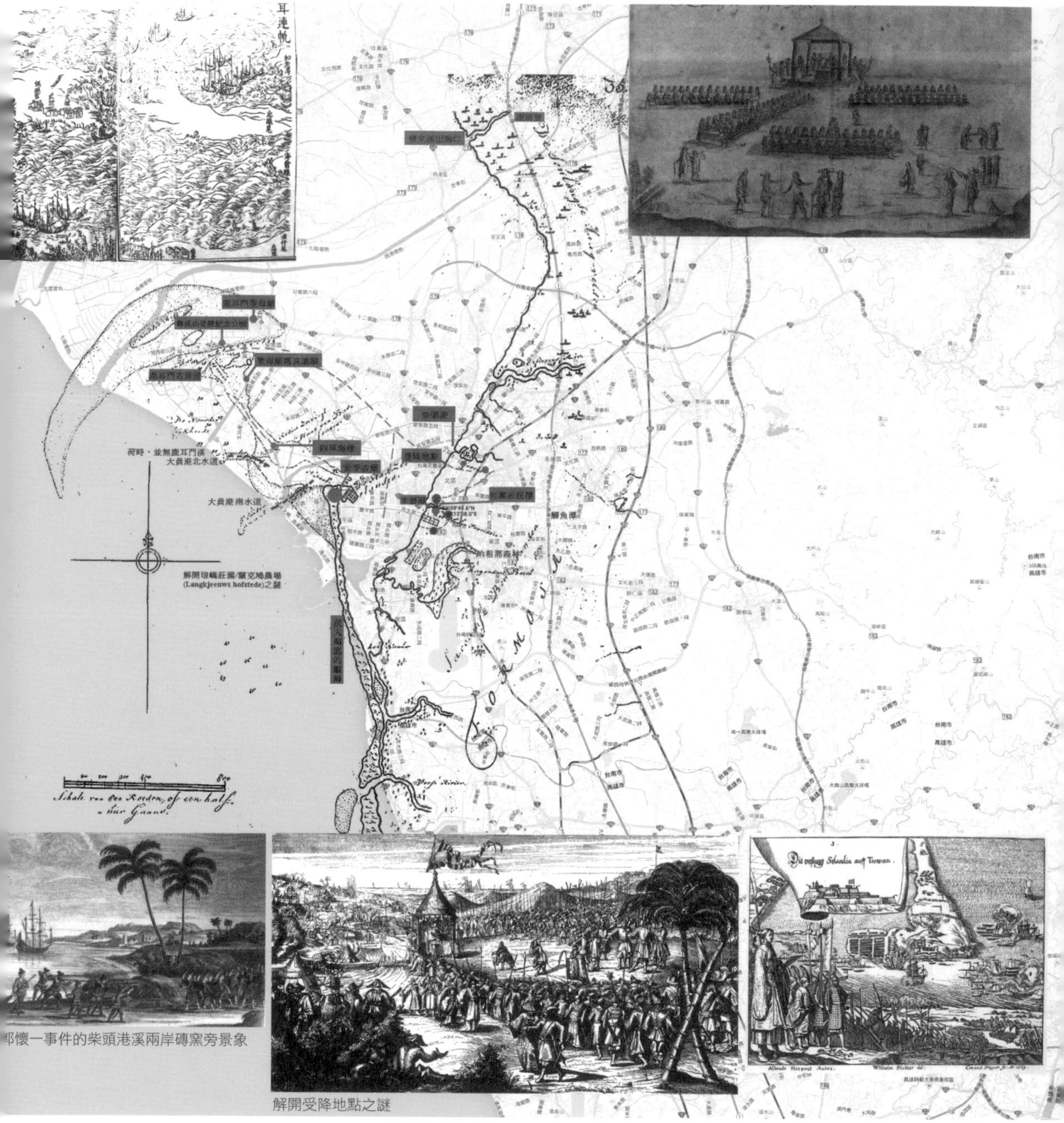

圖 7-9 數位影像處理與疊合技術應用於鄭荷臺江大戰地點定位，與歷史文化觀光休閒探討 — 未解之謎大揭密。圖片提供：劉相君

的代表性案例。一九六〇到八〇年代，臺灣政府分別在這兩處海濱興築海堤，將水域圍出可以興辦產業的海埔新生地，於是乎，四股海濱從汪洋成了一片甘蔗田，七股海濱則變成鹽田以及養殖魚塭。

但是此後數十年間雲嘉南沿海的快速變化，超出了前人預期，恰好成了映照臺灣社會快速變遷的一面鏡子。

先是島上工業蓬勃發展，擁有價格便宜、人口稀少、海運便利等有利因素的濱海土地，吸引了重工業廠商意欲進駐，加上適逢蔗糖、鹽巴等農產加工品，因為生產成本考量，逐漸仰賴進口，大勢所趨下，不管是官方或是商界，數度出現將雲嘉南的海埔新生地，改建為大煉鋼廠、石化園區或是國際機場的大型開發計畫。

約莫同一時間，環保和生態意識也在臺灣快速擡頭，雲嘉南濱海又觀察到國際輿論關愛的明星候鳥黑面琵鷺，前述的開發計畫便一再被擋下，數度胎死腹中，但也數度捲土重來。人們一時間無法接受將海埔新生地拋荒還諸自然，開發與保育的爭議不斷重現，最後卻是大自然暫時做出仲裁，或者說，是人類自己促成了大自然的這場仲裁。

由於溫室氣體排放過多，使得地球「被暖化」，更多融冰流入大海，原本持平的海水面，又出現了上漲趨勢，連帶也使得過去的「海埔新生地」，逐漸受到威脅，儼然又是一副海進時期重現的樣貌。在可見的未來，與其爭議濱海地帶應該保育還是開發，倒不如先去擔憂，原本的海岸線是否足以抵擋住海平面上升的威脅。

就像歷史不斷重演的那樣，有時候一場暴風雨，就會摧毀一座沙丘；新堆積出的沙洲，又可能改變海水在沿岸流動的方向和力道，間接影響其他地方的泥沙堆積，如今冉加上海平面高度的變化，此消彼

圖7-10 沙的輪迴，也寫出了人的故事。

長下，風頭水尾之處將來的模樣，還沒有多少人能有十足把握。

在人類有限的生命裡，西海岸數百年來的劇烈變化，已是永遠道不盡的滄海桑田，但若拿到地質史的尺度下，不過就是過眼雲煙罷了。如果我們改以上千萬年的眼界審視，可能會突然看見，有那麼一粒沙子，從某個高處風化之後，被河水帶入海裡堆積成岩，接著因板塊擠壓浮出水面，露出地表後又再次風化，於是恍然大悟，原來一粒沙子也能寫出自己的輪迴故事。

沙洲上的遺骨之謎

一九七〇年代，位於臺南四草的大眾廟，在舉辦法事期間出土了數十具骨骸，骨骸上頭還發現了刀劍砍傷的痕跡。由於部分出土腿骨特別地長，地方居民疑心是數百年前的荷蘭人遺骨，經媒體報導渲染後，相關說法不脛而走，不只讓市政府特別樹立了荷蘭人骨骸塚，日後還吸引了荷蘭前總理和前駐臺代表前來祭拜。

從文獻和地理位置上看，這樣的推論似乎有其根據：因為當年國姓爺率兵攻臺時，與荷蘭人廝殺最激烈的一場戰役，就發生在當年碉堡被風暴吹垮的北線尾沙洲之上。剛好這處古戰場所在的濱外沙洲，就位於四草大眾廟一帶——儘管如今造訪四草，已經很難想像腳下土地曾是漲潮時海水會淹上腳踝的沙洲。

空間上出現如此變化，主因出在一八二三年的一場暴雨成災，讓輸沙量龐大的曾文溪一度改道，挾帶大量泥沙沖入原本的潟湖臺江內海，導致鄭成功年代還可以停泊船隻的潟湖區，大比例陸化形成海埔新生地，原先的濱外沙洲，從此便和陸地連成一片，逐漸成為五梨跤、水筆仔、欖李、海茄苳等植物繁衍的紅樹林區。只是當年誰能逆料得到，充滿肅殺氣息的海灘古戰場，有朝一日竟會以「綠色隧道」為名，成為遊人如織的觀光勝地。

話說回來，荷蘭人骨骸的實際真相，光靠前述線索仍然無法驟下結論。首先，四肢長度受後天環境的影響很大，根據今天大眾對荷蘭人高頭大馬的印象，推斷

圖7-11 四草濕地以「綠色隧道」聞名，遊人如織，當年卻曾是鄭氏與荷蘭人交戰之地。

數百年前的荷蘭人同樣高大，其實並不可靠。更何況依據十七世紀荷蘭人自己的記載，臺灣當時的原住民西拉雅族人，平均身高甚至高過他們一個頭，無法排除腿骨是西拉雅族人留下的可能性。

二〇〇二年時，國立自然科學博物館的團隊，曾經趁著廟方清理疑似荷蘭人骨骸的機會，徵得同意測量不易受後天環境影響的頭骨，初步判定並沒有歐洲人在其中，但也不排除未來經過更精確的遺傳學鑑定和遺骸採樣後，有機會發現其他新證據。

乘著潮浪而來的王爺信仰

居住在雲嘉南海濱的人們，生活中充滿了不確定性，尤其在上百年前，在沒有天氣預報的情況下，即便可以從浪況、風向、雲勢等徵兆，來推測天候可能的變化，不可測的運氣之影響，仍舊如影隨形、揮之不去，對於要與海洋搏鬥的漁民、養殖業者來說，「看天吃飯」更是家常便飯。

在令人敬畏的自然力量影響下，為了尋找心靈寄託，傳統信仰在此有了生根茁壯契機，成了雲嘉南濱海地質公園最重要的文化特色，其中最具代表性者，便是「王爺信仰」。雲嘉南一帶王爺祭儀的繁複、完整程度，在宗教學者洪瑩發眼中，是世界其他地方王爺信仰所無法相比。

二〇〇〇年前後，洪瑩發在朋友的帶領下，參與了高雄市茄萣區的燒王船活動，被儀式排場和民眾的虔誠給震撼到，從此一頭栽入王爺信仰的研究。他走遍了臺灣本島和離島，也踏上中國大陸和東南亞等地，從王爺信仰的源頭，到王爺信仰的支流，全都細細考究過。經過完整比較後，洪瑩發這才發現，臺灣竟然已經成為碩果僅存的活化石，是唯一一處從體系到科儀都「知道怎麼做，也知道自己這麼做的意義何在」的地方。

「王爺信仰的源頭，有九成九可以追溯到福建閩南地區，隨著閩南人的移民落腳世界各地。」洪瑩發分析道，「但是，中國大陸後來經歷了文革，東南亞也幾經戰爭、動亂破壞，只剩下相對沒有那麼多破壞的臺灣，還能看到王爺信仰的傳統全貌。」在洪瑩發看來，位於臺南境內，屬於昔日倒風內海區域的蘇厝長興宮、佳里金唐殿、西港慶安宮，都是保存王爺信仰原汁原味的極佳範例。

雲嘉南濱海，是王爺信仰最早落腳臺灣本島之處，當地不少宮廟由來，都可以上溯到從福建泉州沿海放流，一路飄過臺灣海峽而來的「王船」。這些特別耗資打造的木製王船，上頭載有王爺神像，擱淺在雲嘉南的沙灘之後，被有緣之人撿拾後，便會特地立廟供奉。位於昔日潟湖淤積地上的臺南土城正統鹿耳門聖母廟，至今仍保留了一座漂流至當地已有百年以上的王船。

王船漂流，是王爺信仰的重要特色，當臺灣民間接納了飄洋過海而來的王爺，也跟著發展出以「代天巡狩」（代替天子出巡訪查）為名，內容豐富的迎王、送王儀式。最初，民眾們常會籌措鉅資，以真材實料的原木打造王船，效法當年王爺循水路至此的傳統，送往迎來天上神祇。後來由於財力負擔過重，只剩少數宮廟持續打造木船送王，其餘宮廟則是各出奇招：有些化繁為簡，擇定良辰吉時後，以虛擬方式想像王爺在儀式中從天而降、歸返仙界；有

圖7-12 南鯤鯓代天府廟會盛況。踩高蹺、民俗藝陣及十八般武藝演出。
圖片提供：雲嘉南風景區管理處，《海天神蹤—雲嘉南濱海寺廟之旅人文解說手冊》（臺南，2006年），李國殿攝影。

些則退而求其次，將木船改為紙船，再用彩紙紮出水手、兵將、生活物資，焚之燒之，恭送王爺於裊裊煙火中離開。由於相關儀禮活動豐富，加上紙紮王船造型精美，不少地方宮廟的「燒工船」活動，已經成了當代人文攝影界一大盛事。

洪瑩發在長年的田野調查中觀察到，與海洋關係密切的王爺信仰，也有依循自然道理之處。比方說恭迎王爺、送走王爺的時間，各地都會將潮汐的影響考慮進去。

一般而言，海洋潮汐是由東向西傳遞，當受月球引力牽動的潮水，由太平洋側沿著臺灣島首尾兩端，逐漸湧入臺灣海峽時，臺灣西海岸各地的海平面高度，也會依序開始升高——南北潮汐最終交匯的臺中外海，通常是最晚達到滿潮之處。「迎王的時辰，就像當初王船登陸沙灘一樣，大家基本上都會挑在海平面漲到最高點的滿潮時刻，但因為各地滿潮時間點，會有數分鐘到數小時不等的落差，導致有些地方是早上迎王，有些地方卻會遲到中午才迎王。」洪瑩發進一步解釋，「送王就更有意思了，雖然一般而言，人們也會挑在滿潮時送王，有些地方卻會刻意挑在退潮時刻，借助潮水離開臺灣海峽的力量，將王船送入海中。即使今天許多宮廟，已經沒有再送『實體』王船出海，但是送王儀式的時辰，卻還是謹守著傳統做法。」

有別於具備女性慈愛形象、受到歷代官方推崇、更具跨區域影響力的媽祖，同屬於海神系統的王爺信仰，在大眾媒體上的曝光機會，似乎沒有那麼頻繁，但是對兩者都有研究的洪瑩發認為，王爺信仰的民間影響力其實不輸媽祖，尤其雲嘉南濱海一帶，密密麻麻的王爺廟，占了在地宮廟數量八成以上，只是信仰王爺的民眾，多半以各自村莊內的宮廟為活動中心，缺乏像是媽祖遶境般跨鄉鎮、跨縣市共同參與的大型活動，受矚目程度自然沒那麼高。

「走遍世界各地，我發現許多地方的民間信仰儀式，已經成了表演活動，少了民眾親身參與。只有回到雲嘉南濱海，才會看見大學生花好幾個月排練，每晚騎上個把小時摩托車來回，一心想把陣頭表演給練好。碰上迎送王爺期間，宮廟裡二十四小時都有人輪值，老人家、上班族、中學生，不分年紀一塊分工輪班，這一切就是大家為了文化傳承所付出的努力。」洪瑩發的身影，年復一年在王爺及媽祖慶典中不停穿梭；宗教活動之於他，已經不只是單純的研究對象，而是和老朋友們聚首的大好機會。

「我在田野調查的過程中，看見努力，看見故事，看見大家一塊奉獻的存在感。」洪瑩發開玩笑道：「我寫的死板板論文不一定有人讀，夥伴卻是值得珍惜的活生生存在。」

7-6 消失的鹽田與消失的候鳥

有數百年的時間，臺灣在雲嘉南及高雄地區的產業活動，意外創造了一種和鳥類的特殊互動模式。當來自高緯度地區的候鳥，會在秋、冬時節一路沿著東亞海岸南下，尋找較溫暖的地方度過寒冬。當牠們精疲力竭地飛越大海，經過臺灣西海岸時，會發現這裡除了有濕地可以提供食物外，還有鹽田和魚塭可以當作餐桌，讓牠們好好飽餐一頓。

雲嘉南及高雄以淺水方式養殖虱目魚的魚塭，過去習慣在冬天「熬坪」培養藍綠藻，在魚塭排水、曬乾的過程中，附近逗留的候鳥，便會飛過來捕食魚塭裡殘餘的雜魚、底棲生物，慢慢補足體力。無獨有偶，這一帶的鹽田也習慣挑風大、雨少的冬季曬鹽，進了海水的鹽田，也是一處讓候鳥覓食的絕佳環境。

長期觀察沿海濕地的生態學者翁義聰說：「鹽田引入海水後，會在不同的池子中沉澱、蒸發、結晶，不同池子的鹽分濃度不同，可以為鹽田創造出階梯般的物種多樣性。」翁義聰還注意到，曬鹽時的鹽田水位低淺，剛好讓一些腿短的鷸科鴴科鳥類，也能踩在池裡覓食，不分體型都能雨露均霑。

所以當淺水養殖的魚塭逐漸變少，海邊的日曬鹽田陸續被澳洲曬鹽廠和岩鹽取代後，翁義聰對冬季候鳥的命運便憂心忡忡。「鹽田不只在臺灣消失，在中國大陸沿海也被大量開發成工業區所取代，當候鳥群在遷徙過程中的棲地和食物不斷減少時，種類和數量都會跟著下降。」翁義聰說。

在這個過程中，黑面琵鷺是少數的幸運兒，當牠數量瀕危的狀況被香港鳥類觀察者注意到後，亞洲很快掀起了一陣保育熱潮，

圖7-13 草澤群鳥飛舞

圖片提供：雲嘉南風景區管理處，《鷗鷺望Ⅲ》（臺南，2006年），頁78，陳建樺攝。

圖7-14 鰲鼓濕地是黑面琵鷺等候鳥的安居樂園

圖7-15 圖片提供：雲嘉南風景區管理處《鷗鷺望畿》(臺南，2006年)，頁140，陳建樺攝。

從北韓、南韓、中國大陸東北等繁殖地，到臺灣這樣的度冬棲息地，都有了具體的保育措施。翁義聰也是當年倡議將雲嘉南及高雄一帶的四草、曾文溪口劃為黑面琵鷺保護區的參與者，在這些年目睹了黑面琵鷺數量的逐漸回升。

「可是並非所有候鳥都能像黑面琵鷺一樣自己救了自己。」翁義聰舉例，像是臺灣也看得到的大勺鷸，媒體矚目度不足，不管是北方繁殖區或南方的過境區都沒有得到適當保護，在沿海濕地普遍因海水面上升或人工化而消失的此刻，等於是雙重打擊。「不是說臺灣單方面保育，這些候鳥就一定不會瀕危，但如果我們也不採取保育措施，牠們就會消失得更快。」翁義聰解釋道。

童年在臺南鄉村度過的翁義聰，起初只是名熱愛收藏貝殼的數學老師，一九八五年為了採集貝殼來到安平海邊時，卻被沙灘上遍布的針筒給嚇到了。「那次經驗算是我的生涯轉折，迫使我思考起兒時生態豐富的環境，為什麼會變成現在這副德行。」後來當翁義聰跟著鳥會的朋友開始賞鳥，參與調查族群數量後，好奇的重點便逐漸從鳥類本身，轉移到沙灘和濕地，轉變過程中，翁義聰意識到，原來維護濕地環境就等於是保護了鳥類生態，因為這裡到處都是維繫它們生存所需的食物。

眼看沿海濕地的消失幾乎成了不可逆的定局，翁義聰和其他生態同好，正努力推動將雲嘉南及高雄濱海的荒廢鹽田，連同既有的保育區，共同打造成生態廊道，讓候鳥在過境臺灣時，可以擁有更多採集食物的空間。對雲嘉南地質公園來說，自然和人為的影響固然已經創造了威脅，但還遠遠不到要放棄它的時候。

同樣關心濱海環境的臺灣師大地理學者林宗儀，相信既然人力無法抗衡環境變化，不如換種思維看待這片沿海風沙之地：既然海平面正在不斷上漲，那就不要繼續在濱海地帶興建大飯店、從事重度開發；既然我們不可能阻止天災發生，那就改採低度利用的方式經營土地，不管是營造出良好棲地供人賞鳥，或是活用地景變化，改造為遊憩、教學兩相宜的環境教室，都是順勢而為的可行做法。

倘若方式得宜，人類活動未必和野生動物生態起衝突，就像翁義聰的記憶裡，從前水稻與甘蔗輪作的田地裡，不同鳥類都能各蒙其利。種稻時，小辮鴴會來到田間覓食，換成種甘蔗時，環頸雉便有了躲藏、棲息的隱密空間；水稻田裡排出的營養鹽，流到濱海地區後，也能為河口和濕地的生物帶來充足的食物。爭執不休的開發和保育，絕對不是只能二擇一的艱難問題。

7-7 在移動的國土上反思，謙卑面對自然

「人定勝天」的現代化信念，在雲嘉南濱海一帶，常常不敵「人算不如天算」的自然力量。除了前述提及的鰲鼓濕地及七股濕地外，另外一個知名的典型案例，便是隸屬於雲林縣管轄，如今卻移動到嘉義縣外海的外傘頂洲。這塊一度廣袤無邊的沙洲，短短數百年內從無到有，又即將從有到無；一切不希望它改變的工程，都以失敗告終，沒有考慮過它的工程，卻又在不經意間，輔助寫下它消失的命運。

「受到東北季風和沿岸流的影響，外傘頂洲每年向西南漂移六十到七十公尺，目前面積大約是一百公頃左右。」從嘉義縣東石漁港出發的觀光船上，導

圖7-16 外傘頂洲每年向西南漂移六十到七十公尺，是移動的國土。

遊背誦著外傘頂洲的基本資料，但是關於這塊沙洲的長寬、面積之類描述，如今已不再具備多少參考價值，畢竟這些數字變動太過劇烈，統計單位只得一再重新修正。

二十世紀初年，外傘頂洲開始被測繪員劃入地圖之中，當時這塊由濁水溪挾帶入海的沙子所組成的沙洲，面積持續擴張，日本人注意到後，開始在上頭架設燈塔，希望能夠維護航道的通行安全。在外傘頂洲發育的全盛時期，上頭曾經有兩、三百戶人家，居住在形似東南亞高腳屋的簡易房舍「竹蒿寮」中，以捕魚、養蚵，以及耙拾數量驚人的野生文蛤維生。

曾經住過當地的居民回憶，早年外傘頂洲北端，分布了許多兩公尺以上的沙丘，正是這些沙丘，幫忙擋下了強烈的東北季風，讓討海的人們有辦法在外傘頂洲上安身立命。當時沙丘的高度，比起滿潮時的海平面還要高，不但具有貯存淡水的功能，甚至還有居民會在沙丘上種西瓜、番薯和金瓜。飲食曾經無虞，藥鋪、雜貨店也一應俱全的外傘頂洲，除了颱風季節外，儼然是處熱熱鬧鬧的海上小鎮。

不過現在外傘頂洲上頭，已經不再有常住居民，曾經的沙丘幾乎消失殆盡，只剩一片平坦淤沙，每逢農曆初三、十八前後的滿潮時分，更會完全沒入海水，消失在人們視線之中。至於當初為了警示過往船隻而建的燈塔，更因為立基在不穩固的沙地上，一再倒塌，最後寫下世界燈塔重建次數最多的歷史紀錄。

造成外傘頂洲逐漸消失的主因，跟氣候變遷以及沙源補充不及有關。當全球暖化造成海水面上升時，海浪對沙洲的影響力變得更大，有時會將沙粒捲入海中，有時則會整個翻越沙洲，將沙粒帶向陸地那一側，這時候，如果沒有更多新沙補充，舊沙若非不斷流失，就會不斷往內陸方向淤積。

圖7-17 7-18 從東石漁港往外傘頂洲的海上，是一望無際的竹筏，宛若戰艦，下頭掛著滿滿的牡蠣殼。

改變，是外傘頂洲一直以來的寫照，就連它在發育、擴大時，也還是受到潮浪、狂風乃至於暴風雨影響，使得外貌和方位千變萬化。早年外傘頂洲的「青春期」面積帳冊上，收入一直大於支出，也就是說，濁水溪等河川補充而來的新沙，多過被海水、風力帶到別處的舊沙數量，讓外傘頂洲的面積可以不斷增大。只不過，當人類開始於河川興建攔沙設施、於海岸施加漁港、六輕等土木工程後，天然輸沙遭到干擾，帳冊收支逐漸逆轉，反而變成支出大於收入，導致沙洲不斷縮小、內移的命運。

從東石漁港到外傘頂洲的海域，長年來因為有沙洲保護，成了一塊相對平靜的潟湖。潟湖水面上，是一望無際的竹筏，雄赳赳氣昂昂地宛若戰艦，下頭卻掛著滿滿的牡蠣殼。附著在殼上的蚵苗，全天候浸泡在海水裡頭享用大餐，也讓東石一帶成了全臺灣最重要的牡蠣供應地，這也暗示著，倘若外傘頂洲繼續內移、縮小，這一大片的海上牧場，勢必會首當其衝。

已經和當地環境融合無間的牡蠣，不但足以抵消部分海水衝擊陸地的力道，蚵殼甚至還成了許多螃蟹遊走、棲息的良好空間，豐富了潟湖區的生物多樣性。倘若只看沙洲變化，人們難免對當地牡蠣養殖業悲觀以對，但是換個角度思考，牡蠣養殖不只一種方式，海濱也有許多直接插在灘地上的蚵架，雖然無法讓牡蠣全天候泡水，以致生長速度較慢，但相對而言，也不需要冒險外移到內海與天爭食。

其實，將牡蠣全天候泡水的養殖方式，要等到塑化產業發達後才大量出現，是一門高風險高報酬的生意。為了讓吊掛沈重蚵殼的竹筏浮在水面，漁民必須使用許多保麗龍或塑膠浮具，遇到暴風雨侵襲時，竹筏滅頂血本無歸且不提，碎裂保麗龍製造出的垃圾，對環境難免也會有負面影響。得失權衡之下，養殖產業該如何調整，還有許多未定之數。

長年觀察臺灣海岸線變化的林宗儀，相信沙洲的生滅，本來就是自然力量的一環，毋須為此太過傷感。在全球海平面不斷上漲的大背景下，即便沒有人為工程對輸沙的干擾，想要讓海岸線維持原本面貌，也比從前要困難許多，過去人們從老天爺那要來的海埔新生地，或許已經到了要慢慢還回去的時候。

林宗儀還記得，早年為了防風定沙，官民曾經合力在沿海的沙洲、海灘，例如頂頭額沙洲上，種了大批木麻黃之類的防風林，結果數十年下來，海岸線不但沒有就此固定，還被侵蝕得更劇烈，原來的防風林也是倒的倒，枯的枯，全然沒有發揮預期效果。

「過去我們為了不讓環境改變，投入了太多工程經費，但其實少些工程，接受自然力量的改變，不見得不好。」林宗儀說，「現在，該是我們重新謙卑，以自然為師的時候了。」

上圖 7-19 青山港汕是七股潟湖的北側屏障，位於將軍溪口南岸，受到季風風向影響，外型與面積產生動態季節性的變化。沙洲因為不穩定，沒有道路不能行車，但可以從青鯤鯓漁港的堤防徒步進入。青山港汕與網子寮汕之間的潮口位置，因海浪及潮流的影響常常發生變動。

下圖 7-20 網子寮汕是七股潟湖三大沙洲中段部分，與北側的青山港汕、南側的頂頭額汕隔著七股潟湖的南北潮口，沒有與陸地直接相連。網子寮汕可說是七股潟湖天然防波堤，阻擋著來自臺灣海峽的風浪，讓七股潟湖無風無浪。

注釋

1 參考劉東明，《烏腳病患區井水中螢光物質之研究》，國立臺灣大學生化科學研究所碩士論文，一九八六年。http://ndltd.ncl.edu.tw/cgi-bin/gs32/gsweb.cgi/login?o=dnclcdr&s=id=%22074NTU02103019%22.&searchmode=basic

丁效文，《烏腳病地區地下井水中腐植質及有機物之分析》，國立中山大學化學系碩士論文，一九九五年。http://ndltd.ncl.edu.tw/cgi-bin/gs32/gsweb.cgi/login?o=dnclcdr&s=id=%22083NSYSU065011%22.&searchmode=basic

2 參考出處 http://www2.sysh.tc.edu.tw/wwwk/teach/device/p5media_fabricative_competition/p5_95/95_society/society_95/7.htm

3 郭鴻裕等四人著，〈雲嘉南土壤及其特性〉，臺南區農業改良場技術專刊第一三二期（二〇〇五年十月），頁三至二三。

雲嘉南濱海地質公園

請參考

交通部觀光局雲嘉南濱海國家風景區管理處

https://swcoast-nsa.travel

台江國家公園管理處

http://www.tjnp.gov.tw

離島

第二部

CHAPTER 8

澎湖海洋地質公園

臺灣海峽的火山奏鳴曲

隔著澎湖水道與臺灣相鄰，這些不同姿態的玄武岩之島，封存著臺灣海峽一段激烈的火山奏鳴曲，也是一部水火交鋒的動作片。

觀看石頭，彷彿聽到從那亙古之處傳來的悠長回聲，是那些地火水風正在低語，要悄悄從地函變出一串島嶼，讓它們長出孤高的龍舌蘭、瓊麻與帶刺的仙人掌，讓它們南海北海魚群滿聚，準備好億萬年後與你我相遇。

撰文／莊瑞琳．王梵　攝影／許震唐

8-1 從地函跑出來的島群

彭湖，島分三十有六，巨細相間，坡隴相望。乃有七澳居其間，各得其名。……有草、無木，土瘠不宜禾稻。

——元．汪大淵《島夷誌略》1349

現在是通往過去的一把鑰匙（The present is the key to the past）。

——現代地質學之父詹姆斯．赫頓（James Hutton）1785

當你望向澎湖跨海大橋下的吼門水道，你將看到一六八三年夏天鄭氏王朝將領劉國軒最後兵敗逃逸之處。當時猛烈的澎湖海戰，「浮屍滿海」，清鄭兩方船隻在八罩島（今望安）、虎井嶼、桶盤嶼與澎湖內海穿梭駁火，海戰不到一星期結束，成鄭氏王朝最後一役。近世以來，澎湖海戰共有四場，最後一次是一八九五年的甲午戰爭。每一回都跟臺灣命運相連。[1]

圖 8-1 澎湖玄武岩，呈現出的是火與水的交錯關係。從一個剖面或出露，就可看出水火交鋒留下的時間密碼。澎湖的故事，可說是火山作用加上沉積循環，這些都是以百萬年為單位的時間尺度。

澎湖群島圖幅

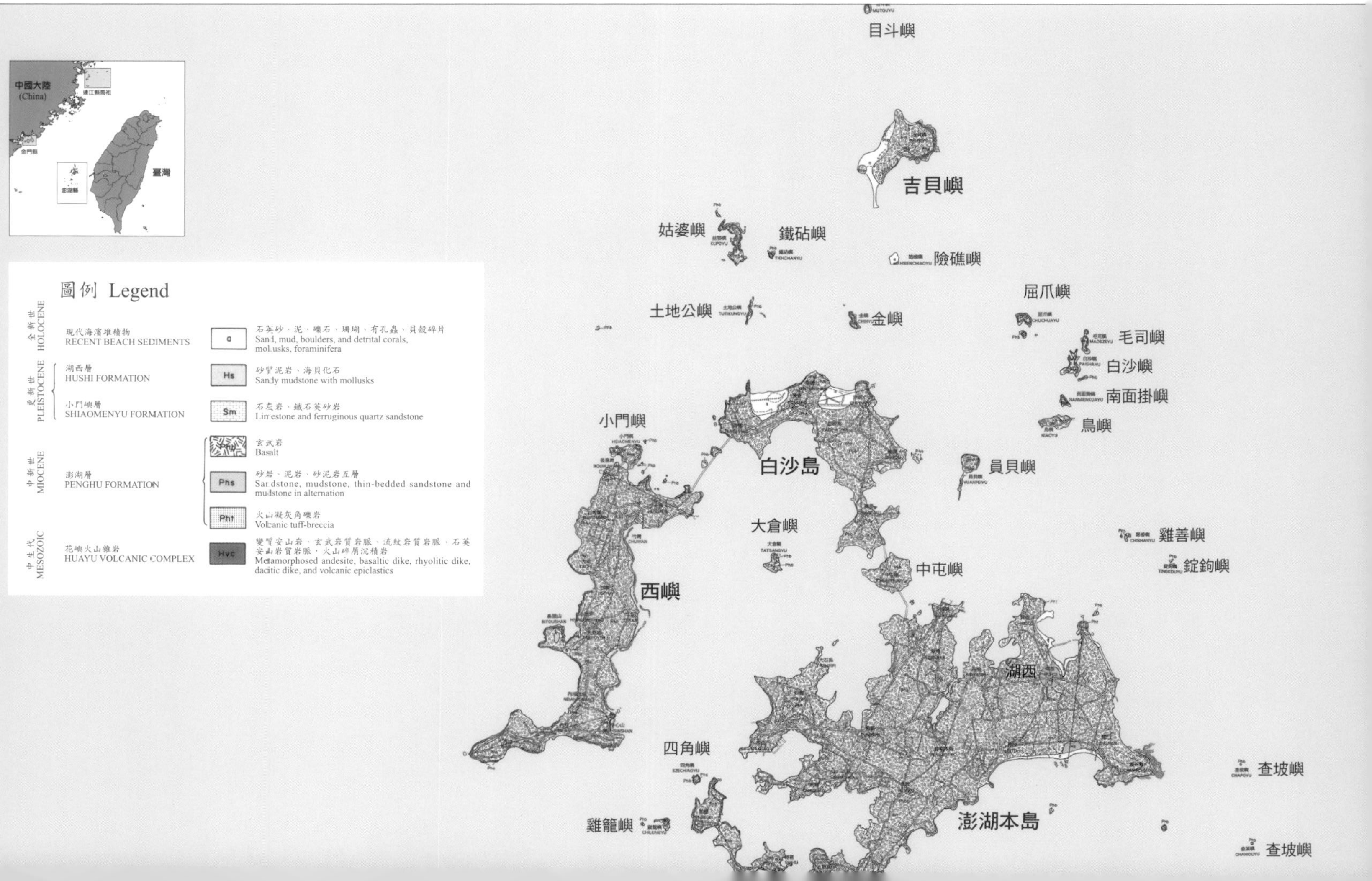
中國大陸
(China)
連江縣馬祖
金門縣
澎湖縣
臺灣
圖例 Legend
全新世 HOLOCENE
現代海濱堆積物
RECENT BEACH SEDIMENTS
a
石英砂、泥、礫石、珊瑚、有孔蟲、貝殼碎片
Sand, mud, boulders, and detrital corals, mollusks, foraminifera
更新世 PLEISTOCENE
湖西層
HUSHI FORMATION
Hs
砂質泥岩、海貝化石
Sandy mudstone with mollusks
小門嶼層
SHIAOMENYU FORMATION
Sm
石灰岩、鐵石英砂岩
Limestone and ferruginous quartz sandstone
中新世 MIOCENE
澎湖層
PENGHU FORMATION
玄武岩
Basalt
Phs
砂岩、泥岩、砂泥岩互層
Sandstone, mudstone, thin-bedded sandstone and mudstone in alternation
Pht
火山凝灰角礫岩
Volcanic tuff-breccia
中生代 MESOZOIC
花嶼火山雜岩
HUAYU VOLCANIC COMPLEX
Hvc
變質安山岩、玄武岩質岩脈、流紋岩質岩脈、石英安山岩質岩脈、火山碎屑沉積岩
Metamorphosed andesite, basaltic dike, rhyolitic dike, dacitic dike, and volcanic epiclastics
目斗嶼
吉貝嶼
姑婆嶼
鐵砧嶼
險礁嶼
屈爪嶼
土地公嶼
金嶼
毛司嶼
白沙嶼
南面掛嶼
鳥嶼
小門嶼
白沙島
員貝嶼
大倉嶼
雞善嶼
錠鉤嶼
中屯嶼
西嶼
湖西
四角嶼
查坡嶼
雞籠嶼
澎湖本島
查坡嶼

澎湖群島主要由大規模裂隙噴發的洪流式玄武岩覆蓋而形成的火山島嶼。中生代岩層只出露於花嶼，可能是中生代晚期位於古太平洋板塊隱沒至歐亞板塊之下所引發的島弧火山活動所生成。在白堊紀晚期，由於隱沒作用逐漸停止，南中國海域的大地應力由壓力型轉為拉張型態並產生張裂斷層，島弧火山活動也隨之停息。澎湖玄武岩為中新世火山活動產物，活動時間大約自1700萬年前開始，至800萬年前停止，而以1000至1400萬年前為最盛時期。大約1200萬年前菲律賓海板塊逐漸接近歐亞大陸邊緣，隨著板塊擠壓作用增強的影響，臺灣海峽的張裂活動停止，岩漿上升的管道也陸續關閉，澎湖火山活動便逐漸停止。

澎湖層由數次玄武岩熔岩流噴出以及各熔岩層間夾砂泥岩或凝灰質砂礫岩的沉積岩層所構成，各島嶼海岸均可明顯看到1~3層玄武岩出露。

圖8-2 圖片來源：經濟部中央地質調查所，《澎湖群島》。原圖比例尺為五萬分之一臺灣地質圖及說明書，圖幅第73、74、75、76號。

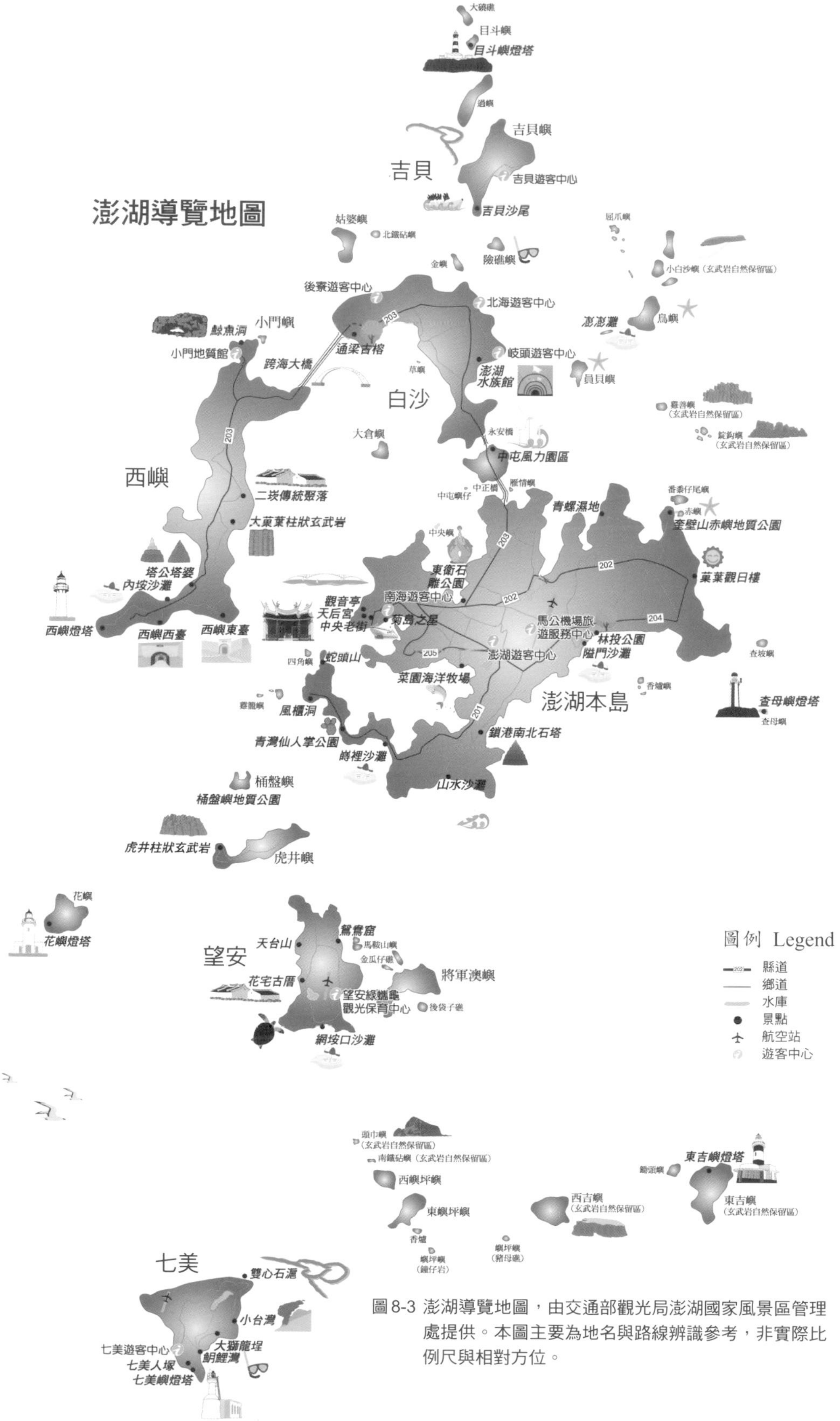

圖 8-3 澎湖導覽地圖，由交通部觀光局澎湖國家風景區管理處提供。本圖主要為地名與路線辨識參考，非實際比例尺與相對方位。

澎湖外文名Pescadores十五世紀即存在，為古葡萄牙文漁翁島之意。官方紀錄六十四座島嶼（澎湖縣政府另找學術單位統計為九十座）的澎湖，是被灑落在臺灣海峽的群島，也是臺灣海峽進入大航海時代的象徵之地。隔著澎湖水道與臺灣相鄰的澎湖，什麼都比臺灣早，在中國史書記載如此，在世界史是如此，群島的形成更是如此。因此瞭解澎湖，不僅是在追溯十七世紀大航海時代以來的變局，再往前推，將發現這些不同姿態的玄武岩之島，封存著臺灣海峽一段激烈的火山奏鳴曲，也是一部水火交鋒的動作片。

·南海張裂，玄武岩岩漿噴發

想像我們回到一千七百多萬年前的中新世，我們四周將只是一片海水，臺大地質系研究離島與中國華南地質的李寄嵎老師說，「一眼望去就是綿延數百公里的大陸棚！沒有所謂的臺灣海峽，因為沒有臺灣，就沒有所謂的臺灣海峽。」但也從這個時間點開始，現今澎湖群島所在的海域，發生了長達近千萬年的火山噴發。最早的一次在望安島天台山，最終落幕於南方四島的東嶼坪。[2]

跟人類的世界一樣，地質的事件並不是單獨存在，而是連環的過程。依目前可知的推論，澎湖的火山噴發（其實還包括臺灣西部）起於南中國海地殼擴張導致裂隙，裂隙像通道一樣，使深達三十四至六十五公里的玄武岩岩漿上升、噴發，覆蓋於當時的地形面上。[3] 南中國海三千二百萬年前躍上地質舞臺，也是北面中國東南沿海，古太平洋板塊向西擴張、隱沒入歐亞板塊的火山作用逐步止息之時。大地構造運動的神祕接力總是令人感到驚奇。澎湖的火山噴發成為南中國海活躍的最後階段，因為菲律賓海板塊正緩步朝西北推擠，下一個地質主角蓬萊造山運動即將登場，到八百萬年左右，因擠壓作用增強，所有岩漿通道都被封閉，火山熄滅。從此平靜無波。

人們甚至經常會忘記澎湖是火山，其實在壯觀的玄武岩旁，可能就是火山頸、熔岩池、火山口、岩脈等的火山遺跡，但因為澎湖火山噴發時，地表已經有裂隙，使壓力減少，不會造成猛烈噴發，加上岩漿二氧化矽少，黏度低屬於洪流式的熔岩流，不會堆出一般人印象中與火山畫上等號的火山錐。

澎湖的火山從很多層面來看，就是與臺灣北部的火山不同，岩漿怎麼出現的就不同。而岩漿怎麼來的，會影響岩漿的成分、過程，最後就決定了我們在地表看到的岩石種類、型態。北部大屯火山群是屬隱沒帶火山，表示有地殼跑到另一地殼之下，甚至隱沒到岩石圈深處（就是上部地函），被高溫熔化造成岩漿。但澎湖則是板塊內部自己發生張裂，上部壓力減少造成熔點降低，導致岩石就地開始熔化，所以我們常常會在地質論文中看到澎湖是屬板塊內部玄武岩，指的就是岩漿的形成原因不同。澎湖是屬裂谷型火山。

這些位居地函深度的玄武岩岩漿，溫度在一千度以上。李寄嵎形容，「岩漿上升的速度很快，三天就到地表了。每上升一公里，溫度就降三十度。」等到了地表成為熔岩流，熔岩會在八百度以下停止流動。[4]這些在各種環境中逐步冷卻的熔岩流，就形成了我們如今在澎湖諸島所見的像管風琴、神殿柱子、裙襬等或粗或細的玄武岩，其上有著各種節理，以六面體最多。為什麼是六面體？望安島出身的地質專家顏一勤說，因為自然界裡，六面體最平衡。

但為什麼玄武岩的顏色不同？有的黝黑，有的從淺灰到深灰。這是因為岩漿在上升的過程中，溫度不斷下降而逐步結晶分化，有一些元素開始「脫隊」。岩漿的性質一直在改變，鐵鎂礦物熔點高最

矽質玄武岩與鹼性玄武岩比較簡表

特徵	矽質玄武岩	鹼性玄武岩
岩石樣本	 有氣孔	 其中含有大量的墨綠色超基性擄獲岩。
分布	較廣	局部
顏色	多呈淺灰色	多呈黝黑至灰黑色
粒度	粗粒	細粒、緻密
氣孔	含有氣孔柱(vesicle pipe)	無氣孔柱
二氧化矽	相對較高，高於49%	相對較低，低於49%
包裹體	不含超基性擄獲岩 另有棕黃色粗粒的矽質玄武岩，又稱為「微輝長岩」，於地下較深部緩慢冷凝形成。	常含來自上部地函的超基性擄獲岩塊
與火山噴發處關係	傾向分布於推測的主要噴發區中央一帶	像項鍊一般，多分布於整個主要噴發區的邊緣區

表8-4 參考來源：經濟部中央地質調查所《地質》期刊，第25卷第1期。

快結晶離開岩漿，所以最先形成的就是橄欖石。岩漿的鐵鎂與二氧化矽的比例，影響它在地表是酸性還是鹼性，玄武岩一般就是非酸性，二氧化矽成分不會太高，在五二%到四五%之間，以四九%為界，以上是矽質玄武岩，以下是鹼性玄武岩。[5] 在肉眼看來，鹼性玄武岩顏色往往較深，較少矽質玄武岩的氣孔，還經常滿帶綠意，因為它一併把橄欖石帶到地表了，地質學把這種現象稱為擄獲岩。

　一般來說，鹼性玄武岩岩漿被認為來自較深的地函，矽質玄武岩岩漿則較淺，不過兩者不是各走各的路，也有研究指出，矽質玄武岩岩漿在衝地表的時候有混到鹼性玄武岩岩漿，但成因尚待更多證明。[6]不過還有一種玄武岩較特別，就是俗稱粗粒玄武岩的微輝長岩，它與玄武岩成分接近。微輝長岩的結晶大到肉眼可見，也是澎湖最老的玄武岩，最明顯的就是望安天台山。天台山的板狀節理與其他節理很不相同，有推論認為這是岩漿的通道，也有推論認為這是一種在地下形成的侵入岩。

在一千萬年之中，岩漿總共噴發了多少次無法推理，從目前的岩石僅知很多地方都有一到三次的噴發，甚至到四次，一千三百萬年至一千萬年前是火山活動最密集的時期。[7]從各島散落分布的火山口、火山頸、熔岩池、岩脈等火山遺跡，與可能靠近火山口的火山角礫岩，澎湖這些噴發遺跡不僅含括玄武岩質熔岩的各種類型[8]，更像是無數推

圖8-5 天台山是望安最高點，高約56.5公尺，整座山均由微輝長岩（粗粒玄武岩）組成。板狀節理發達，是最老的玄武岩。

理的線索，串連火山噴發之地，或許還能描繪出遠古海底張裂的斷裂線。「瞭解澎湖，就可能解開臺灣海峽的祕密。」顏一勤說。

．水的證據與澎湖層

顏一勤是澎湖五萬分之一圖幅的最新修訂者，他所說的海峽裡的祕密，指的是盆地張裂。在古地形，澎湖一直位在幾個盆地當中，地勢相對高，被稱為澎湖隆起。幾千萬年中，不論是海進期或是海退期，澎湖隆起有很長時間維持在淺海的環境。從現在可見的地層剖面來看，就可知道澎湖的火山確實是噴發在陸上與相當淺海的環境中。其實臺灣海峽為何可以不斷沉積，形成厚達幾千公尺的沉積物，卻一直處在淺海狀態，主要似乎是海峽的岩盤不斷往下沉降，至於原因仍成謎。[9]

圖8-6 岩脈為岩漿上升通道，岩脈的方向可推測火山噴發的路線，殘留的岩脈像是一道堅硬的石牆。圖為赤嶼奎壁山的岩脈。

圖 8-7 8-8 熔岩流出所形成的圓穹狀低平火山口。上為桶盤嶼蓮花座，下為西衛大石鼻熔岩穹丘。

就像一個人同時有著父系與母系的基因，澎湖的地質、地形，除了繼承火山作用的個性，還摻入來自海水的血脈。顏一勤說，「澎湖不是只看玄武岩，更要看與沉積岩的關係，火與水兩者的關係，才是澎湖。」這個水指的是海水，因為澎湖雨量少，也幾乎沒有發展出河流，主要的影響因素就是來自海。[10] 比如澎湖沒有火山錐，是平的，除了岩漿黏度低，也因為它不斷被海平面的升降影響，海水帶來了沉積物、生物，也像一把刀一樣，在侵蝕切割這些地形。澎湖地質的重要性，正是從一個剖面或出露就看出水火交鋒留下的時間密碼。澎湖的故事，可以說是火山作用加上沉積循環，這些都是以百萬年為單位的時間尺度。

比如澎湖最重要的岩石地層就叫澎湖層。它的基本定義是，數層玄武岩中間夾

澎湖層演育圖

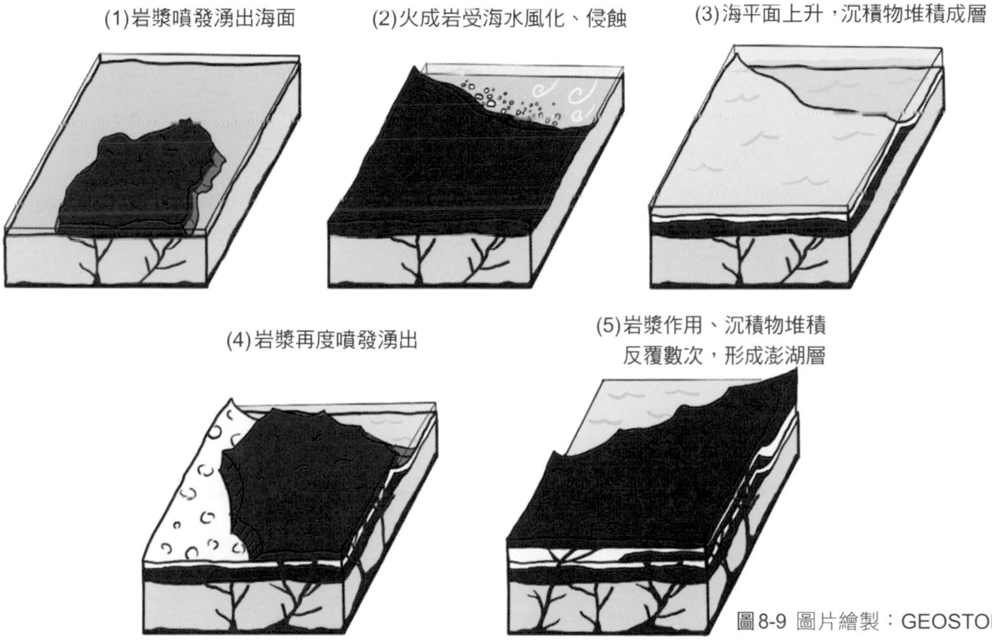

(1)岩漿噴發湧出海面
(2)火成岩受海水風化、侵蝕
(3)海平面上升，沉積物堆積成層
(4)岩漿再度噴發湧出
(5)岩漿作用、沉積物堆積
反覆數次，形成澎湖層

圖8-9 圖片繪製：GEOSTORY

著陸相或海相沉積岩，有些是夾著火山凝灰角礫岩。這些不同岩石互層訴說的就是時間。距離本島航程二十分鐘的桶盤嶼，有著澎湖層非常標準的地層層序，從上而下，是球狀風化玄武岩、柱狀節理玄武岩、紅土或黏土、淺水沉積具交錯層的砂頁岩、泥流層、風化玄武岩之碎屑、球狀風化玄武岩。這個地層層序完全解釋了何為火山作用加上沉積循環，也就是玄武岩熔岩流爆發後露出地表，上面會開始風化堆積，然後海平面上升，有了砂岩與泥岩，之後海平面再度下降，沉積岩頂部風化成土壤，然後就又再遭遇一次火山熔岩流的覆蓋。這兩層玄武岩的時間，可能相差三百萬年，而這中間海平面的升降造成的沉積循環，更是研究澎湖地史的重要例子。[11]

沉積岩與玄武岩的關係可以反應當時

圖 8-10 七美龍埕有著澎湖最具規模的火山角礫岩，亦可見延伸到海裡的岩脈。

桶盤嶼地層剖面圖

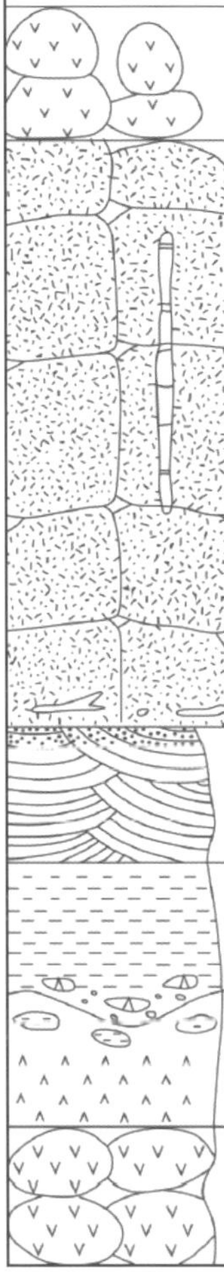

柱狀圖	說　明
	球狀風化玄武岩
	柱狀節理玄武岩
	古紅土或黏土 具交錯層之淺水沉積 砂頁岩
	泥流層
	風化玄武岩之碎屑
	球狀風化玄武岩

圖8-11 桶盤嶼具有易觀察的澎湖層剖面，從上而下，是球狀風化玄武岩、柱狀節理玄武岩、紅土或黏土具淺水沉積具交錯層的砂頁岩、泥流層、風化玄武岩之碎屑、球狀風化玄武岩。

改繪自陳培源，《澎湖群島之地質與地史》（澎湖縣政府文化局，2009年），頁31。

的沉積環境，是潮汐、水流、沼澤、淺海還是沖積平原。在本島跨海大橋附近的通梁，就可見玄武岩中夾著薄層的泥碳。碳層表示玄武岩上曾經覆蓋著土壤與植物，可能處在沼澤的環境，但後來又被熔岩流過碳化。有的連植物枝幹都仍清晰可見。在七美嶼，則有潮汐水道留下如同肌肉紋理一般的槽狀交錯層，這些美麗的沉積構造訴說著當時古水流的方向。

在澎湖的島嶼中，除已被列作國家公園的南方四島，規劃為自然保留區的雞善嶼等，以及列入野生動物保護區的貓嶼與望安島，唯二因地質遺跡重要性被列入地質敏感區的就是上述的桶盤嶼與七美嶼。桶盤嶼正是因標準的澎湖層露頭仿如澎湖縮影，高近二十五公尺的玄武岩柱狀群，以及西南方直徑達三十公尺的低平火山口蓮花座，使這座常住居民已不到二十人的小島，在澎湖所有地質景點中排名第一。至於七美嶼

圖8-12 七美沙泥互層沉積，層層黃色砂岩保留大型交錯層紋理，表示曾受強勁波浪作用。

圖8-13 通樑玄武岩中夾著薄層的泥碳。

的重要性，則是龍埕出現全澎湖最具規模的凝灰角礫岩，高達三十公尺，其餘地方頂多出露一至二公尺。[12]龍埕還可見延伸到海裡的岩脈與類似火山口的遺跡，七美嶼也處處可見沉積岩，七美燈塔附近甚至還有小門嶼層，也就是殼灰岩。七美嶼幾乎囊括澎湖所有岩性，連考古遺址都有。顏一勤說，「七美有單一島嶼的豐富性。」

圖 8-14 七美澎湖層：上層柱狀玄武岩熔岩，覆蓋在呈層的凝灰岩之上，接觸面有紅色土壤。

圖 8-15 七美放射狀玄武岩。當熔岩的接觸面不是水平時，柱狀節理會形成傾斜。

澎湖層的三種岩相包括玄武岩、沉積岩與火山角礫岩，已是澎湖群島岩層百分之七十的主體。顏一勤說，從它們的組成、分布就可整體理解澎湖群島的基本岩性座標，是以白沙島為過渡，東邊沉積岩少，如望安島、將軍嶼甚至沒有沉積岩，西邊火山碎屑岩少，如西嶼（舊名漁翁島）是以沉積岩為主。

海水的力量也在澎湖許多島嶼形成海蝕地形如海蝕洞、海蝕拱門、海蝕柱、海蝕平臺等，這也是最容易成為景觀的地方。小門嶼的鯨魚洞就是海蝕拱門，北寮奎壁山與赤嶼之間的S型礫灘，是被稱為摩

圖 8-16 小門嶼地質公園內的小門嶼層，是由近代隆起的海濱沉積物所組成，上層為殼灰岩，下層則是鐵質石英砂岩或疏鬆的沙泥岩互層。殼灰岩層由石英砂和鈣質的有孔蟲殼膠結而成，岩層因風化劇烈，呈多孔蜂巢狀，常被誤認為珊瑚礁石灰岩。

圖 8-17 小門嶼的海蝕拱門。小門嶼的鯨魚洞頗具盛名，此處原為一玄武岩海崖，當其底部與沉積岩之接觸面接近海水面時，波蝕作用會掏空較軟弱的沉積岩，形成海蝕洞，進而貫穿成一海蝕拱門。

圖 8-18 奎壁山與赤嶼間的海蝕平臺，是玄武岩礫灘。

西分海的熱門景點，每年旺季遊客幾乎站滿了礫灘。赤嶼也可見玄武岩的蕈狀石與壺穴。鯨魚洞底部則有熔岩流覆蓋沉積岩留下的像火燄形狀一樣的烤焦痕跡，其餘沉積岩則已被掏空。海水的力量甚至也會反過來包住玄武岩，在北邊的吉貝嶼出現高達三公尺的大片灘岩，旁邊堆落俗稱「砱仔」的珊瑚碎屑。灘岩正是一種生物碎屑礁，顏一勤說，「這些生物碎屑殼體容易受地下水侵蝕，淋溶出裡面的鈣質，再重新膠結，就是早期成岩作用。」不少灘岩裡頭都有包住玄武岩卵石。吉貝的灘岩是較為晚近的現象，可說水火之爭至今仍未方休。

・由下而上的視野

每天夏天成觀光熱門去處的澎湖，或許對大多數遊客來說，七美的雙心石滬更容易被記得，而不是龍埕岩脈，或者也不太清楚那個躺在海上的小臺灣，就是火山凝灰角礫岩，而桶盤、虎井，似乎也不如以往來得有活力，桶盤曾經想發展藝術村，但如今僅見已成破爛的房子還殘存一些十多年前的創作品。

但對透過地質重新瞭解家鄉的顏一勤而言，澎湖的石頭有說不盡的故事。他說，石頭或許沒有生命，但這些石頭生在你家鄉，「會想知道它們跟祖先有什麼關係。先民在遷徙的過程當中，他們使用了什麼樣的資源」，而且石頭會決定土壤，跟著決定作物，比如火山土壤特別多鐵，所以適合種植咖啡。這些一般人不容易去感受，但若讓人可以開始和石頭的對話，將從上而下的景觀眼光，改成由下而上的地質視野，這些風景將重新產生不同的意義。所以他說，最難的往往是說故事。

但水與火的戰役之後又將如何？接下澎湖圖幅修訂的任務後，顏一勤重新踏遍所能去的每一座島。

他說，澎湖的地質研究還有許多未完成，比如地層的準確分層、定年、海水位面的升降，以及最年輕的湖西層的角色是什麼。他問，這一萬年來澎湖一直被認為很穩定，沒有受到蓬萊造山運動的影響，但難道完全沒有擡升？擡升速率小跟零是兩回事。此外，追蹤海水位面升降建立曲線圖，也有助於海嘯的研究，澎湖離臺灣最近，根本毋須再引用菲律賓甚至遠至美國西雅圖的資料，因為這些地方的地球引力不同。

至於學地質對他最大的影響是什麼，他說，在地質的尺度中，覺得人很渺小。這個回答也使人不禁再度想起那四場澎湖海戰，如何改變許多人的命運。但在人類尚未出現的時刻，在還沒有所謂的「歷史」時，觀看這些石頭，彷彿聽到從那亙古之處傳來的悠長回聲，是那些地火水風正在低語，要悄悄從地函變出一串島嶼，讓它們長出孤高的龍舌蘭、瓊麻與帶刺的仙人掌，讓它們南海北海魚群滿聚，準備好億萬年後與你我相遇。

溝黑如墨、勢險湍迅的黑水溝

桶盤之星從馬公駛往桶盤嶼，船頭插有「桶盤福海宮 溫府王爺」字樣的黃色三角旗在烈陽下迎風飄揚。海面無波，轉而望向遙遠的東方，竟是一大片烏雲綿延籠罩，一百多公里外的距離，肉眼可見若隱若現的山脈層層疊疊，那正是臺灣島的中央山脈。彼端臺灣，看來恐怕免不了一場大雨，而此地則雲白天藍。這一片平靜的景象，並非百年前歷史的尋常。就在澎湖群島與臺灣中間相隔的這條水道，縱然距離不算太遠，卻曾發生許多災難，是數百年來，讓先民懼畏、大名鼎鼎的「黑水溝」。

臺灣海峽分成兩部分，介於澎湖與福建之間的海域，是寬闊而水淺的大陸棚，平均深度約六十公尺，是《稗海紀遊》所記載的「不甚險」的紅水溝，《臺灣縣志》稱之大洋。而位於澎湖群島與臺灣西南沿岸之間的海谷，是澎湖水道，長約一一〇公里，谷深介於四十到二〇〇公尺之間，就是「黑水溝」的所在，《澎湖廳誌》稱其深無底的小洋，《稗海紀遊》載「溝水獨黑如墨，勢又稍窪，故謂之溝。廣約百里，湍流迅駛，時覺腥穢襲人。」[13][14]

「黑水溝，是大陸棚上的一個海底峽谷地形。雖然最深處僅二百公尺，但因為比周圍大陸棚深得多，在水體的折射上，我們感官即可明顯看出海水顏色的差異，加上較強勁的海底底流，所以船隻行經此區，會遇到較大的水流阻抗。」地質專家顏一勤解釋。

黑色密碼除了相對深度造成，還隱藏在海水流向與流速、海底地形以及風的作用之中。

由於北高南低，臺灣海峽的海水經由澎湖水道是由北而南輸送到南中國海，這種說法曾經是主流意見，自古以來包括《稗海紀遊》等書籍中，皆如此記載。然而，現今的水文測量以及沉積岩岩心採樣等證據，已經

澎湖水道海底圖

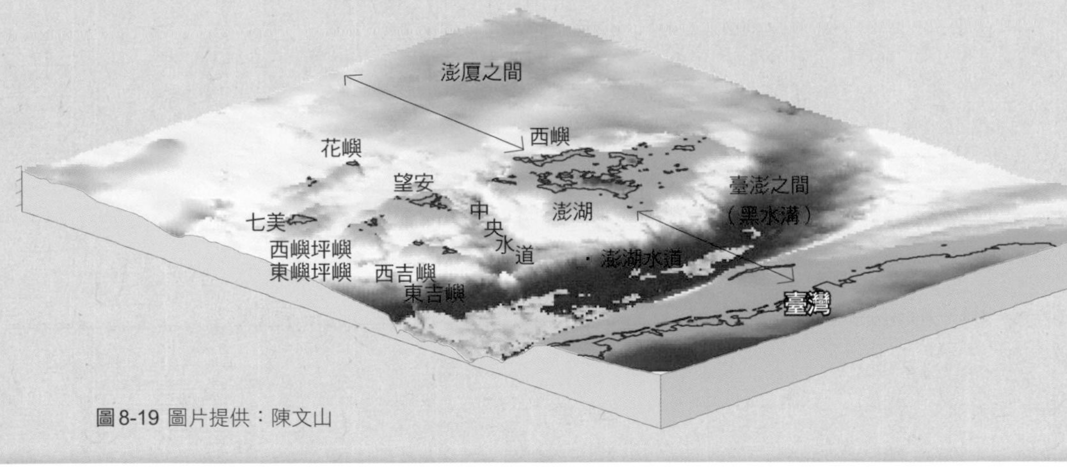

圖8-19 圖片提供：陳文山

更正了之前的說法。南中國海的海水經由澎湖水道進入臺灣海峽，水道中的海水是由南向北流的，而且流速很快，強度足可侵蝕海床。

為何澎湖水道的水，會逆地形而流，由南往北呢？海洋學家戴昌鳳說：「這要從大空間尺度的海流運動來看。由於地球自轉的科氏力，加上風的吹送，在北半球北緯十到四十度之間，大洋西岸的海流，通常都是由南向北流。」

澎湖水道中有經年不斷的半日潮流，南北往復，但其淨流方向朝北，潮流速度可高達每秒一點八公尺。根據沉積學的研究指出，潮流的流速超過每秒一公尺，就有能力搬運海床上的砂質物質，更高的流速，則可侵蝕海床。澎湖水道底部崎嶇不平，高低起伏介於十到三十公尺，造成許多小凹槽，就是澎湖水道以流速每秒一點八公尺強烈潮流侵蝕的結果。這樣的強流，怎能不讓行經海域的舟船顛沛。無怪乎「二溝在大洋中，風濤鼓浪，與綠水終古不淆，理亦難明」。

再說，從澎湖水道北上的海流，流向相當特別，在澎湖北方先偏向西北繞流過澎湖，然後又順鐘向迴轉，再貼近臺灣西海岸。[15] 黑水溝海流是屬於小尺度

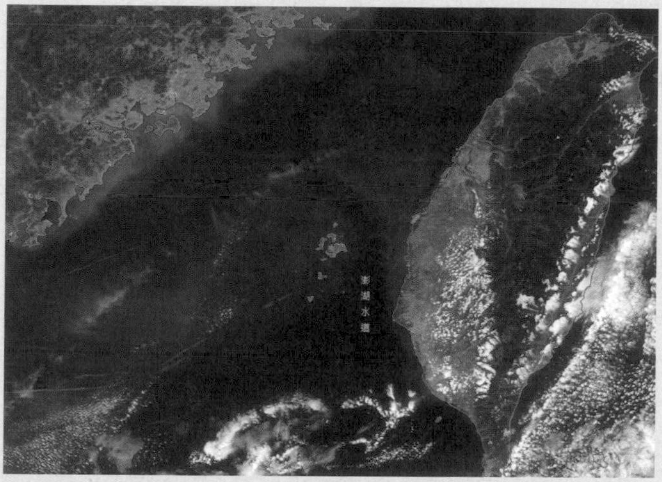

圖8-20 從NASA的衛星照中，可清楚的看見「黑水溝」的輪廓。
圖片來源：翻攝自NASA/EOSDIS

的海流，狀況如此多變，主要受到地形影響，就是黑水溝附近的海底地形很複雜。看起來有各種顏色的海水，海底滿布礁石，潮流又急，在古代，若遇大風浪，馬上船破，無風時，也會被潮流帶著團團轉。

過往典籍中駭人的描述，如今，由科學揭開真相，變得明朗可以掌控，加上船體的進步，堅固足以抵擋風浪，黑水溝的黑，不再足以懼人。然而天候多變時，黑水溝浮現，衛星雲圖上呈現出來的顏色，還是頗具闇黑震撼之力。

8-2 百變玄武岩：島民生活的踏腳石

澎湖群島是前往臺灣的踏腳石，玄武岩則是島民生活的踏腳石。不論統治政權如何更迭，玄武岩在歷史的浪潮中，始終沒有缺席。

．荷據與日治時期的軍事用途

早在十七世紀，玄武岩就擔綱起重要的建城與軍事用途。一六二四年，明朝派兵圍攻在澎湖的荷蘭人，荷蘭人因而轉據臺灣，但並不因此脫離澎湖，與澎湖的關係仍是十分密切，且留下了重要且珍貴的歷史文獻紀錄。

荷蘭人轉據臺灣後，攻占今天臺南安平地區，建造熱蘭遮城，完工於一六四〇年。明鄭時期，延平郡王鄭成功曾住在此地，所以又有王城、安平城及臺灣城之稱。如今則稱安平古堡。《熱蘭遮城日誌》上記載，為了要建造大員城堡，荷蘭人不斷派船從澎湖運送石頭過去，載送回臺灣做為建材。除了石頭，還有一些民生食糧與用品。[16] 日記出現運載的時間，多集中在三月到九月，可猜想是期間天候較佳，可避開黑水溝不穩定的氣候影響，讓行船得以順暢。

一六三一年
三月九、十、十一、十二、十三、十四日
無特別的事，只忙著建造海堡（Zeeburch）及新港的那房子，以及在準備那艘Assendelft號，以便航往澎湖跟Wieringen號在一起。
三月十五日
今晨快艇Assendelft號出航載往澎湖……

一六三四年
九月十日
快艇Daman號將於近日載很多石頭（像她們一起載來的那麼多）跟著前來此地。

一六四六年
三月二十三日　溫暖，舒適的天氣，風從北方吹來。
早晨，看見平底船Gulden Gans號在海上遠處，該船約於中午入港來這城堡前面停泊，是昨天航離澎湖的，載來很多石頭。

一六五六年（清世祖順治十三年，丙申年）
七月九日，星期日
還是好天氣。微風從西方吹來。清晨，大帆船Vos號裝著箱裝的糖和鹿皮，那艘領港船裝著飲用水，去到這港道的前面，要運去交給那艘Coninck Davidt號。有3艘戎克船裝著壓艙用的石頭，也去到港外，也是要運去交給這艘Coninck Davidt號。
今天安息日，在此地的教會守聖餐，紀念我們的救主耶穌基督神聖的救恩。
有2艘戎克船從澎湖來到此地，搭25個男人，運來下列物品：
30袋花生（cadjangh）
30袋豆子
10袋米和
20罐蠔。fol.249v

而在日治時代，對玄武岩的開發與運用最著名的例子，是將西嶼大菓葉的玄武岩打鑿，並在大菓葉築港將玄武岩運往臺南，做為臺南運河堤岸的基材，這是至今二崁村耆老仍津津樂道的。「日本占領澎湖之後，為了支援計畫中的戰爭，就決定要興建大菓葉碼頭，做為漁翁島的主要聯外港埠，當港埠完工之後，更進一步的在港邊開挖山坡地的玄武岩，去砌築臺南運河的堤岸，因而留下了一大片柱狀節理十分發達的玄武岩石壁。」[17]臺灣師大地理系蘇淑娟就曾經帶著學生，在社區居民的協助下，於大菓葉玄武岩列柱對面的雜林內，挖掘到碑文已然斑駁、淡化難以辨識的石碑，正是記錄著二崁碼頭直通馬公與臺南的重要歷史遺跡；然而，公有土地無人維護，再經一年回到原地，雜林已然茂密，石碑再度掩埋密林當中。

・海上合作社——石滬

石滬是遠古的漁法，世界各地都有，但澎湖密度最高，現今大約仍有石滬五百多座，以吉貝嶼

圖8-21 石滬之島 吉貝

圖 8-22 七美雙心石滬

八十八個為最多。在漁村人力少的年代，甚至「需要整個庄合力打造一座石滬」，吉貝保滬隊的柯進多師傅說，「每一座石滬至少要耗掉十年。」

吉貝保滬隊的七位師父因石滬修造技術，二〇一〇年被文建會指定為文化資產保存技術及其保存者。從石滬所需條件：要有石材、潮差要大、風浪要強以及礁棚要大，可知澎湖簡直得天獨厚。[18] 吉貝位居的北海，因珊瑚礁面積廣大，以及澎湖地形南高北低，潮差比南邊更大，使吉貝幾乎是一座被石滬團團包圍的島嶼。吉貝因石滬修造技術發達，一九二〇年代還「出口」師父到七美嶼，蓋了現在當紅的雙心石滬。

六十三歲的柯進多是吉貝保滬隊的七位師傅之一，他穿著拖鞋，走在濕滑的滬堤上，彷彿在平地行走。他說，石頭都是就地取材，玄武岩一定要用海墘的，不可用陸地上的，會不夠堅硬容易碎掉，硓𥑮石與汕仔（指灘岩）也有用一些。

以前沒什麼工具，就是用鎚子一顆顆把大石變小石。準備蓋石滬前的水流觀察很重要，沒有麻繩就用馬鞍藤代替，有時要好幾個月，定位好就從滬房開始搭建。每個地方週期不同，吉貝每年是農曆八月一日開始抽籤決定巡滬順序。柯進多解釋，此時農曆七月已過，東北季風即將來臨，冬天的魚比夏天的魚好很多，價格也好。

柯進多說，以前魚多到光用馬鞍藤圍起來就可以抓魚，但三十年前開始，魚漸漸少了，各地石滬也早就被動力漁船取代，逐漸荒廢。實在難以想像一九五〇年，石滬的漁獲產值超過一千六百萬元，占全澎湖七成以上。[19] 當時擁有甲級石滬的股權比當代持有績優股還神氣，吉貝當地有句話說，「沒船仔頭和凹仔的份就娶沒某（妻）」，有人一次巡滬抓到萬斤鯢魚就可以買一間房子，正是有人因滬起厝，有人因滬娶某。[20]

圖8-23 8-24 8-25 修滬師傅工作狀況

不忍澎湖石滬荒廢凋零，二〇〇四年澎湖海洋文化協會理事林文鎮從馬公高中退休後，就去找柯進多等人成立吉貝保滬隊，開始逐步修復石滬，三年就修復了五十幾座。為什麼要救石滬？今年（二〇一七年）夏天已去世的林文鎮老師就曾說，石滬具有理解早期經濟命脈、最早生態工法與社區總體營造先河的三種價值。然而搶救石滬並不容易，以吉貝位於西崁山附近的「粗石」修復為例，修復者五、六人一組，得利用退潮時，不斷潛到水底把崩落的石頭一塊塊撈起來，非常辛苦。

從現在眼光來看，石滬的合夥人制度像是一種最早的股份有限公司，但它不是為了競爭，而是要共享與共生，如一間開在海上的合作社。石滬的設計充滿著共享而不是獨占的精神，比如滬牙的設置，就是為了讓沒有輪到滬主的人能夠在一旁補丁香魚。石滬也充滿著許多人性的啟示，柯進多就說，石滬往往怕的不是颱風，會失敗都是因為人不和。這些都使石滬除了因心形滬房引人浪漫遐想，更充滿淳樸的人情之美。

・蔬菜城牆——菜宅

若說石滬如海田，迎來海洋賜予的豐糧；「菜宅」就是陸田，依傍著家戶，以壘壘石牆擋禦強勁季風，曾經熱切地守護青青蔬綠，予人們基本溫飽。

「菜宅」是澎湖群島獨有的農業文化景觀，澎湖人就地取材，利用玄武岩和硓𥑮石，砌築出一座座三或四面包圍的石牆，來保護作物。

每年十月東北季風一來，大地一片枯寂，但是冬天的澎湖是可以種菜的，因為冬天病蟲害較少，有些作物也適合冬作。然而，該怎麼克服比颱風還強的東北季風的威脅，答案就是「菜宅」。菜宅讓脆弱的作物可以安住石牆中間，在冬天好好生長。一些多種蔬菜的人家，有時還能拿到市集上販賣。

菜宅裡種植的蔬果，以甘藍、芥藍、蘿蔔等低矮蔬菜為主，大部分的面積都用來種植冬作番薯（俗稱「栽母」），以便到翌年三月摘下藤來插植春作番薯。此外，也有人在菜宅角落種些木瓜、釋迦、番石榴等果樹，供自家人食用。菜宅四面疊砌的石牆稱為「宅岸」，由於面迎東北季風，所以以北牆最高，大約一．六公尺到二．五公尺；東、西牆次之，高約一．五公尺到一．八公尺之間；南牆最低，大抵不超過一公尺。全盛發展時，一座座緊密相連的菜宅，遠望似一畝畝秩序井然、起伏有致的石柵，形成獨特地景，極為壯觀。[21]

「菜宅」建築的方式也相當特別，將玄武岩及硓𥑮石經過曝曬，去除雜質；堆砌時以大石頭做為基礎，小石頭做為填充，疊砌過程不使用水泥及石

圖 8-26 曾經是蔬菜居所的菜宅，如今大多廢耕。

灰輔助，而是利用石頭之間的稜角做為卡榫，以此築成一道道擋風牆。[22]

走過菜宅，彷彿兒時眷村圍籬，大人可輕易望穿，小孩子則愛蹦跳著好奇向內張望。輕輕撫觸，那粗粗刺刺的厚實，是澎湖先民與大地共生的智慧與手藝。強風鹹雨中，它們歷經百年屹立不搖，忠心耿耿地捍衛著農作；而如今，隨著環境轉變與人口外移，菜宅廢耕處處，加上所在地區水源影響，多遭繁衍茂盛的銀合歡、芒草、牧草等野生植物所包圍隱沒。偶窺石牆一隅，只剩下零星的青草或菜葉，與寂寥的石頭為伴。[23]

．黑石鎮守，眾邪退散

黑石護衛著島民的三餐所需，而當人們因大自然無情的侵襲而遭受苦難時，黑石又變身幻化成不同樣貌，慰藉人們的精神與心靈。

走在街弄聚落之間，不時見到大小石頭散布。宮廟的石柱、石碑到村落的石塔、石敢當，這些避邪物，是居民祈求平安與福氣的心靈安慰，希望能擋住煞氣、阻絕邪物。[24]

避邪物，又稱「厭勝物」，是民間信仰中，做為趨吉避凶、剋制沖煞的器物。「厭勝」一詞，依字義是壓伏而致勝，也就是避邪制煞的意思。

先民入墾之時，帶來了許多源自於中國大陸的民間避邪風俗，其中利用「厭勝物」做為保佑家戶的風俗習慣，雖然隨著生活和地域改變而出現不同的形式，然而從家庭出發，在臺灣各個角落仍隨處可見。厭勝物在澎湖存在相當普遍，反映了島嶼地瘠民貧、風強海險、天災頻仍的惡劣地理環境。澎湖先民來自泉漳兩地，移植到澎湖的厭勝物包括石敢當、安五營，或是立石符、石塔等。不同類型的厭勝物用途和功能，其實是早期移民對於新環境不安的一面面鏡子。[25]

澎湖石敢當數量相當多，形式、材質與碑文的變化、繁雜度也非常高。長久以來，祖先為了與天抗爭、克服惡劣環境，認為在住宅、通衢要道、高處、海邊，若豎立了石敢當，就可以鎮妖、避邪、止風、止煞，所以，在白家壁上、屋角及村落四周、路沖，甚至荒郊野外、海邊港口，都可看到它的身影。

最特別的是石塔，人們因祈求「有利風水、鎮壓煞氣、鎮守山靈、識別方向、反制對方、防止破財、均衡發展、農業豐收、庇佑平安、避難避風、生育男兒、男性長壽、男女長壽等作用」而搭建[26]，其中以馬公鎖港的南、北石塔最為知名。藍天襯映下，九層階梯狀以黑石疊砌而成的圓錐形塔，顯得雄偉巨大，約十一公尺、三層樓高，是全澎湖最高之石塔。[27]這塔形式相當古拙簡潔，除了驅邪止煞，還可鎮風浪、鎮百鬼。取材自玄武岩的厭勝物，與島民的心緊緊相繫。

圖8-27 鎖港石塔位於舊聚落北方，石塔所在處原有一高起的小沙丘，為社里的靠山，因強勁的東北季風而漸消失，於是當地產生了一句諺語「鎖管港了一個山，豬母水了一個垵」，沙丘被吹到豬母水（山水）的港灣去了，所以在原址上興建兩座大石塔，以彌補「地理」之缺陷。原始興建於清道光年間，2000年1月28日指定為縣定古蹟。早在1962年加高為九層，是取九為吉祥數字之意。

・雄渾玄武，也可以如此輕巧美麗——文石

潛藏在古老巨石之中，有千萬顆小眼睛，若繁星灑落人間。一千萬年來，它們不停地眨著眼，見證一幕幕島嶼水裡來火裡去的變遷。這些色澤美麗的彩色小眼睛，曾經被人們驚見而瘋狂追逐不歇，直至有一天沉息，仍留給世間無與倫比的美麗。這就是文石。

文石（aragonite，又稱霰石），僅在世界各地的玄武岩岩石中發現。澎湖文石的形成是在距今一千萬年前，中新世時期歷經無數次火山噴發，形成了玄武岩質熔岩與沉積岩，當壓力和溫度急速降低，在凝固的過程中，岩漿中的水氣膨脹，在岩石中形成很多氣孔狀的小孔洞。水將溶於水的礦物質運送到這些孔洞和裂隙中間，也就是文石類礦物的棲身之地。隨著時間積累，有碳酸鈣或二氧化矽等成分沈澱，這些多種次生礦物組合而成具有紋理的美石，就被稱為文石。

澎湖發現文石很早，清乾隆三十六年（一七七一）《澎

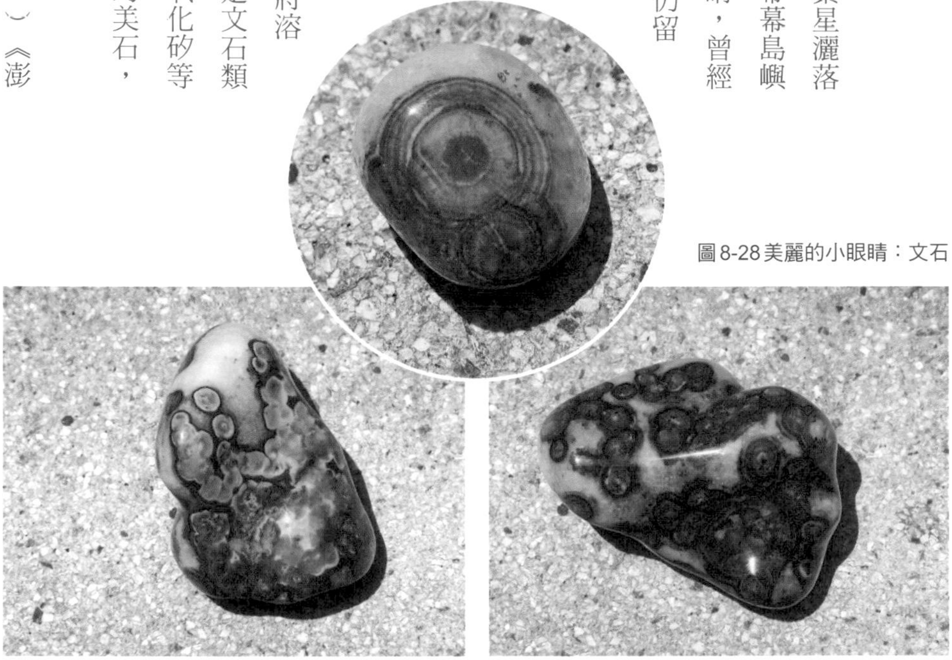

圖 8-28 美麗的小眼睛：文石

湖紀略》卷八〈土產紀〉即提到文石，[28]日籍礦物學家岡本要八郎一九〇九年發表的「澎湖島產之文石乃屬霰石（aragonite）」論文，則是世界上最早的文石礦物學研究文獻。[29]近期以來，較有規模的開採始於日治初期，最重要的產地是望安島以及將軍澳嶼，尤以將軍澳嶼為重要。[30]臺灣光復後，望安及將軍澳嶼文石產地仍不斷被發現，引發採掘風潮，文台加工業相當興盛，有所謂文石世家。將軍澳嶼的多孔狀玄武岩露頭較多，曾經野外幾乎到處都可以挖掘到含有文石的石塊，因此當地人說「遍地是文石」。

澎湖為何文石特別多？又為什麼呈現獨特的同心圓花紋呢？「因為它是矽質玄武岩，碳酸鈣，多孔狀的玄武岩比例比較高。有一個先天條件，就是『孔隙』，有了孔隙，就會產生次生礦物，文石就是次生礦物，旁邊有什麼東西都會被帶進來，在這邊堆積，跟水晶是一樣的東西。只是水晶是二氧化矽SiO_2，文石是$CaCO_3$，不同的成分，原理都一樣，透過本身的礦物質加上水的作用，進到孔隙裡面，膠結凝結。至於為什麼會同心圓呢，就是從某個孔隙先開始，一直往旁邊生長，生長的方向是往外推。不同時期會帶進來不同的礦與化學元素，就會產生不同的顏色。」顏一勤用地質專家的角度解說。但一轉身，又變成了望安孩子，說出了從小對文石的感覺：「身為望安人，老實說，因為從小生活在這裡，對於用石頭建造的家屋，對於文石，太日常了，不覺得有什麼特別意義。小時候去釣魚，去海邊玩，就是要爬石頭，也會看到漂亮的小石頭。但是，感受到的漂亮，跟遊客不一樣。我們從小就在礁岸孔洞石窟裡面抓魚，這些漂亮的小石頭，剛好可以讓我們玩，讓我們知道哪些孔洞有藏蝦藏魚。直到念了大學開始接觸地質，在臺灣四處東跑西跑，才開始思考，家鄉這些日常代表了什麼意義。」

開採日久，原石漸漸短少，因此到民國六〇年代，政府訂有土石採取法令，文石禁採，材料取得不易。到了七〇年代中期，文石加工業因不少珊瑚漁船船員改行賣珊瑚加工藝品，兼營文石藝品，於是文石加工業復甦，目前所使用的材料，多為早年採掘而囤藏者，因此奇貨可居，加上賞玩雅石漸成風氣，文石加工方式改為就原石稍加磨光，以顯現其原型特色為主，藝術價值整個提昇了，身價也隨之提高。將軍澳嶼的陳氏家族，至今仍有在馬公持續經營此項家傳產業，質量均甚可觀。31

澎湖文石，每一顆都獨一無二。因為有神奇的火山玄武，綿長的時空鍛鑄，世間才得以看見如此美麗稀珍的寶石。來到望安海邊，別忘了在玄武巨柱隙縫中，細細找尋如幸運草般難得現身的小眼睛。

澎湖傳統建築的特有標誌——玄武岩與硓𥑮石

澎湖群島具有閩南特色的建築與家屋，映照出原鄉的影子，似乎朝大海的另一端眺望，延續著先祖飄洋過海的記憶。

澎湖居民的祖籍以泉州和漳州為主，先民的生活方式直接受到原鄉文化影響，同一村大多有地緣或血緣關係，所以大部分是「地緣村落」，不僅社會組織如此，營建技術上也承襲了閩粵技術，在空間構成受到原鄉文化影響。32

整體建築物上的構件角色，從現存古厝中，可以得到閩南式建築的印證。閩南建築強調屋脊以及屋面的曲線，屋簷較為平緩，至左右兩端略為起翹。除了官家及大宅喜用飛揚起翹的燕尾脊，一般民宅多使用馬背山牆，馬背就是在山牆頂端的鼓起，它與前後屋坡的垂脊相連。馬背造型多變，澎湖常見為「金形圓」，線條呈現圓滑的弧狀。建材部分，一般來說，臺灣建築的外牆與屋面多用紅磚及紅瓦，不過，澎湖先民建造房屋時，多是就地取材，玄武岩與硓𥑮石正是澎湖傳統建築特有的標誌。[33]紅色瓦片配上高大的紅色山牆，顯示閩南人堅朗強烈的個性。

目前在澎湖群島中，以西嶼鄉二崁聚落、望安鄉中社村聚落的保存完整度最高；南寮村僅部分遺留。

玄武岩在建築上做為建材，澎湖當地稱為黑石，或是石頭，是極高級而貴重的。不論用作基礎或建物壁體，如牆腳、厝角等；或是打造各部位方正的石條，如門楣、門框、面碇、門柱、過路、條石等；或做為鋪面、石窗等，玄武岩黑石的裝飾和使用，在當時往往是富裕人家財力的展現，同時也發展出一系列極富地方特色的工法。

右上圖8-29 望安中社村
左下圖8-30 二崁陳氏古宅
右下圖8-31 南寮社區

西嶼鄉二崁村是澎湖古聚落保存最完整的地方，其中一座百年以上的陳氏古宅，是澎湖縣縣定古蹟，門廳正立面的牆都以玄武岩砌成，其上半圓形門楣與鷹飾，是受到日治時期洋風建築影響。地板為玄武岩，各採亂石、菱形方式鋪平；東側轉角處的外牆上嵌入的石敢當，是因應東北季風所設之厭勝物。此外，家家戶戶常見的石磨、石臼，也多是黑石所做，是早年磨米搗米不可或缺的工具。[34]

位於望安島中央偏西的中社村，舊名花宅，承襲閩南傳統合院型式，在材料上因地制宜，由硓砧石、黑石、灰泥等建成的傳統住屋，保存完整，堪稱目前臺灣保存最完整的濱海古厝區。宅第裝飾雖不繁華，卻展現出民間質樸的生命力，不論是雕刻或彩繪或圖案，多為平安福祿的寓意以及教忠教孝的故事，在文字的對聯上，更記述了祖輩的來源和對子孫的期望。[35]

圖8-32 南寮社區

不同的材料及構築方法，會讓牆面呈現不同特色。「亂石砌牆」是以灰泥接著卵石或硓砧石砌築牆體，通常大顆石材置於下方，讓結構穩固。灰是接合劑，可將砌在一起的磚石或瓦固定，也可當作外表的粉刷材。傳統使用的灰有蠣殼灰、螺殼灰、硓砧灰等，是用蠣殼、螺殼、硓砧石等天然物磨成粉狀後再加熱製作而成。這種方式組砌形成的牆面，在南寮古厝間呈現出一種自然獨特的美感。

南、北寮約在明末清初已成聚落，原合稱「龜壁港」或「奎璧」。清中期，可能因人口眾多或謀生手段有別，務農的集中居於南方，業漁的則集居於北方海濱，開始區分為兩個聚落，南方仍稱「奎壁港（社）」，北方始獨立為「北寮（社）」。後來「奎壁港（社）」改稱今「南寮（社）」。南寮村由於部分居民落腳臺灣本島工作，留下很多荒廢的三合院古厝，成為當地特色。

目前南寮社區整理出數間古厝，做為社區發展所在，此外，南寮村文風鼎盛，在古厝巷弄間，隨處皆可嗅聞到濃濃的書卷味。[36]如今雖然古厝已經荒廢，如梵谷印象派名畫「星夜」般的牆面，卻意外散發令人驚嘆的現代美感。

8-3 海洋生態天堂：不斷回來的海龜、候鳥與魚群

All that spawn are Oceanborne,
All that lives the Ocean gives,
Let all submit to Ocean's writ.

——Goethe

一切自水而生，
一切得水而長，
海洋，讓我們永遠受你統治。

——歌德[37]

．天地間的神聖生物——綠蠵龜

二〇〇五年八月，一個風雨大作的夜晚，珊瑚颱風來襲八罩島。隨著一次生態守護活動，在大雨中，一群人默默見證了綠蠵龜的產卵儀式。

夜晚九點多，天台山附近的隱密沙灘，一行人步行在狹窄不見盡頭的海岸小徑。手電筒照射下的雨柱顯得綿密，如粗針般灑落大地，迅即被黑暗吞沒。一隻巨大的龜，赫現眼前，正在覆卵，令人感到不可思議。定立於綠蠵龜的後方約莫三公尺，用最微弱的燈光下壓地面，保持安靜。

她負著沉重的軀殼，獨自在颱風夜游到這裡，生產下一代，時間彷彿瞬間凝結了。這場天地間大自然的儀式，充滿靜肅的莊嚴感。雨勢愈來愈猛烈，約莫三十分鐘，一行人便踏著泥水默默離去。三十分鐘，沒有人說話，沒有人拍照，但腦海中的定格畫面，此生永不會忘記。

綠蠵龜是草食性的海龜，稱其「綠」蠵龜，不是因為牠是綠色的，牠的體色從棕色到墨黑色都有，而是因為牠以海草及大型海藻為主食，其體內脂肪富含葉綠素呈現墨綠色，所以英文叫做Green Turtle，中文取名綠蠵龜。

綠蠵龜交配期約在每年三、四月之間，而產卵季則從五月到十月下旬，七、八月為最高峰。產卵地集中在望安島的西側及南側、人煙罕至的海岸。在望安島產下的卵窩多位於沙草交界處，其次是草地上，或是海岸灌木叢下面，少在開闊的沙灘。可能是沙草交界區的草根能穩定沙層，使卵窩較易挖成。

如要有效保護綠蠵龜，應盡量保持沙灘原始風貌，不除草，不在緊鄰的沙灘上蓋建築物，更不在沙灘打燈或裝置路燈。

圖8-33綠蠵龜 圖片來源：©wikemedia By Brocken Inaglory - Own work, CC BY-SA 3.0, https://commons.wikimedia.org/w/index.php?curid=10489090

海龜是爬蟲類動物，大部分時間在海中度過，但牠仍保留了部分祖先的生活方式，所以會回到陸地上產卵，形成牠非常獨特的生活史。海龜的性別是由溫度來決定的，溫度愈高出現雌龜的比例愈高，在攝氏二九．五度，雌、雄比為一：一。

母龜產卵後，約莫過五十天，小海龜就誕生了！同一窩小海龜多半會在相同時間孵化，並合作爬出卵窩。由於牠們有躲避天敵的特性，通常會在朦朧的月色或晨曦中，沙灘溫度較低時，離開卵窩，向光亮處爬去。

成龜體長約一一○公分以上，體重超過一百公斤，體型大、背及腹甲堅硬、游泳速度快，因此，除了人類外，幾乎沒有什麼天敵。但小綠蠵龜則不同，天敵環伺，陸上活動的動物如沙蟹、紅螞蟻、蛇、猛禽等，海中各種肉食性魚類都會吃掉牠。剛下海的小海龜無法潛水，只能躲在漂浮海面的馬尾藻、漂流木等處，一年內能夠存活下來的小海龜數量不多，但只要成功度過前幾年，死亡率就會大幅降低，長命百歲不是問題。

十幾年來的望安，持續有綠蠵龜在此登岸產卵，偶在本島也有令人驚喜的巨龜上岸。那隻二〇〇五年珊瑚颱風來訪的母龜，今日雖不知身在何方，只要人們全心全意送出祝福、努力保育棲地，相信海洋會牽繫起一條看不見的線，讓巨龜們注定再回來重逢。

·三道洋流交匯處，海洋生物豐多

寒暖洋流交會於澎湖海域，因此，帶來了豐多的浮游生物，在食物鏈的牽引之下，海洋生物們紛紛呼朋引伴，來此海域覓食並繁衍下一代。除了海洋中有許多高經濟價值的魚類，潮間帶也廣布螺貝類，每年隨著季節迴游至此的海洋生物，更是不計其數。[38]

澎湖海域有三道洋流，一道是來自北方黃海的「中國沿岸冷流」，一道是來自南海的「南中國海季風暖流」，第三道則是匯聚了赤道太平洋能量的「黑潮支流」。

夏天是黑潮支流和南中國海季風暖流的天下，而冬天霸主則是中國沿岸冷流。

中國沿岸冷流發源於黃海北部，沿著中國東海岸一路往南。冬天，這道冷流受到東北季風吹送而增強，而且水溫很低，到達臺灣海峽時在澎湖群島間受阻，因而在群島北部形成一個向左的迴旋。隨著這道海流而來的魚類，此時就集中於澎湖。這些魚群是原棲於中國北方沿海、南日本、韓國一帶的魚種。

黑潮主流沿著臺灣東岸北上，支流則經巴士海峽進入南中國海，形成一逆時針方向之海流；另一部分轉而沿臺灣西岸北上，到達澎湖海域，再北進與黑潮主流相匯合。黑潮支流，在夏季為澎湖帶來以熱帶太平洋、印度洋為主要棲息地的魚種。

南中國海季風暖流主要是在夏天，當西南季風盛行，這道暖流就會挾帶大量雨水和河水進入臺灣海峽。冬季影響則極小。

海洋生物豐多的另一個重要原因，是海岸地形。澎湖海岸線綿長曲折，天然港澳四布，加上大陸棚海域水淺，岩礁眾多，恰好是一般海洋生物幼仔喜愛聚集並生活的礁岩區淺水海域，許許多多的小生命，在此棲息與覓食，成了海洋生物幼仔的重要天然孵育場。加上部分海域內珊瑚生長良好，所以，豐富的珊瑚礁魚類適生於此，成了豐富的海洋生物天堂。

．活活潑潑的燕鷗，隨丁香魚而來

「當臭肉鰮游進南淺漁場產卵時，丁香魚早一個月就來到南方海域了，牠們懷著滿滿的卵粒，迎向溫暖的黑潮支流，在長有海藻的砂質海域下產卵。四月到八月，丁香魚由小丁（五月）長到中丁再到大丁（八月），整個過程就是燕鷗繁殖的季節。」[39]

食物與島礁，帶來了燕鷗。

一張來自險礁的照片，密密麻麻的燕鷗幾乎滿出畫面。澎湖群島是東亞候鳥遷徙路線的中繼站，每年春秋過境期，總有形形色色的候鳥飛臨，其中最具特色的就是燕鷗類了。每年夏季，在貓嶼繁殖的燕鷗超過萬隻以上。

燕鷗因為擁有狹長的雙翼，尾羽外側有較長之分叉狀，和燕子外型特徵相似，因此稱燕鷗。鷗科這類海洋性鳥類，體型纖細，尖細的嘴喙是捕魚最好的工具，加上擁有可在海上漂浮的蹼，以及相當堅硬的頭蓋骨，可以抵擋海浪猛烈的衝擊，因此，在澎湖群島生活簡直如魚得水。

夏季在澎湖繁殖的共有七種燕鷗：小燕鷗、紅燕鷗、蒼燕鷗、白眉燕鷗、玄燕鷗、鳳頭燕鷗以及近幾年來被譽為神話之鳥的「黑嘴端鳳頭燕鷗」。每年約四到九月，這群燕鷗來到澎湖度夏，六到八月為繁殖高峰期，總數可達上萬隻。

澎湖燕鷗這麼多的原因，除了之前提到的三股洋流交匯，還有一個重要因素：彼此隔離的島。長時間

圖8-34~8-40 活活潑潑的燕鷗，由左至右依序為：小燕鷗、白眉燕鷗、紅燕鷗、蒼燕鷗、玄燕鷗、鳳頭燕鷗。主圖則是近幾年來被譽為神話之鳥的「黑嘴端鳳頭燕鷗」。
圖片來源：藍志嵐

投入澎湖生態調查與保育工作的澎湖縣政府農漁局保育科藍志嵐說：「澎湖的漁業生產力應該是臺灣周邊最高的，很多魚，就會很多鳥。還有就是澎湖很多島，而且每個島都是隔絕的，適合燕鷗繁殖。第一個，鳥不容易被掠食者攻擊；第二個，有很豐富的食物。這幾年的總數有逐漸增多的趨勢，例如險礁，蹲著就可以欣賞燕鷗，全世界應該沒有其他地方跟澎湖一樣。」

．澎湖潮間帶的特殊性與重要性

從飛機上看澎湖群島，彷彿一大片的潮間帶，一座座星羅棋布的小島，隨著潮起潮退忽高忽低。澎湖的潮間帶如此廣闊多樣，主要是因為「一般潮間帶水退後只有泥灘，這邊的海水退下去不只有泥灘，還有沙灘、礫石灘、礫石沙泥混合灘，更下去有珊瑚，所以這邊的潮間帶是多樣性的。棲地類型多樣性，孕育的物種也比一般潮間帶更豐富。」藍

圖8-41 赤嶼潮間帶

志嵐說。

以潮間帶棲地生態區域來看，常見的藍綠藻、海蟑螂、沙蟹、陸蟹等，是在「潮上飛沫區」，涵蓋高潮線飛沫帶及濱線以上的附近陸地，不需要常常回到海中，只有在生殖產卵時回到海中即可，較能適應陸地環境。

藤壺、螺類、黑齒牡蠣等，則是生活在「礁岩礫石區」。礁岩海岸是珊瑚礁隆起，或是玄武

圖8-42 8-43 吉貝潮間帶，有繁多的藻類與海參。
圖片提供：王梵

海洋分區圖

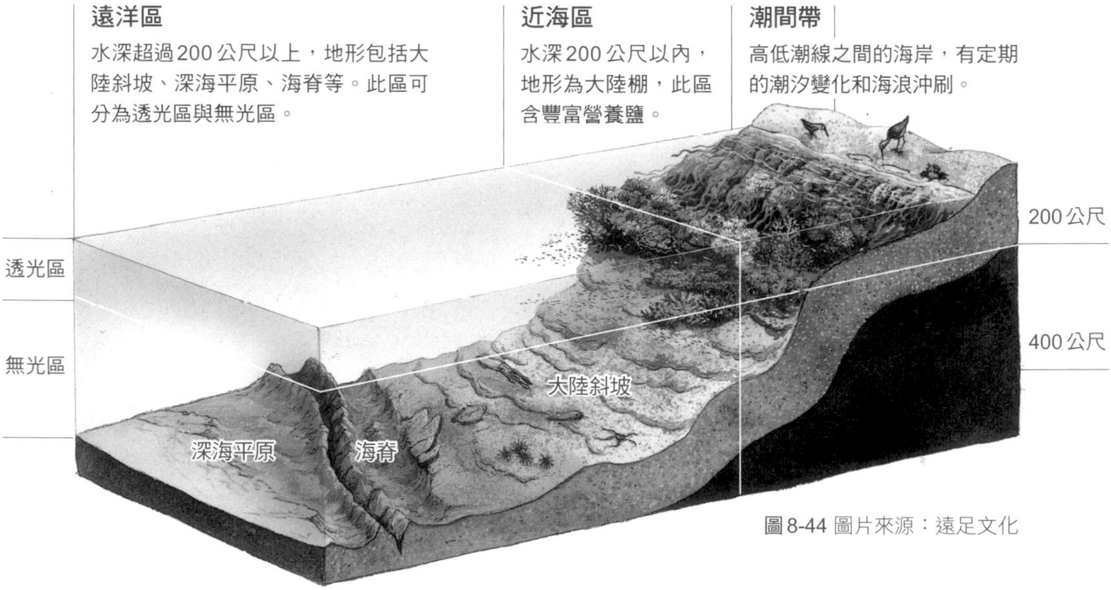

遠洋區
水深超過200公尺以上，地形包括大陸斜坡、深海平原、海脊等。此區可分為透光區與無光區。
近海區
水深200公尺以內，地形為大陸棚，此區含豐富營養鹽。
潮間帶
高低潮線之間的海岸，有定期的潮汐變化和海浪沖刷。
透光區
無光區
200公尺
400公尺
大陸斜坡
深海平原
海脊

圖8-44 圖片來源：遠足文化

岩盤，因受海水沖刷，形成多孔隙礁岩，基底並有砂石堆積；礫石區則受海浪沖盪，岩石被磨成無稜圓球狀，其基底石通常不容易被鑽洞。生活在此區域的生物，面對漲潮時強力波浪盪激，必須具備強固的附著本領，以免被刷洗脫落。走在奎壁赤嶼的礫石步道上，人片潮間帶是遊客的最愛，除了海風與豔陽，細細觀察四周，會發現喧鬧不已的藤壺、螺貝、小蟹、海藻等，正展現它們的看家本領，在不同位置上依海共生。

退潮後，低窪積水的池塘叫做「潮池集水區」。潮池面積有大有小，有深有淺，愈接近低潮線，生物相愈豐富，生機也愈旺盛，常見生物包括石蓴、海膽、黑海參、螺類、稚魚、蝦虎等。在吉貝島的海邊，處處可見一整片的黑海參，軟綿綿如如不動，乍看嚇一跳，近觀則趣味十足，令人嘖嘖稱奇。[40]

・可見的生態危機

大量觀光與人類行為可能帶來的負面影響，藍志嵐直言：「觀光客過度成長，可能會壓迫到潮間帶漁業資源，造成資源過度消耗。另外就是，之前做了太多海岸線潮間帶的防波堤，防波堤改變了潮汐，海岸堆積就開始亂了，本來不該堆積的開始堆積，本來不會被掏蝕的開始被掏蝕。最麻煩的是，它截斷了淡水。澎湖有很多地方是有逕流的，下雨之後會有一些淡水，流向大海。淡水很重要，它把陸地的營養鹽帶到下面去，現在把逕流截斷了，營養鹽進來的量就少了。最嚴重的是，很多兩側洄游性魚類或生物就不見了，像鰻魚，牠會循著逕流往上游，現在都被截斷了。潮間帶會有一些凹洞，就是潮池，這些潮池是小魚生長的地方，現在海岸蓋了很多東西造成混亂的堆積，讓潮池消失不見了，小魚就沒地方藏身，都是造成漁業資源下降的原因。」

潮間帶提供了撿拾漁業（螺貝類），撿拾漁業非常重要且影響巨大。潮間帶每日兩次乾濕交替，陽光與營養鹽充足，是海洋生態系中生產力最旺盛、消費群集的首善之區；但也是最脆弱、最容易受到人類干擾的區域。一旦觀光遊憩人口多，很多魚種價錢就會提高，若供應不足，可能由螺貝取代。但若螺貝被抓完呢？「這些螺貝類會吃藻類，同時也是低階的被獵食者，是很多魚蝦貝類的食物來源，食物鏈的基礎。一旦螺貝被抓完，魚蝦類也會跟著減少（沒有食物）。」藍志嵐道出可能的危機。

澎湖捕獲的魚類，主要分夏季的汛期和冬季的汛期。洄游性魚類一定是大魚跟小魚，小魚跟浮游性生物，如果沒有浮游性生物讓小魚吃，那大魚也就不會來了。「整個漁業資源的檢討，不是只有禁捕，像日本養牡蠣，其實是要『養山（森林）』，山上會有落葉，落葉下來經過發酵變成無機質，雨水一沖下來水才會肥，水肥，牡蠣才會肥，是一個生態鏈。臺灣長期的海堤建設破壞了生物鏈。我們這邊會有一些陸蟹，或是半陸蟹型的，就是一直吃吃吃，吃很多落葉，之後若下大雨，蟹會排出像泥巴一樣的東西，隨雨沖到河流中。陸蟹其實很像蚯蚓的角色。」藍志嵐將問題導向整體策略的思考。

整個生態系統中，每種生物都扮演著他的角色，每個角色都很重要，如果其中一個角色不見了，整個都斷了。

8-4 社區營造與觀光的未來：如海龜與候鳥，我們想在澎湖生活

・菜園社區——一個故人的眼神，讓年輕人回鄉

「因為感動，我決定留在菜園。」八〇後出生的菜園社區發展協會理事長黃宓萓，在前兩任由父親擔任理事長期間，因長輩不會用電腦，所以幫忙當志工協助協會文書工作，後來，她到市區去創業了，就沒有留在社區。三年多的創業時光，朝五晚九，有一次去倒垃圾的時候，遇到之前在協會工作的婆婆（勞動部多元就業開發方案的員工），六十多歲了，因為沒有青年在協會，事務推動很慢，因此造成許多計畫或補助停擺，無法讓婆婆在社區工作。「她問我，怎麼都沒有回來社區呢？那種眼神，讓我當下覺得自己怎麼沒有考慮到高齡失業者的狀況呢，只需稍盡我所能，就可以改變一些社會看不見的問題。」一個眼神，讓黃宓萓萌生回社區幫忙的想法，想要記錄生長環境的點滴。

半山半海菜園里，菜園社區位於馬公港內灣，背丘面海，位置隱蔽，冬季風害較小，地下泉水豐足，是澎湖少有的農漁兩利的聚落。三百年前黃姓祖先來到此地，選擇低窪處種植包心菜和大蔥，由於菜園多，因之為名。另一種說法，是先民原居大陸泉州同安縣的地方，就叫作菜園，為了讓子孫不忘本，加上已經習慣，來澎湖後就延續了下來，全村都是黃姓子孫。[41] 目前菜園里共有一五六戶，住民四七五人。[42]

近年來，由於築港及築堤的影響，潮間帶減少，潮流方向改變，漁獲也減少了，使得部分傳統漁作因而消失。加上大量採捕，潮間帶資源也漸漸枯竭。由於緣海範圍狹小，居民漸漸改變對漁業資源利用的方式，朝近海漁撈以及淺海養殖方向發展。目前菜園居民以牡蠣養殖業者最多，除了養殖牡蠣外，還需要剝牡蠣、挖牡蠣肉，然後冷凍宅配到臺灣販售，菜園牡蠣百分之八十都是外銷臺灣。此外還有魚塭養殖以及箱網養殖。

砙砧石箱網是以封閉式的網子架構成養殖用的空間，放入海中來養魚，箱網上最上層用大的浮筒，把網子沿著浮筒垂掛在海水裡，網底部則紮成網袋狀的箱網。網子內外的海水可以自由交換，所以同時可以養殖很多魚，每天固定餵食，漁網則一定時間要拆卸換裝，沖洗乾淨。菜園箱網養殖目前養殖的魚種有龍膽石斑、青斑、龍虎斑、黃臘鰺、海鱺等。

海水自由流動交換，可以帶來新鮮的海水，維持養殖生物所需要的養分，也將廢物帶走。我們跟著與黃宓萱合作的漁船，開到內灣不遠處，看到了箱網內活跳跳的魚以及翱翔天空、伺機而動、俯衝撈魚的燕鷗，形成一種有趣而平衡的生態觀察。當燕鷗飛來，叼走的是上層死掉的魚，反而讓汙染降低，漁民也欣然接受。否則，死掉的魚還是得要撈上岸處理。黃宓萱的社區發展協會，正在充分利用大自然的條件，營造未來可能。

社區活動中心的大門，除

圖 8-45 8-46 8-47 菜園箱網養殖

了公告颱風天休假外，都是開放的狀態。「很多長輩的孩子都到臺灣去工作與置產，讓自己的父母親成為獨居老人。有一次看見一位社區阿伯一隻眼睛被紗布矇著，我問他怎麼了，他說長針眼開刀。我跟他在臺灣的女兒說，有空打電話回來關心一下老爸，因為雖然是小手術，還是要有親人關心。」黃宓萱說，協會的重要意義，是擔負起照顧全村長輩的責任。協會固定初一、十五會舉辦量血壓活動，時常舉辦銀髮同樂會，請醫院的醫生來宣導青光眼或是恙蟲的防治，也會跳椅子舞或是健康操、手作課程等。澎湖就業機會與薪資太低，青年沒有選擇只好外出，是現實無法克服的問題。

當大部分澎湖青年離鄉工作之時，不是澎湖人的菜園社區發展協會專案經理林子揚，卻決定留在這裡。「之前在臺灣工作，壓力和步調都比較快，一次來澎湖之後，就喜歡上這裡的氛圍，因此決定留下來。」築夢菜園的林子揚主要任務是透過各種外部資源的結合，將品牌與服務拓展出去，例如辦社區雜誌、社區培力、設計教學課程等。他希望蒐集在地故事，彙集紀錄，成為未來可用的基礎資源；訓練在地居民如何將原本的漁貨加工增加產值，推廣在地漁業。

目前協會開發了自有品牌，強調漁產的新鮮、無汙染，希望打造社區嶄新的產業形象。此外，更積極對外推廣海洋牧場環境教育付費體驗課程，希望透過互動式深度的五感體驗，喚醒民眾的保育觀念，也帶動經濟收入。為了經營自有品牌以及活動推廣，黃宓萱與當地漁船結合，進行箱網漁獲合作。視營業狀況，會出船撈捕剛剛好的新鮮魚貨。

協會未來將持續結合地方資源，創造社區小旅行，帶動地方水產品提升與販賣，吸引青年返鄉、陪伴社區長輩、關懷獨居老人、記錄地方學且出刊。而黃宓萱與林子揚正在規劃漁村產業訓練計畫，希望將他們這幾年累積的經驗，分享給更多年輕人，不論這些人是在臺灣或澎湖，只要有人願意投入社區營造，都不吝回饋，希望建立年輕人交流的平臺。

．青螺社區——建立地方共識，真正由下而上

澎湖現在還能看得到的兩個最大的潮池，就是菜園濕地和青螺濕地。青螺濕地在二〇〇七年被列為國家級濕地[43]，澎湖縣政府農漁局保育科也於這裡進行許多生態維護與保育的工作，從植物、甲殼類、小燕鷗、螺貝類、魚類到產業活動，都顯示此處不僅生物資源豐富，潮間帶產業也很熱絡。[44]以濕地推動來講，這是很重要的漁業資源復育區。

農漁局保育科藍志嵐說：「經過調查，青螺濕地有將近兩百種的魚類，而且很多都是小魚。為了推動保育，一定要從附近的聚落做起，爭取認同，一個是青螺，一個是紅螺。青螺相對之下較為重視保育。這兩個社區比鄰而居，為何態度如此不同？澎湖是移民社會，以家族為村，因為土地貧瘠，所以會有資源競爭的情形，鄰近聚落為了競爭，反而成為世仇。這是澎湖立縣七百年來的社會問題。」

現在要做社區，一方面應該要從歷史淵源來看，找出為何做不成的原因，另一方面要嘗試跳脫傳統，跳脫村界。

青螺社區從二〇一五年起，訂定保育利用計畫，縣府與社區居民前置溝通經過長達四到五年，目前已經達成一些共識，這必須有很長期的溝通與投入的決心才行。

藍志嵐說：「政府一定必須先去瞭解、盤點青螺社區民眾的想法，青螺人對青螺濕地的看法，他們想要的是什麼，期盼的是什麼（做問卷），同時盤點資源，慢慢一個一個溝通。唯有如此，才能長長久

久走下去。」

這是農漁局推動社區營造的經驗，青螺社區雖不是地質公園，卻可引為操作社區、建立模式的借鏡。未來推動地質公園，公部門也逐漸朝此方向規劃，包括透過溝通或訪談，了解社區面臨問題及想要發展的藍圖；輔導社區自組經營組織及在地解說及經營人才，鼓勵在地青年投入；鼓勵社區創造及開發遊程及文創產品等。

．二崁社區——光鮮外表下的扞格

二崁村座落在西嶼一個小凹地中，聚落東西兩邊各有一高地，故稱二崁（崁是高地的意思）。聚落在中間較低的腹地發展，坐西北朝東南的方向正好避開冬天的東北季風，全社區由單一姓氏——陳氏宗族組成。早期由於缺乏良港與渥田，經濟活動困乏，無法供養早期三、四百人的村民，於是村民紛紛往臺南、嘉義謀生，目前二崁村家戶數有六十五，人口合計一六七人。[45]

二崁聚落因保存了相當有特色的閩南傳統建築群，被文建會選定為「文化聚落保存區」，政府經費挹注下，古厝逐年修復。為了聚落保存與經營，二崁鄉親在一九九四年向內政部登記成立了「中華民國保存澎湖縣西嶼鄉二崁村聚落協進會」，針對聚落保存而努力。修復硬體，軟體卻完全缺乏，因此曾被批評是社區總體營造最失敗的例子。但是近幾年，古厝慢慢被活化，包括傳統博物館、二崁童玩館、褒歌館等，都相當具有地方鄉土特色；村內村外，小到一面牆或一扇窗，大至一座菜田或一座圍牆，許多古味盎然、深具巧思與創意的布置，讓人彷若重溯時光廊道，發思古幽情，逐年吸引大量觀光人潮。

二崁村長陳昭回回憶：「最早的時候，是配合國家六年國建（一九九一年－一九九七年），加上臺大城鄉所的輔導，二崁成為民俗村聚落計畫保存地，這是第一個六年國建指定的保存聚落。早期林聯登省議員爭取，貢獻良多。[46] 但是郝柏村下臺後，經費就沒了。後來就變成都市計畫的一部分。要做社區，專家學者和當地居民往往有很大落差。比方說，專家說的話，是一種理想，但村民聽不懂，但專家說了算，卻沒有考慮當地居民該怎麼處理，搞到一堆問題，也抹煞了政府的好意。」

二崁現在有「社區發展協進會」與「社區發展協會」，「中華民國保存澎湖縣西嶼鄉二崁村聚落協進會」屬於文化部，陳昭回則是「二崁社區發展協會」理事長，屬於西嶼鄉公所。彼此雖然都對社區有理想，卻有道不同不相為謀的扞格態勢。

個性直爽、草莽味十足的陳昭回攤開手上的都市計畫藍圖說：「如果真的要保存傳統，都市計畫圖應該以『五營區』做為聚落營造與保存的核心，

圖 8-48 二崁社區

不能亂畫。古時候起厝不能超過五營外，就是王爺管轄的範圍，這樣才能真正說出傳統的故事。而且，應該結合海洋保育，做潮間帶復育，做海洋牧場。怎麼營造社區整體周邊的環境最重要，讓人們喜歡一直來，例如南方串聯大菓葉柱狀玄武岩，是一個很寬廣的東西；北邊可以整合漁業和箱網養殖和畜牧，加上潮間帶整治起來，會是一個完整的。應該以特定區處理，而不是都市計畫、都市發展。」[47]

儘管陳昭回與協進會之間，頗多想法不同，不過，卻點出一個未來的方向：「不管你是姓陳的還是不姓陳的，只要是想認真打拚做事的，就是二崁人。二崁不是單一一個人的或是社區的，這是整個社會的。營造是要營造整個社區，而不是營造你們家一個點而已。沒有人在這邊居住，社區營造是騙人的。」打破傳統，打破姓陳的框架，「只要大家觀念正確，腳踏實地去做，長時間慢慢做，人文程度提升起來，幸運的話，有年輕人願意承接，一定可以，不怕沒飯吃。」

・最美麗海灣的背後——澎湖人的愛與愁

二〇〇二年對於澎湖人來說有件大事，就是麥當勞正式跨過黑水溝到澎湖馬公開分店。截至下午五時許，已超過五千人進駐消費，當時創下了全國麥當勞據點單日消費人次的新紀錄。學童騎著腳踏車的把手、阿公機車載著阿嬤的手裡，還有街上的行人，都掛著提著一包包麥當勞食物。甚至遠在七美、望安偏遠離島的老人家也搶搭漁船，舉村上馬公嚐鮮，當年成為澎湖的趣談。麥當勞進駐只是開端，十多年來，7-11陸續展店、大型旅館紛紛進駐、民宿在公路兩旁爭奇鬥豔且加入者正處處施工……。澎湖，絕對是觀光旅遊業者摩拳擦掌的超級熱點。

十多年來，澎湖觀光業逐年成長，近年花火節更不斷締造創新紀錄的人潮。以玄武岩為背景的風景照，幾乎攻占整個夏天國內旅遊網站的首頁，來自政府單位的宣傳與活動，更是如同接力賽般，一棒接著一棒，熱絡滾滾。

澎湖海洋地質公園主管機關在地方係屬澎湖縣政府，然而地質公園在澎湖縣政府初步規劃選址之場域，皆富含有海洋地景與文化特色，計有桶盤嶼、北寮奎壁山、小門嶼、吉貝嶼、望安島及七美嶼東岸等六處，因此，交通部觀光局澎湖國家風景區管理處期望能與澎湖政府合作齊力推動地質公園。

澎管處處長方正光說，「避免只盲目追求遊客量的提升，應思考產品本身價值的創造，有穩固的旅遊品質及優質服務，才能吸引遊客不斷再來。價值及品質，必須正確反映成本，而非削價競爭，這樣，才能維持產業永續發展。」藍志嵐也有相同看法：「澎湖的特色是生態，地質公園的精神，相當符合生態旅遊，或許整個澎湖應該好好思考生態資源來做觀光，而非平價式的觀光。」

生態旅遊未來有很大的發展空間，海洋議題更愈來愈受全球重視，這些都是澎湖的優勢。對於澎湖嬌客燕鷗與海龜的保育，一定要重視棲地維護，「先針對棲地劃為核心區加以限制，再考慮結合生態觀光。」以望安綠蠵龜為例，「夜間使用紅外線感應觀察，對海龜產卵行為務求最低干擾。早上可以觀察爬痕；若確定小海龜什麼時候孵出來，可以讓民眾觀察；等小海龜都爬完了，留下的卵窩可以讓民眾挖掘、計算蛋皮等。目前是希望巡務員轉成解說員，加以推廣。民眾看到過程，都會很興奮很感動。海龜產卵絕對不會干擾，而是產卵之後進行觀察調查。」這些都是生態地質旅遊設計的可能。

旺季大量湧入觀光人潮，淡季卻門可羅雀。解決資源消耗與傾斜的隱憂，方正光提出未來藍圖：「將旅遊時間分散，規劃秋冬遊程是未來方向，導向深度與慢遊、低碳環保永續利用，並適機教育旅客

資源保育概念。一方面多規劃深入體驗在地文化及地景特色遊程，另一方面維持旅遊產業資源供給的平衡。」

菜園社區林子揚認為，澎湖旅遊人數其實尚未達到不可承載的數量，因此資源上的消耗其實沒有這麼龐大，問題反而是基礎建設以及人員的培訓不足。最嚴重的是遊客不良行為的問題，這比較困擾本地居民的。

黃宓萱則說，「以菜園的角度來說，觀光客只會帶來海洋汙染與垃圾。海洋牧場業者是觀光用途考量，收取門票讓遊客上去體驗釣花枝、釣海鱺、吃碳烤牡蠣。是否有將遊客的垃圾與排泄物帶回岸上處理？根本沒有辦法查知與落實。以菜園星光海洋牧場與情人碼頭BBQ來說，這些都是外來業者，也是資源消耗最多的觀光業，居民如果有選擇權，一定會把他們趕出去。」

遊客問題是澎湖人的愛與愁。觀光客一方面為澎湖帶來經濟發展，是正面效應；而另一方面，也衍生出交通、髒亂、擁擠、破壞、耗竭等等問題，在熱門景區尤其嚴重。「政府會補助民間產業使用低碳綠能產品，降低對環境之污染及衝擊，教育旅遊責任及節約能源使用，都非常重要，希望民間旅遊業者與官方一起努力。」方正光說。

「最美麗的海灣，應該是在美好的自然環境之下，居民生活感到滿足，兩者互相結合的景象。」方正光道出他心中浪漫的願望。這一座座由火山熔岩組成的島縣，是臺灣最有潛力成為世界遺產的寶地。此刻，腦海中浮現在黑石守護下的綠蠵龜踏沙而行，留下如坦克般的足跡，當牠回到大海後，那些足跡也漸漸隨風而逝。人類的足跡若可消散，只在心中刻印，或許才是最美麗海灣能夠永遠美麗的答案。

注釋

1 關於澎湖海戰以及歷史上的臺澎關係，可參考周婉窈，〈明清文獻中「臺灣非明版圖」例證〉，《鄭欽仁教授榮退紀念論文集》（臺北：稻鄉出版社，一九九九年），頁二六七至二九三。葉振輝，〈1683年鄭清澎湖之役勝敗分析〉，《澎湖研究第一屆學術研討會論文集，二〇〇一年，頁三三三至三四六。李其霖，〈鄭、清澎湖海戰的戰術與策略〉，《文史台灣學報》第五期，二〇一二年，頁三七至六八。

2 望安天台山的鉀氬定年是一千七百四十萬年，東嶼坪是八百二十萬年。曹恕中、宋聖榮、李寄嵎、謝凱旋，《澎湖群島》。原圖比例尺為五萬分之一臺灣地質圖及說明書，圖幅第73、74、75、76號。經濟部中央地質調查所，一九九九年：頁二四。

3 同上，頁三五。也有說深達八十公里的。

4 關於火成岩，可參考國立自然科學博物館網頁。https://goo.gl/OVpcXR

5 陳培源、張郇生，《澎湖群島之地質與地史》（澎湖：澎湖縣政府文化局，二〇〇九年），頁七八至七九。

6 江建霖、余樹楨，〈澎湖赤嶼火山熔岩與擄獲岩之礦物與岩石學〉，《經濟部中央地質調查所特刊》，第五期，一九九一年，頁六〇。

7 陳培源、張郇生，《澎湖群島之地質與地史》，頁一八五。曹恕中、宋聖榮、李寄嵎、謝凱旋，《澎湖群島》。原圖比例尺為五萬分之一臺灣地質圖及說明書，圖幅第73、74、75、76號。）經濟部中央地質調查所，一九九九年：頁五。

8 關於澎湖低平火山口的六大類型，可參考莊文星，〈澎湖低平火山口地質地形自然景觀登錄〉，國立自然科學博物館館訊第二七二期。

9 陳培源、張郇生，《澎湖群島之地質與地史》，頁一七五。

10 同上，頁三〇至三一。

11 地質遺跡地質敏感區劃定計畫書：桶盤嶼玄武岩與七美嶼凝灰角礫岩，經濟部，二〇一四年，頁六。

12 （曹恕中、宋聖榮、李寄嵎、謝凱旋，《澎湖群島》。原圖比例尺為五萬分之一臺灣地質圖及說明書，圖幅第73、74、75、76號。）經濟部中央地質調查所，經濟部地質調查所，一九九九年：頁二三。

13 郁永河，《稗海紀遊》云：自大放洋，初渡紅水溝，再渡黑水溝。台灣海道，惟黑水溝最險，自北流南，不知源出何處。海水正碧，溝水獨黑如墨，勢又稍窪，故謂之溝。廣約百里，湍流迅駛，時覺腥穢襲人。

14 林豪，《澎湖廳誌》，http://ctext.org/wiki.pl?if=gb&chapter=739368

15 以上關於臺灣海體研究主要參考戴昌鳳等著，《台灣區域海洋學》（臺北：臺大出版中心，二〇一四年）。

16 江樹生譯註，《熱蘭遮城日誌〈I〉》（臺南：臺南市政府，二〇〇二年）。

17 林文鎮，《二崁采風》（澎湖：澎湖縣立文化中心，一九九四年），頁四六。

18 洪國雄，《澎湖的石滬》（澎湖：澎湖縣政府文化局，二〇〇四年），頁二一。

19 林文鎮，〈澎湖吉貝嶼的地方知識與石滬漁業〉，《澎湖研究第十二屆學術研討會論文輯》，二〇一三年，頁一一六。

20 洪國雄，《澎湖的石滬》，頁二二四。

21 張玉璜、徐明福、王麒富，〈澎湖研究學術研討會 澎湖菜宅的地理分布與組構形態探討〉（古都基金會，二〇〇八年：第二卷第三期）。

22 澎湖縣政府文化局網站 http://basalt.phhcc.gov.tw/c/c01_01.asp 臺灣國家公園電子報 http://np.cpami.gov.tw

23 蔡愛卿、洪明裕、張玉璜、徐明福、王麒富、李明翰等採訪案例，〈澎湖研究學術研討會 澎湖菜宅的地理分布與組構形態探討〉（古都基金會，二〇〇九年）。

24 楊仁江，《澎湖的石敢當》（澎湖：澎湖縣政府，一九九三年）。
25 國立臺灣歷史博物館二〇一三年七月十日第十八期中文電子報 http://mocfile.moc.gov.tw
26 黃有興、甘村吉，《澎湖的避邪祈福塔：西瀛尋塔記》（澎湖：澎湖縣政府，一九九九年）。
27 參考澎湖縣政府文化局網站 http://www.phhcc.gov.tw/ch；楊仁江建築師事務所，《澎湖縣縣定古蹟鎖港南北石塔調查研究》，二〇〇八年。
28 胡建偉，《澎湖紀略》（臺北：行政院文化建設委員會，二〇〇四年），頁二一三。
29 經濟部中央地質調查所，〈地質〉第十六卷第一八八號。
30 有賀憲三著、陳春暉譯，〈台灣海藻採集日記〉，刊載於《硓𥑮石》季刊第六六期，澎湖縣政府文化局，二〇一二年。
31 曾文明，《如琢如磨的人生：陳海山父子的文石天地》（澎湖：澎湖縣政府文化局，二〇一六年）。
32 蘇益田，《生態條件對澎湖傳統聚落型態之影響》（澎湖：澎湖縣立文化中心澎湖縣文化資產叢書，一九九八年）。
33 李乾朗、俞怡萍，《古蹟入門》（臺北：遠流出版，一九九九年）。
34 林文鎮，《二崁采風》（澎湖：澎湖縣立文化中心，一九九四年）。
35 李乾朗，《臺灣建築史》（臺北：五南，二〇〇八年）；李乾朗，《傳統建築入門》（臺北：藝術家，一九九九年）。
36 〈南寮社區營造手冊〉，頁一〇四。
37 菲立普・費南德茲—阿梅斯托著，薛絢譯，《文明的力量》（臺北：左岸文化，二〇一五年），頁四四八。
38 洪敏聰，《澎湖風情現，菊島文化傳》（澎湖：澎湖縣文化局，二〇〇四年）。
39 《澎湖的海洋生物》（臺北：交通部觀光局，一九九一年）。南淺漁場又稱「台灣堆」，是一個暖流漁場。
40 洪敏聰，《澎湖風情現，菊島文化傳》（澎湖：澎湖縣文化局，二〇〇四年）。戴昌鳳，《臺灣的海洋》（臺北：遠足文化，二〇〇三年）。
41 林文鎮撰稿；劉嘉珍、王淑珍、蔡愛清採訪，《菜園社區誌》（澎湖：澎湖縣立文化中心，一九九九年）。
42 澎湖縣馬公市公所網站 http://www.mkcity.gov.tw
43 內政部營建署於二〇〇七年召開的國家重要濕地總評審會議時，將澎湖縣湖西鄉青螺濕地列為國家級濕地。
44 洗宜樂等七人，〈澎湖縣一〇四年度國家重要濕地保育行動計畫 澎湖青螺濕地紅羅灣海域環境魚類資源現況調查期末審查報告〉。
45 澎湖西嶼鄉公所網站二〇一七年六月資料 http://www.shiyeu.gov.tw

46 林聯登，一九二四年出生於澎湖廳馬公支廳西嶼庄二崁（今臺灣澎湖縣西嶼鄉二崁村）。父親陳炉入贅昇平旅社林家。林聯登為長子，故從母姓。一九九七年過世。http://www.tpa.gov.tw

47 林長興，〈澎湖鄉土教材〉，澎湖縣政府，一九九七年。黃文博，《南瀛五營誌》（臺南：臺南縣文化局，二〇〇六年）。吳永猛，〈澎湖村落五營信仰的探討〉，《澎湖研究：第一屆學術研討會論文集》，二〇一五年。

澎湖海洋地質公園

參考

交通部觀光局澎湖國家風景區管理處
http://www.penghu-nsa.gov.tw

內政部營建署台灣國家公園
http://np.cpami.gov.tw

澎湖縣政府
http://www.penghu.gov.tw

CHAPTER 9

馬祖地質公園

花崗岩築起的時代走廊

那一群細細碎碎的島嶼，與臺灣分得很開。列島的岩石，道出了與福建沿海才是系出同源，也就是與臺灣徹底殊異。

歲月像一把刀，一九四九年，國共劇變將馬祖與原鄉切開，使臺澎與馬祖成為意外的共同體。當戰地任務解除，記憶隨世代凋零，人們瘋追藍眼淚之際，眼淚背後的古老花崗岩該以何種姿態堅固守護列島。

撰文／雷翔宇．莊瑞琳．王梵　攝影／許震唐

9-1 與臺灣殊異的火成岩圖鑑

「屏東，晴天，二十六到三十三度……臺東，多雲時晴，二十六到三十二度……外島地區天氣為多雲時晴……」天氣預報的尾音漸漸淡出，提示節目已經結束，而最後一段輕巧帶過，可能觀眾也不會太過在意。對當過兵的男生來說，金馬獎曾是鬼籤；對未曾踏足離島的臺灣人來說，金馬是戰地前線，既遙遠又神祕，是冷戰時期的活化石。

攤開地圖，你得遠遠從臺灣朝西北方看，那一群細細碎碎的島嶼，與臺灣分得很開，卻彷彿與華南大陸更親近一些的，就是馬祖列島。現在大家認識的馬祖，是距離閩江口五十四海浬（約三十公里）、被海水包圍的三十幾個島嶼。馬祖與金門一樣，有著本島少有的花崗岩，馬祖偏北的緯度更使它有著截然不同的動植物生態，看似平凡的列島，正如許多沿海島嶼一樣，多是漁人、海盜的傳奇，或是西方人

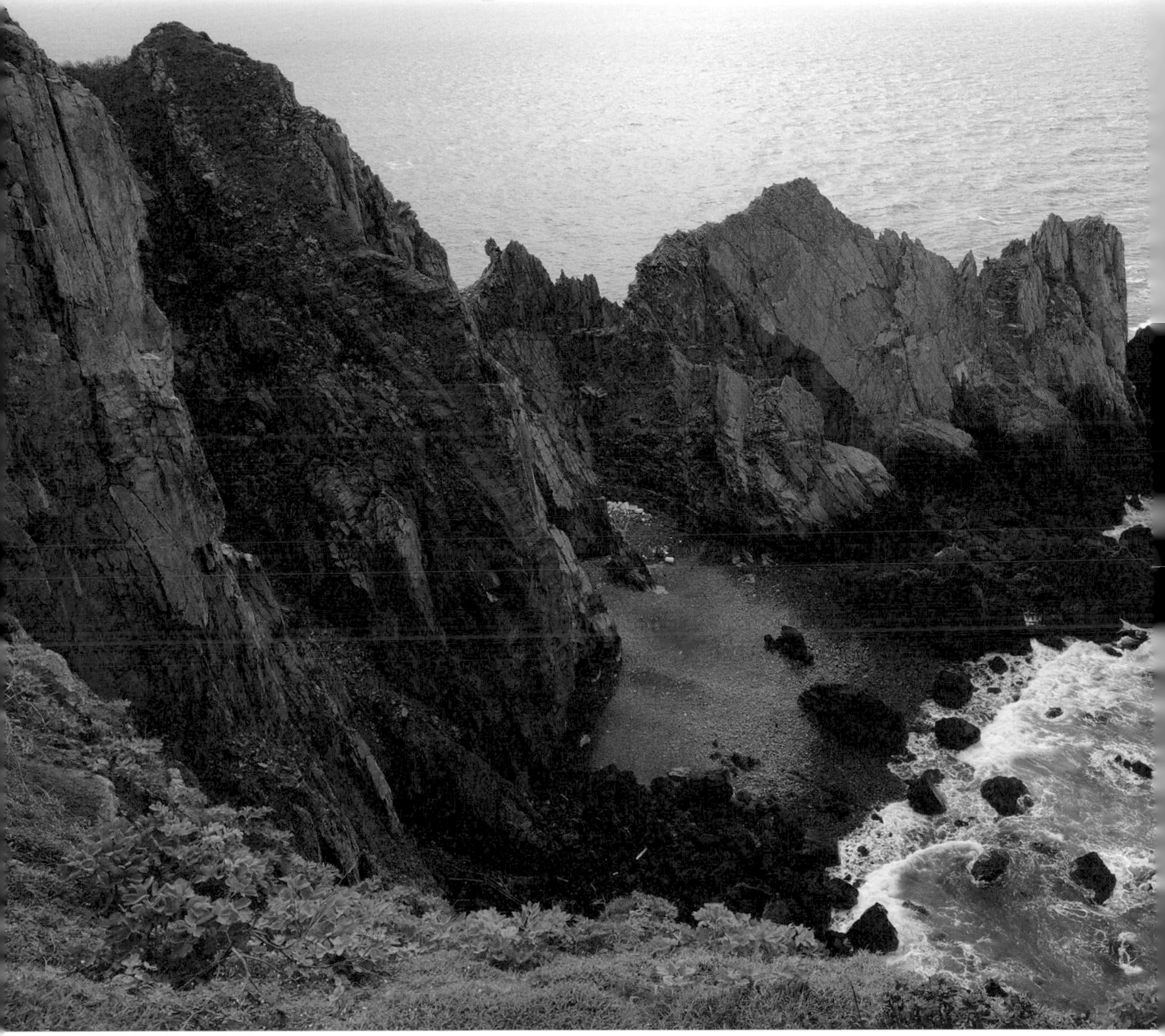

圖9-1 很多人可能不知道，國之北疆的位置，位於西引后澳上方約600公尺的「北固礁」（N26° 22'58.8" E120° 28'34.0"）。從國之北疆的石碑平臺望去，可見閃長岩裡縱橫交錯的侵入岩脈，形成明顯的紋路，為馬祖重要的地質景觀。

馬祖地質圖

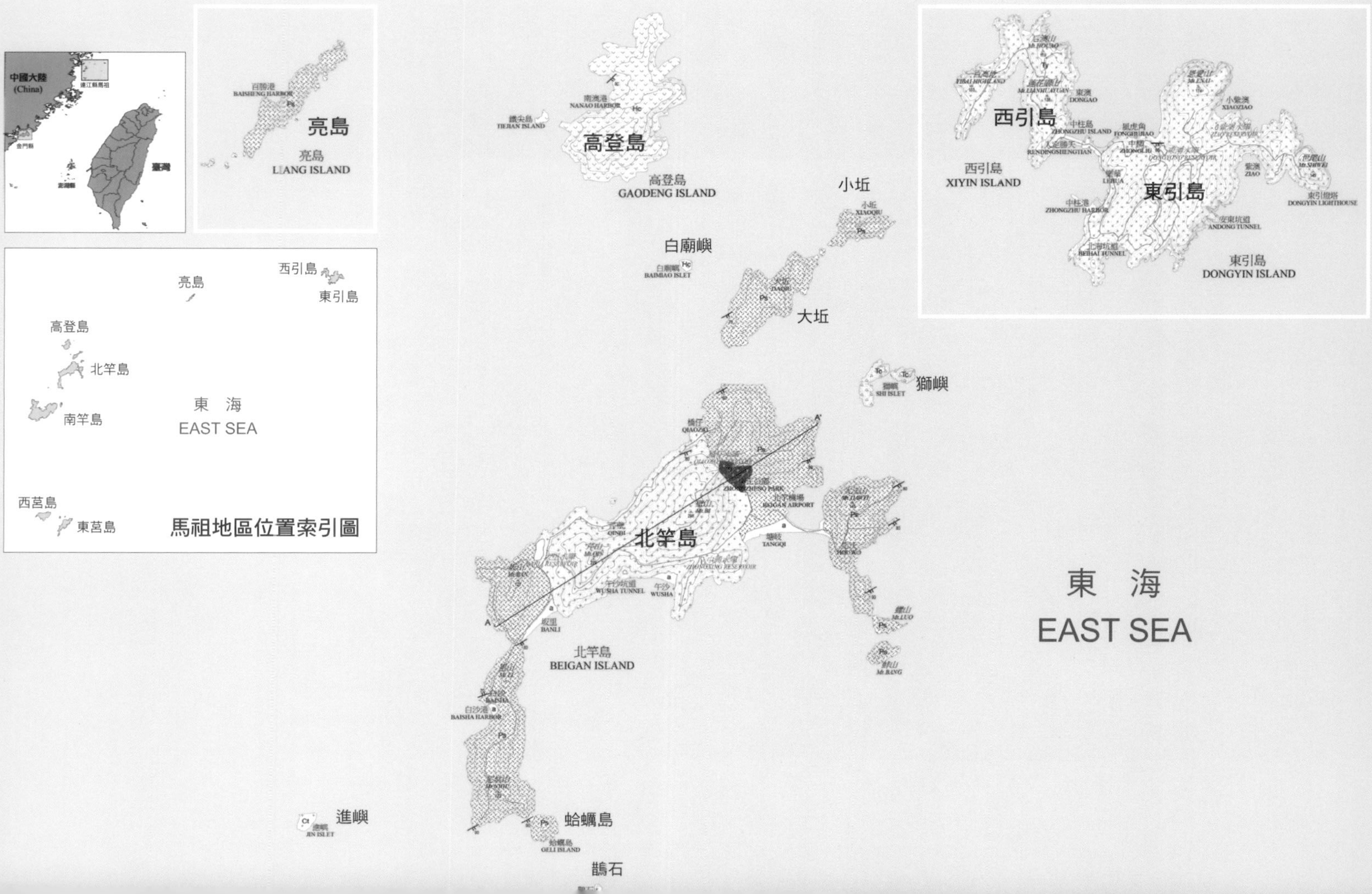
中國大陸
(China)
臺灣
亮島
LIANG ISLAND
百勝港
BAISHENG HARBOR
高登島
GAODENG ISLAND
南澳港
NANAO HARBOR
鐵尖島
TIEJIAN ISLAND
白廟嶼
BAIMIAO ISLET
小坵
XIAOQIU
大坵
DAQIU
獅嶼
SHI ISLET
西引島
XIYIN ISLAND
東引島
DONGYIN ISLAND
東湧
DONGAO
中柱島
ZHONGZHU ISLAND
中柱港
ZHONGZHU HARBOR
安東坑道
ANDONG TUNNEL
北海坑道
BEIHAI TUNNEL
東引燈塔
DONGYIN LIGHTHOUSE
小紫澳
XIAOZIAO
紫澳
ZIAO
北竿島
BEIGAN ISLAND
橋仔
QIAOZAI
芹壁
QINBI
塘岐
TANGQI
北竿機場
BEIGAN AIRPORT
午沙坑道
WUSHA TUNNEL
午沙
WUSHA
坂里
BANLI
白沙港
BAISHA HARBOR
螺山
Mt.LUO
蚌山
Mt.BANG
蛤蠣島
GELI ISLAND
進嶼
JIN ISLET
鵲石
東　海
EAST SEA
馬祖地區位置索引圖
亮島
西引島
東引島
高登島
北竿島
南竿島
西莒島
東莒島

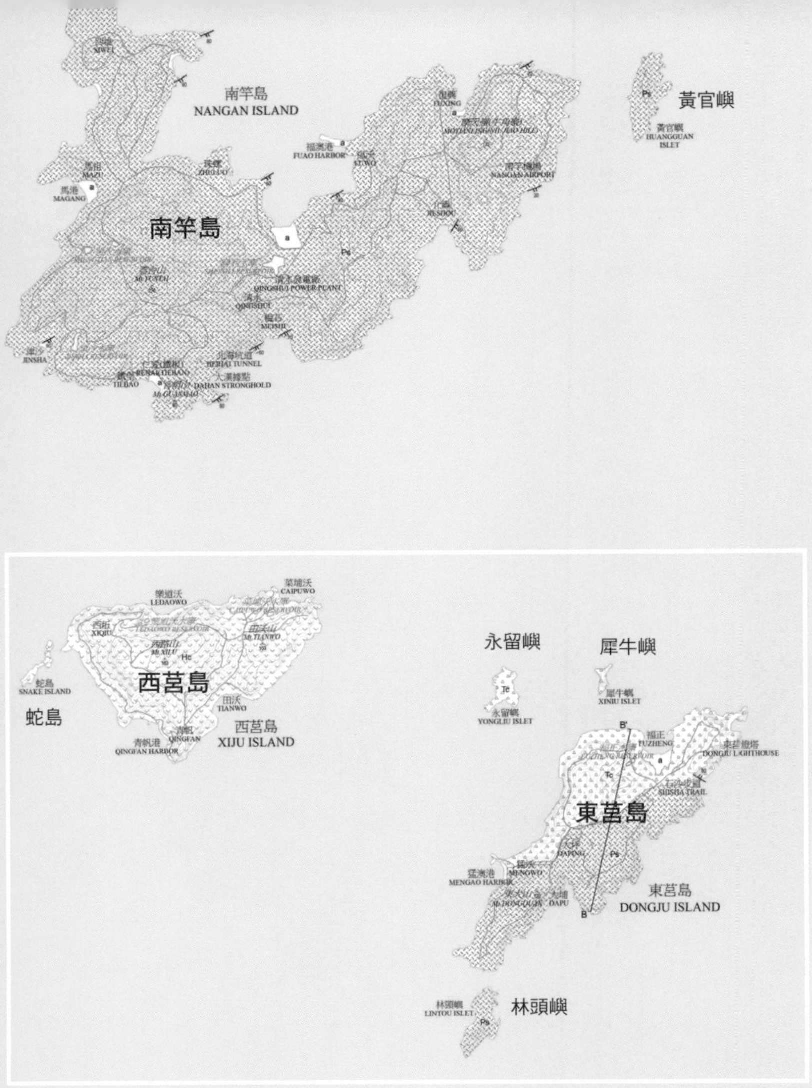

圖例 Legend

全新世 HOLOCENE	沖積層 ALLUVIUM DEPOSITS	a	礫石、砂及粘土 Gravel, sand and clay
晚白堊紀 LATE CRETACEOUS	塘岐輝綠岩 TANGCHI DIABASE	Ti	輝綠岩 Diabase
	橋仔花崗岩 CHIAOTZU GRANITE	Ct	花崗閃長岩與英雲閃長岩 Granodiorite and tonalite
早白堊紀 EARLY CRETACEOUS	東引閃長岩 TUNGYIN DIORITE	Ty	英雲閃長岩含閃長質包體 Tonalite with dioritic enclave
	東莒火山角礫岩 TUNGCHU VOLCANIC BRECCIA	Tc	異質岩性火山角礫岩 Heterolithologic volcanic breccia
	西莒凝灰岩 HSICHU TUFF	Hc	流紋質凝灰岩與英安岩 Rhyolitic tuff and dacite
晚侏羅紀至早白堊紀 LATE JURASSIC TO EARLY CRETACEOUS	白沙花崗岩 PAISHA GRANITE	Ps	花崗閃長岩與二長花崗岩 Granodiorite and monzonite granite

馬祖地區與鄰近的福建地區所出露的岩石，以花崗岩類為主，形成年代約9,500萬年至1億年前，地質環境和金門地區頗為相似，但與臺灣則大為不同。馬祖岩漿活動歷史橫跨白堊紀近5,000萬年的期間，大致可以區分為早白堊紀的花崗岩類侵入抬升，其後噴發覆蓋其上的火山岩及火山角礫岩，到了晚白堊紀又有花崗岩與閃長岩的侵入，最後則為大量基性岩脈的侵入等時期。

圖9-2 圖片來源：經濟部中央地質調查所，《馬祖地區》。原始比例尺為二萬分之一臺灣地質圖及說明書。

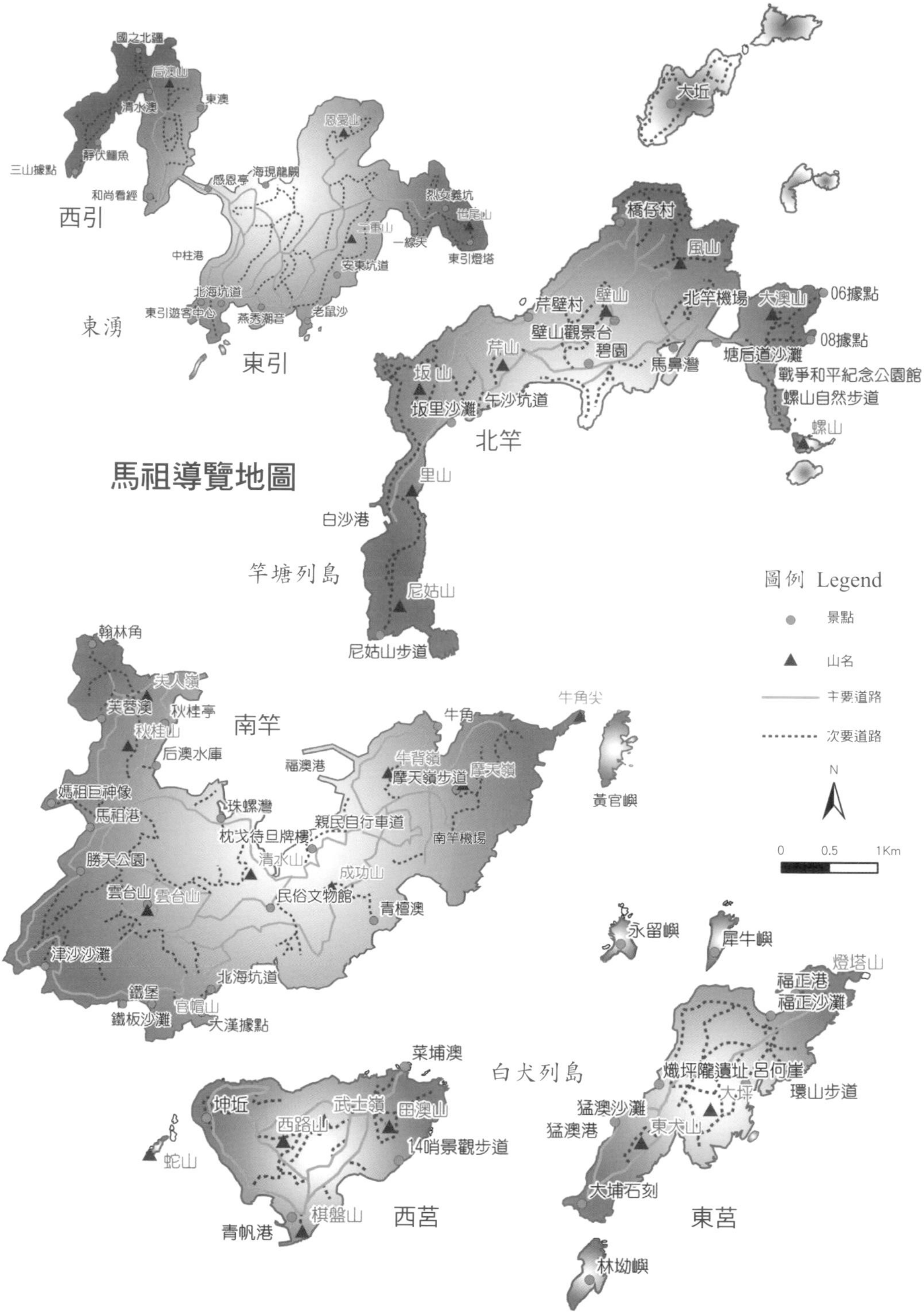

圖 9-3 當今馬祖眾多島嶼之中，僅南竿、北竿、東莒、西莒、東引（含西引，已因築堤而聯結）等主要島嶼有民居和聚落，合稱為「四鄉五島」。東莒、西莒舊稱「東沙」、「白犬」，合稱「白犬列島」；北竿、南竿舊稱「北竿塘島」、「南竿塘島」，加上鄰近的大小島礁，合稱「竿塘列島」；東引舊稱「東湧」，由東、西引與附屬島嶼組成。

馬祖導覽地圖，由交通部觀光局馬祖國家風景區管理處提供。本圖主要為地名與路線辨識參考，非實際比例尺與相對方位。出處：林俊全編，《認識馬祖地質公園》（連江縣：交通部觀光局馬祖國家風景區管理處，2013年），頁50-51。

來此蓋起燈塔，成為航海時代的一個座標，但事實上歷史一直對馬祖施以各種劇烈的扭轉，一個就是地質上的燕山運動，一個就是一九四九年國共分裂，馬祖從「帝力於我何有哉」的大陸邊緣變成重軍駐防的國共前線。花崗岩不是拿來做建材，而是成為坑道、碉堡與據點。

馬祖（金門亦同）在地質史上也是另一種前線，因為這些島嶼記錄著決定中國東部形貌、礦藏最重要的燕山運動，而燕山運動的前後期更幫助我們理解環太平洋西岸的變遷。馬祖有其地質解讀的重要位置。燕山運動指的是從中侏儸紀到白堊紀時期（一億八千萬年前至九千萬年前），因古太平洋板塊持續向西擴張，逐漸隱沒到華南陸塊之下，造成多次岩漿活動的構造運動。馬祖列島的各種火成岩的時間，恰好完整說明了燕山運動在這個區域從早期到最後階段的連串變化。

從現今近乎穩定的地體環境，確實難以想像在幾千萬至幾億年之前，中國東南沿海曾經歷劇烈的構造活動，但金馬與福建沿海的眾多島嶼，同屬於華南大陸的一部分，列島形成的故事，與六百萬年前造成臺灣島的蓬萊造山運動迥然不同。

「事實上，如果你跑到福州，跑到廈門，跑到晉江，跑到泉州沿海，只要是在白堊紀形成的石頭都是一樣，也就是中國東南沿海都有，因為那個時候，整個華南沿海的地質活動皆受隱沒作用強力主導。」過去三十年長期研究華南地質的李寄嵎博士一語道破，「九千萬年之前，大量的花崗岩與火山岩形成，並構成金門、馬祖等島嶼，與福州、漳州等岩體屬於同一個構造區，比較像一家人。」

列島的岩石不僅比臺灣老，更道出與福建沿海才是系出同源，與臺灣徹底殊異。這個地帶在一億多年前就因燕山運動造成大規模的花崗岩岩漿入侵，並在地下花上數萬年慢慢冷卻，此後因不斷擡升與侵蝕露出地表，再遭遇之後的火山噴發的凝灰岩或角礫岩覆蓋，或者又過了幾千萬年，燕山運動進入後造山期，不再造山，而是像古太平洋板塊在往後退一樣，開始張裂，於是另一波較淺位的岩漿（不到十公里深）出現與侵入，形成不同顏色交錯的斑馬岩。這些持續的張裂甚至造成太平洋西岸的山脈坍塌，形成如日本海、黃海、東海與南海等邊緣海。[1]

其後，原先只是陸棚上幾個丘陵的馬祖，就在海水面的升降中，歷經許多次冰河期、間冰期，一下子浮出水面為陸地上的小山，一下子沉入水中為海上孤島。到約一萬年前，最後一次冰河期結束，海水淹起來時，馬祖才有了現在的輪廓。

．豐富的火成岩類型

岩漿活動為馬祖列島帶來豐富的火成岩類型。巡禮馬祖四鄉五島可以看見形成於地底深處的花崗岩、閃長岩，亦可以觀察火山爆發後，火山物質沉積而成的火山碎屑岩，還可以欣賞許多特殊的岩石產狀，以及那些源於火山活動的地質故事。

馬祖最廣為人知的就是花崗岩。花了非常久的時間在地底冷卻的花崗岩，也因不易被風化侵蝕成為高級建材，人類樹立紀念碑、墓碑，或搭建廟宇梁柱、博物館等，似乎凡認為永恆之物者都不能不用上花崗岩。以花崗岩為陸基的華南，從唐代開始，晉江流域就在開採花崗岩做石雕了。臺灣廟宇喜歡用的泉州白石，就是花崗岩。

早期介紹馬祖的資料，多以酸性火成岩的花崗岩一概而論，然而隨著日益精確的研究，已知東引是中性火成岩的閃長岩。兩者同屬深成岩，是由侵入地殼深處的岩漿冷凝而成，但成分不太一樣。不過最初位於地殼深處的岩石，今天居然呈現在地表，可見經過擡升與侵蝕作用，原本疊在上面好幾千公尺的岩層，已隨著時光的刻度煙消雲散。

岩漿除了侵入地殼，還可能從地表噴發。火山噴發的時候，除了液態的熔岩外，還有固態的碎屑跟著噴出，最後堆積在地表形成火山碎屑岩。[2]馬祖南部的白犬列島（現為東莒、西莒），可以見到不同顆粒大小的碎屑所組成的岩石，有顆粒細緻的凝灰岩，也有顆粒較大的火山角礫岩。東莒島上的福正沙灘，出露的火山角礫岩內含的花崗岩岩塊直徑可達七十公分，隨著距離愈遠，岩塊的數量與大小都隨之遞減，至西莒島轉為以僅數公釐的岩石、礦物碎屑，和細粒無法以肉眼辨識的基質組成的凝灰岩為主。由火山岩組成物質的空間分布變化，可讓我們遙想當年火山可能的位置。

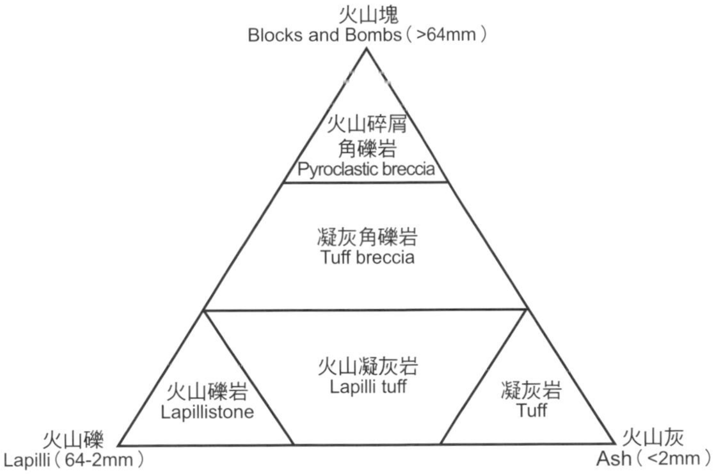

圖9-4 火山碎屑岩組成物質與分類（改繪自Fisher，1996）

此外，馬祖地區常見基性岩漿侵入酸性的花崗岩之中，兩者深淺排列，形成彷彿斑馬紋路似的有趣景象。當岩漿在地底下尚未冷卻固結時，若周圍的岩石有縫隙，岩漿便趁隙而入，形成今日地表所見的岩脈。如前所述，這是較為年輕的地質現象，屬於燕山運動後期因張裂產生的岩漿。

地質學的尺度非常巨大，在空間上是幾千公里，在時間上是幾千萬年。馬祖目前的三群島嶼[3]，雖然因緣際會被劃為同一個行政區，但島嶼間各有不同特色，使馬祖儼然是一部生動的海上火成岩圖鑑。

・竿塘列島有兩種花崗岩

竿塘列島由南竿、北竿這一雙島嶼，以及鄰近的大小島礁組成，除了前線中的前線，距離對岸黃岐僅八公里多的高登島之外，主要島基都是花崗岩。花崗岩屬酸性岩，二氧化矽含量高，鐵鎂礦物較少，顏色較淺，含有肉眼可辨識的長石、石英結晶，花樣豐富，質地剛強，因而得名「花崗岩」。

南竿塘島幾乎都由堅硬的白沙花崗岩構成，生成於晚侏儸紀至早白堊紀（約一億六千萬至一億四千萬年前）。南面突出的官帽山，可見凝灰岩、火山角礫岩出露，與西莒、東莒相同。官帽山沿大漢據點、北海坑道，一路延伸至梅石一帶，可見受剪切作用變形的岩石。花崗岩受力而韌性變

圖9-5 秋桂亭附近一處岩脈侵入花崗岩的地質景觀，黑白相間，又被稱為斑馬岩。

形，礦物顆粒拉長，結構壓縮如片，紋路交織如麻，是為片麻理，在南竿南部頗為常見。

除了片麻理的變質現象，南竿偶爾可見基性岩脈入侵，酸性與基性的岩石深淺交替，形成斑馬紋般的奇景，南竿秋桂山附近可為代表。入侵的岩脈約生成於晚白堊紀（九千餘萬年前），這表示在古老的花崗岩成岩之後，至少要再經過五千萬年，基性岩漿才侵入岩石之中，這些岩石深淺交錯的花紋才出現在人們眼前。

北竿塘島也是花崗岩為主，但若仔細觀察，可發現結晶的粒度並非全島一致。北竿兩側[4]所分布是與南竿相同的較古老的白沙花崗岩。然而

圖9-6 南竿最西南處的津沙村往東一直到梅石村海岸，岩石變形程度最劇烈者具有片麻理構造。
資料來源：經濟部中央地質調查所《地質》期刊第33卷第1期，頁39。

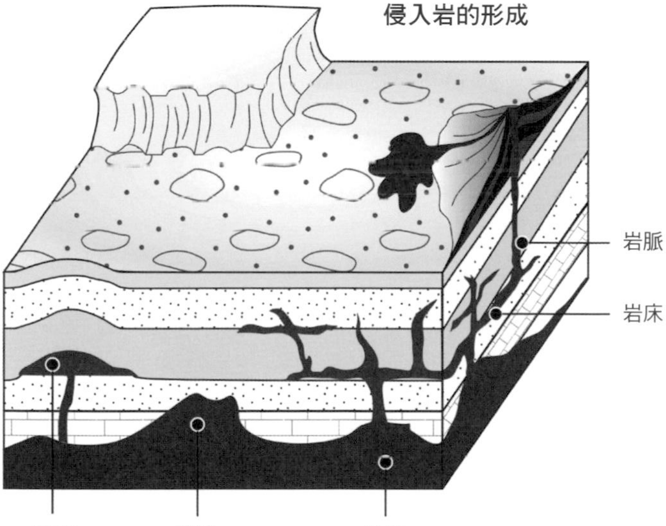

圖9-7 岩漿流進地層中，冷卻形成的岩石稱為侵入岩，根據不同的型態而有不同的稱呼，岩基是地底最大的侵入岩體，而岩株則較小，從岩基發展出平行層面擴展的岩床、沿著裂縫上升的岩脈，及較常出現在岩脈上方的岩蓋。
圖片繪製：GEOSTORY

北竿中部地區的橋仔花崗岩，暗色礦物如黑雲母、角閃石明顯較少，顏色偏淺白色且組成礦物的粒度細小。兩種花崗岩的存在，顯現這裡曾經至少有兩次不同時期的岩漿活動，北竿中央的橋仔花崗岩比兩側的白沙花崗岩年輕許多，相差四千萬年以上。

除了花崗岩之外，在北竿雷山與壁山之間的山坳處，人稱半山的地方，還可見到輝綠岩出露。基性的輝綠岩深似墨綠，酸性的橋仔花崗岩色淺如粉，完全是兩樣風貌。儘管顏色、成分比例迥異，兩者年代卻十分接近，都在九千多萬年前，推論可能是雙模式火成岩，即本來同屬一脈岩漿，因為結晶時的分異作用，形成了不同的火成岩。

花崗岩、輝綠岩都是岩漿侵入地殼冷卻後形成的深成岩。如今這些岩類出露地表，可以想像成原來的地表或因為內營力而天翻地覆，或因為外營力而煙消雲散了！

·火山碎屑覆蓋白犬列島

竿塘的南方有白犬列島，以西、東兩大島為主，古稱白犬、東沙。一九四九年後輾轉易名，遲至一九七一年更名莒光鄉，取「毋忘在莒」之意，兩島亦改稱西莒、東莒。

從南竿搭船，初踏莒光，旅人必定對灰撲撲的岩石印象深刻，與竿塘呈現截然不同的風貌。這裡的岩石從顏色、年代到生成方式，都和南、北竿不一樣。

西莒主要由凝灰岩構成，顏色黯淡，經風化後轉為淺白色，有火山噴發時的岩石或結晶碎屑夾帶其中。西北方採石場一帶，因人工開採之故，是很清楚的出露點。

圖 9-8 北竿白沙港上方，土黃色花崗岩為主體，後期侵入黑色基性岩脈，礦物顆粒大，色淺。

島嶼東北角的菜浦澳所出露的凝灰岩，可見灰、白相間的平行紋理，清晰而細緻，宛如手繪一般，這起因於火山碎屑流的湧浪堆積。所謂火山碎屑流，可以想像為岩漿版的土石流，源自火山噴發引起火山口熔岩丘崩塌，熔岩碎屑四處流淌。

火山碎屑流以空氣為介質，快速流竄，吸入空氣，空氣遇熱膨脹，往往在碎屑流前緣產生局部爆炸；細小的碎屑噴向前，碎屑流從後加以掩埋，揚起的火山灰又覆蓋其上，好似湧浪一般層層堆積，故名「湧浪堆積」。

今日所見的千層剖面，就是火山這樣「畫」出來的藝術作品。凝灰岩的湧浪堆積現象，顯示西莒菜浦澳距離火山噴發中心不遠。若是踏上東莒晃一遭，就更能發現火山活動的蹤跡了。

東莒的岩石以石獅灣—猛澳港連線為

界，北方是東莒特色岩石「火山角礫岩」，風化後呈灰色，南方是花崗岩，和南、北竿最古老的白沙花崗岩屬同一層。東莒火山角礫岩與西莒凝灰岩，同為火山碎屑堆積而成的岩石，粒徑卻相當不同，角礫岩大凝灰岩小。

單看東莒島上的分布，北部福正村的角礫岩，火山塊比例達五到八成，隨著遠離福正村而遞減，顆粒也漸細，到了猛澳港、東莒島燈塔處，已可見較細的火山凝灰岩。火山爆發後，輕的物質飄得遠，重的物質飛不長，加上南竿官帽山一帶，也可見火山碎屑岩，據此，可推論曾經的火山噴發口，就座落在福正外海、東莒與南竿之間。

從東莒東洋山步道觀察石獅灣，可發現火山角礫岩覆蓋在花崗岩盤之上，兩者界面明顯。

竿塘列島坐擁地史悠久的白沙花崗岩，白犬列島以不同粒徑的火山碎屑岩交織成章，那麼遠在霞浦縣外、國之北疆的東湧呢？

右下圖9-9　西莒採石場。採石場開闢的石材，用於填建青帆港。圖片提供：雷翔宇

左上圖9-10　西莒04據點（菜浦澳）望石山崖凝灰岩「湧浪堆積」。圖片提供：溫在銘

左下圖9-11 東莒白沙步道，火山角礫岩與花崗岩的接觸面。左下是整片花崗岩，火山角礫岩綿延到底，中間夾有花崗岩。

圖 9-12 西引尾端南邊三山據點，閃長岩很容易見到發達的柱狀節理。

・閃長岩在東湧

東湧，今又稱東引，因湧浪湍急而得名，由東、西兩島與附屬島嶼組成。史籍以東湧山指稱列島全體，先民口耳相傳則習慣以東湧、西湧分別稱呼兩島。

東引全境以中性深成岩——閃長岩為主，主要礦物為石英與斜長石。若仔細觀察東引的斜長石，可發現粒徑隨地區有別，西引島與東引世尾山（東湧燈塔一帶）多見粗粒（大於三公釐），而西起西引之東、東至紫澳的核心地帶，則以細粒（小於一公釐）為主。有趣的是，在西引島「人定勝天、事在人為」字碑附近，可見到粗粒、細粒閃長岩的接觸關係，兩者在接觸帶上互相擄獲、互為包體，可見它們年代相近。定年結果顯示，它們形成於早白堊紀晚期（約一億一千五百萬年前）。

若從海上看東引，垂直柱狀節理令人印象深

刻。李寄嵎分析，「因為快速擡升，所以非常陡峭，遠遠看跟澎湖似乎很像，但卻是完全不同的岩性與作用。」

馬祖因為戰地關係，在一九九二年解除戰地任務之後，地質的研究資料才愈趨豐富，但直到二〇一五年經濟部中央地質調查所出版的馬祖二萬五千分之一圖幅中，仍沒有詳細的區域地質圖，僅能靠學者的現地調查資料，因此關於馬祖的地質研究仍有許多未解之處，比如為什麼獨獨東西引是閃長岩，又與福建平潭蓮花山相同。只能從目前的岩石產狀中，理解馬祖的岩石基本上與燕山運動的發展有關，也是瞭解平潭至東山變質帶的重要地點。

左圖9-13 西引人定勝天字碑處出露的細粒岩體包含粗粒岩體的包體。資料來源：經濟部中央地質調查所，《地質》第33卷第1期，頁38。

右圖9-14 東引閃長岩，垂直的柱狀節理相當雄偉。

火成岩有哪些種類？

火成岩是岩漿冷凝而成的岩石，依其生成的位置，可粗分為「火山岩」、「深成岩」兩類。火山岩又稱噴出岩，指的是岩漿以地殼裂隙為通道到達地表，在地表冷凝而成的岩石。深成岩則指岩漿侵入地殼，在岩盤深處緩慢冷卻所成的岩石。

火山岩、深成岩的分類，除了指出成岩位置，還劃分了冷卻過程。岩石冷卻的過程中，礦物會漸次結晶，而不同的成岩環境，礦物的結晶狀況往往不同。地表噴發的岩漿，因溫度驟降、壓力遽減，冷卻較快，岩漿內的礦物多來不及結晶。地殼深處冷凝的岩漿，溫壓變化不如噴出地表者劇烈，冷卻相對較緩，時間也長，故能見到較大而完整的結晶。

礦物結晶面貌豐富，根據結晶程度可簡分為三類：玻璃質、隱晶質、全晶質。當岩石冷

火成岩的分類圖

<table>
<tr><td colspan="4">產狀</td><td>深成岩</td><td>噴出岩</td><td rowspan="3">礦物成分</td></tr>
<tr><td colspan="4">組織</td><td rowspan="2">粒狀組織</td><td rowspan="2">微晶質或
玻璃質</td></tr>
<tr><td>鐵鎂質</td><td>顏色</td><td colspan="2">二氧化矽含量百分比</td></tr>
<tr><td rowspan="5">低
↑
↓
高</td><td rowspan="5">淺
↑
↓
深</td><td rowspan="5">高
↑
↓
低</td><td>酸性66%</td><td>花崗岩</td><td>流紋岩</td><td>石英（多量）
正長石、斜長石（多量）
白雲母、黑雲母（少量）</td></tr>
<tr><td>中性52%</td><td>閃長岩</td><td>安山岩</td><td>石英（無或少於3%）
斜長石（多量）
角閃石（多量）
輝石（少量）</td></tr>
<tr><td>基性45%</td><td>輝長岩</td><td>玄武岩</td><td>石英（無或稀少）
橄欖石（少量）
角閃石（少量）</td></tr>
<tr><td rowspan="2">超基性</td><td>橄欖岩</td><td rowspan="2">玻基質輝
橄岩</td><td>橄欖石（多量）
輝石（多量）</td></tr>
<tr><td>純橄欖岩</td><td>輝石（少量）</td></tr>
</table>

圖9-15 火成岩的分類圖

卻時間極短，礦物中的原子來不及依結晶構造排列，質地好似玻璃一般，是為玻璃質，例如海洋底部的玄武岩，岩漿觸及海水後急速冷卻，成為玻璃質玄武岩。若時間長些，原子排列整齊，只是來不及長大，礦物顆粒細小，肉眼或低倍顯微鏡無法辨識，則為隱晶質，例如陸上噴發的澎湖玄武岩。如果冷卻得更慢、時間更長，結晶得以生長，肉眼即可辨識，那就是全晶質了，代表例子是金門、馬祖的花崗岩，生成於地底深處，結晶清晰明顯。一般而言，玻璃質、隱晶質見於火山岩，而全晶質則是深成岩的特性，地質學家可據之推敲岩石生成的方式與位置。

除了礦物的結晶狀況，岩石的組成也是分類的重要依據，可依二氧化矽含量，由高到低分為酸性（六六%以上）、中性（五二~六六%）、基性（四五~五二%）、超基性（四五%以下）等四種。通常二氧化矽含量愈多，鐵鎂礦物愈少，顏色愈淺，反之則愈深。酸性代表如花崗岩、流紋岩，中性代表如閃長岩、安山岩，基性代表如輝長岩、玄武岩，超基性代表則是橄欖岩。

9-2 海水雕刻的列島

馬祖在板塊構造運動所致的岩漿活動中應運而生，又經過海洋千萬年來的雕琢才形成現在的面貌。馬祖雖然最高海拔的北竿壁山三百公尺不到，但因馬祖各島水平距離不到一公里就下降到海平面，給人一種地勢陡峭的高聳感。在東引燈塔望海，特別能想像舊時沒有燈塔的年代，海象的洶湧威脅。不同於澎湖，馬祖以地形起伏更大的花崗岩地形與海水共舞，加上不時霧氣繚繞，更顯氣勢。

・灣澳之鄉

「馬祖，海的家鄉，碧海藍天好風光」——〈馬祖頌〉

來來去去的海水，除了以分秒為單位的波浪、以日為單位的潮汐，還有另一種進退，那就是以萬年計的冰河期與間冰期。從閩浙濱海的廣域地圖，可見海岸線凹凸不平，山脊延伸入海，河谷溺水成灣，形成谷灣。谷灣式海岸是一種沉水海岸，顯示滄海曾經為桑田，直到最近一次冰河期於一萬年前結束，海平面上升，許多陸地才沒入海中。

馬祖是海洋所包圍的陸沉島嶼，列島是冒出海面的小小山頭，也就是海上的一座座丘陵。丘陵的地勢起伏大，不利於人類居住，只有山與山之間的緩坡、臨海的灣澳較為平緩。先民從灣澳上岸，逐灣澳而居，馬祖的聚落因此形成了「一村一澳口」的特殊分布。

早期居民選擇落腳於海灣，有兩個原因，一則地勢相對低平，較易造房、耕作，二則漁船可以停泊、進出，三則有山避風，房子不易吹垮。

百姓墾拓馬祖，不為島上寸土，而是放眼寬闊的海洋。先民既然放眼寬闊的海洋，那麼當然選擇住在海灣，而不聚在山頂了。明代黃仲昭編纂的《八閩通志》（明洪治二年，一四八九）山川篇有云：「上竿塘山，在大海中。峰巒屈曲，上有竹扈、湖尾等六澳。下竿塘山，突出海洋中，與上竿塘山並峙。山形峭拔，中有白沙、鏡塍等七澳。」這段記載首次記錄了竿塘的地形與子地名。福州語習稱海灣為澳，馬祖地區多用此字，常見福澳、后澳等以澳稱呼的地名，直到今天，馬祖的聚落都是聚集在澳口，蔚為特色。[5]

·怪石嶙峋的海蝕地形

在島嶼曲折的海岸線上，除了灣澳與沙灘，還有更多的地方是裸露的岩石，日夜受海水淘洗。岩石隨內含成分不同，各自抗風化的能力也有所不同，基性岩脈就較花崗岩容易風化。海浪一波波朝岸上打來，侵蝕基性岩脈較多，侵蝕花崗岩較少，便產生了差異侵蝕。即使是同一種岩石，隨海底地形、方位不同，海流攀上的力道也不相同，使得每一處海岸，都被海水雕琢出獨一無二的花樣。

海蝕地形隨差異侵蝕的程度不同，分有海蝕崖、海蝕溝、海蝕門、海蝕柱等，各異其趣。四鄉五島之中，許多地方可以見到海水侵蝕而形成的陡崖。如若侵蝕再深一點，就能看見崖壁上有插入海平面的凹縫，亦即海蝕溝。東引紫澳東岸「烈女義坑」、大紫澳東岸的「一線天」，就是頗具規模的海蝕溝景點。更特別者，東引燕岫澳的「燕岫」，也是一海蝕溝，潮水灌進裂縫，撞擊岩面成一波波沒有歇止的音韻，獲名「燕秀潮音」。

圖 9-16 東引海現龍闕海蝕門

海蝕溝受侵蝕更劇者，海水前後貫通，空留岩石成拱門狀，則為海蝕門。東引圓圓澳「海現龍闕」，西引后澳、東澳，東莒猛澳、酒罈浦，以及北竿三連嶼，都可以見到宏偉的海蝕門。海蝕門再經侵蝕，門楣坍塌，徒留一柱擎天，那就是海蝕柱了。四鄉五島之中，最有名的海蝕柱，莫過於北竿螺蚌山步道終點的「海上孔子像」。海上孔子像是一立於陸連島間礫灘的海蝕柱，呈拱手作揖樣，栩栩如生。

西引后澳海蝕地形發達，海蝕洞、海蝕門、海蝕柱豐富，是觀賞海蝕地形的絕佳景點。走下礫灘，西側甚至有海蝕門接二連三，門外有門，天外有天！

另處知名的海蝕景點，是東莒酒罈浦，近年又獲名神祕小海灣。東莒酒罈浦[6]旁有一海蝕門，門外緊接一海蝕柱，使得海水流動呈丫字形，非常奇特。

資深導遊林增官早年編了個故事：呂洞賓與何仙姑在王母娘娘的蟠桃會上暗通款曲，王母娘娘震怒，遂取下二仙之女陰、男陽，化於東莒島上，命其修行。此一故事生動詼諧，廣為流傳，居民皆稱此處為「呂何崖」。

圖9-17 北竿螺蚌山步道終點的「海上孔子像」
圖片提供：雷翔宇

‧綿密細膩的海積地形

海水抹去的物質，經過歲月，又被浪潮捲了回來，堆疊成灘。海岸堆積與海岸侵蝕相反，是海湧和海風的反饋，常見於灣澳等海岸線凹陷之處。沙灘是典型的海積地形，例如北竿塘后、午沙、坂里沙灘，南竿鐵板、馬港沙灘，東莒福正、猛澳沙灘，以及西莒坤坵沙灘。這些沙灘，同時也是天然港口，可供小船停泊。馬祖天后宮前的馬港沙灘如今就仍是軍港，不時可見小型軍船。

灣澳成就沙灘，也成就良港，但有時為了建設，不能兩者並存。為增進島際交通，南竿福澳、北竿白沙修堤築港、填海造陸，沙灘美景徒留「白沙」之名成為追憶。

而眾多沙灘之中，塘后沙灘、坤坵沙灘是罕見的連島沙洲。所謂連島沙洲，是指連接兩處陸地或島嶼的沙洲地形，需有適合的地形與季風，經年累月才能形成。塘后沙灘規模大、沙粒細緻淺白，素有「糖沙」美稱。

左圖9-18 西引后澳是絕佳地質教室，海蝕柱、海蝕門等地形景觀豐富。
右圖9-19 東莒神秘小海灣的海蝕門與海蝕柱

上圖9-20 南竿鐵板沙灘
中左圖9-21 北竿坂里沙灘上留下的軌條砦
中右圖9-22 東莒福正沙灘
下圖9-23 西莒坤坵沙灘與蛇山，蛇山現已規劃為燕鷗保護區。圖片提供：溫在銘

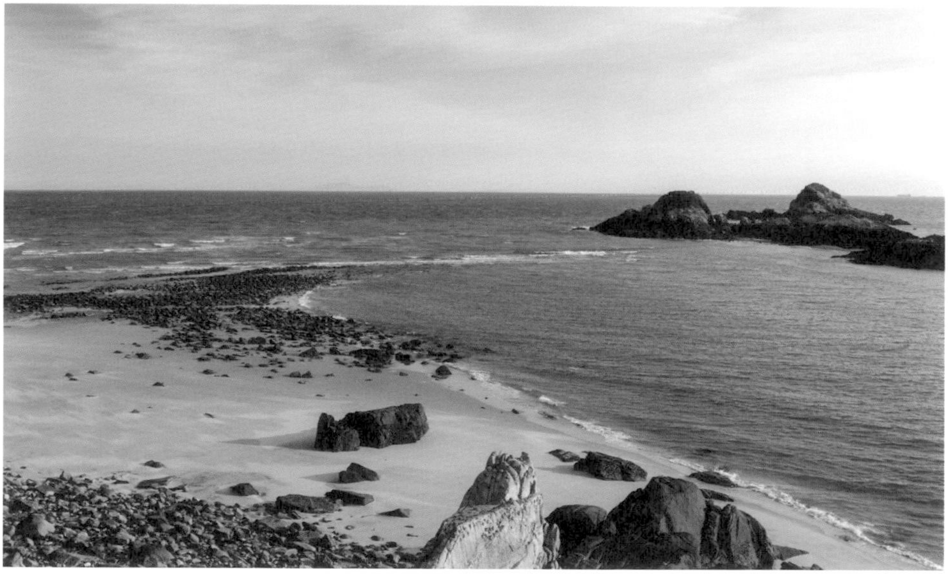

圖 9-24 北竿塘后連島沙洲上已開闢一條水泥路　圖片提供：雷翔宇

曾經，塘后沙灘在大潮漲滿時，海水會從南北夾擊，淹沒沙灘，將北竿截斷成兩座島嶼，住在大澳山下的后澳村民，若未算準潮汐，往往有家歸不得。即便未達滿潮，倘若遇上霧季，欲經過沙灘往塘岐，眼前一片煙波浩渺，也難保不走進水裡。為了交通，當新的北竿機場截斷沙洲啟用時，沙洲上築了條水泥路，將塘后沙洲一分為三，美景從此不再。

坤坵沙灘的命運則大不相同。沙灘外的蛇島是一連串礁岩，不能住人，自無往來問題。現在蛇島已劃入馬祖燕鷗列島燕鷗保護區，嚴禁民眾於繁殖季節靠近，只能從遠端遙望，坤坵沙灘因而能保留原始風貌。

沙灘之外，礫灘也是馬祖常見的地形。礫灘是一種沉積地形，是山壁崩落的岩塊，經海水洄洑淘洗，日夜打磨而成。最具代表者，就是西引島東澳和后澳礫灘。東湧地區全境無沙灘，東澳是少數能親水之地，沁涼消暑，是清幽寧靜的自然名勝，也是地質公園的教學殿堂。

馬祖雖然是島嶼，但過去因為戰地關係，海岸線多成禁忌之地，比如燕秀潮音至今仍在軍營之內，必須查驗身分後才能放行入內，也嚴禁拍照的角度，以免洩露軍機，而美麗的石英沙灘，總會暗藏一個哨口，豎立著防水鬼的軌條砦，或者花崗岩上被嵌得到處是玻璃碎片，這是國防導致的生態破壞。據說這幾年爆紅的藍眼淚，是以前岸邊站哨的阿兵哥都曾獨享過的美景。解除戰地任務後的馬祖，如何串聯這些地景，轉型為歷史、科學與生態保育的重要教材，將是解放海岸線的下一步。

馬祖的農田

在丘陵堆疊之中，少數平緩之地，顯得珍稀。四鄉五島之中，東莒的地勢最為平緩，其中位於正中央的熾坪村（莿坪村），聚落名已反映了地形。熾坪是馬祖少見不靠海的聚落，地勢平緩，村落四周有農田，常種植蔬果，曾發現馬祖第二古老的史前遺址，僅次於數年前轟動一時的亮島遺址，可見約六千年前，這裡已有人類活動。

西莒東北的田沃村，位於緩坡之上，早期種植番薯，民初曾栽種罌粟，村裡還開設過鴉片館。田沃二字，福州語本字「塍澳」，塍是閩語所稱之田，閩南、閩東皆然。臺灣閩南語所謂的tshân，本字也是這個塍。無獨有偶，北竿塘的坂里村，文獻也曾記載為「塍村」，或有訛寫為「塍村」，土上覆土，疊床架屋。坂里地勢平緩，早年曾種植水稻。

馬祖列島緯度較高，氣溫經年低於臺灣本島，冬季適合高冷蔬菜；坂里如今雖不復種水稻，改種蔬菜，高麗菜、大白菜、蘿蔔脆甜可口，被稱譽為「坂里三寶」，又稱北竿三寶，是在地農產品的寵兒！坂里低平卻稱為「坂」，有人說坂里福州語本字「坪裡」，而實際發音上，坂里的「坂」字的確與熾坪之「坪」相當，可見並非無端揣測。

火成岩上智慧結晶——石砌民居

福州沿海地區，傳統建物內以木構、外以石造為主，是閩東建築的特色，與閩南的紅磚建築有所區別。馬祖民居與原鄉系出同源，早期移民多從海濱取卵石，堆疊成屋，以防日曬雨淋。大戶人家，或就地取材，打鑿花崗岩塊堆砌成牆壁，或取自家漁船壓艙的青斗石，蓋起了一棟棟四四方方的石頭屋。官造建築如燈塔，最為講究，是由清末從福州運來最上等的花崗岩打造而成。石頭屋是馬祖先人的在地智慧，是列島先民對火成岩地質的因應之道，也是閩東文化的代表，體現了人與自然的緊密接合。

馬祖與福州原鄉的建築，雖在石造這一點相似，格局卻得因地制宜，略顯不同面貌。列島丘陵起伏

圖9-25 9-26 9-27 北竿芹壁

大，房子以單體居多。而所謂的「一顆印」建築，馬祖地區最早出現在李乾朗教授的文章中。馬祖地區四合院將原本開闊的庭院壓縮為狹窄的天井，以作為通風、採光及雨水收集等用途。從高處鳥瞰，格局方正，像是一顆印章蓋在大地上，因此得名。此外，顏色鮮明、形狀凸顯的封火山牆，早期是為防火與防風，而今這種牆簷誇張的彎曲造型，已成為馬祖最具代表性的建築特色之一。

石頭的功能不止於築牆，對於海風強勁的馬祖而言，還可以鎮壓瓦片。從山上看下去，每一片瓦都用石頭壓著，既奇特又壯觀。屋頂不出檐或少出檐，才不至於被狂風所掀。目前馬祖北竿芹壁、南竿津沙、東莒福正、大浦等四個聚落規劃為傳統聚落保存區，它們早年因人口外移嚴重，錯過了經濟起飛的發展年代，意外躲過了水泥牆、鐵皮屋的洗禮。如今為了文化保存與觀光發展，老房子獲得了新的契機，村民也洄游家鄉，讓戰地前線的斷壁殘垣重新嶄露生命力。

9-3 披上迷彩的島嶼：戰地記憶

來到東西引島，許多人是為了到羅漢坪看國之北疆，凝視遠方孤零零在海上的北固礁。那裡一向是東引漁民的漁場，在一九四九年之後，這塊礁岩成為臺灣疆域的北界。

即便號稱五萬駐軍如今只剩幾千人，但在馬祖各島路上仍可常見正在受訓的士兵，每一個轉角或牆壁，甚至景點的石壁上，不時撞見反共抗俄的標語，都讓人很難忘懷這裡曾是戰地，其實也仍是重要軍事地點。戰地任務的三十六年，徹底重塑了馬祖人的生活，也改變列島的地貌。

·冷戰定義的馬祖

戰爭首先改變的就是名字。閩江口外島嶼繁多，廣布於海口、灣澳之外，唯獨今天的四鄉五島合稱馬祖，正是因為戰爭。

馬祖起源於媽祖[7]，最早是一個小灣澳的名字，至清朝馬祖一詞才泛指竿塘的大小島嶼。馬祖在國民政府時代之前，一直不是軍事重地，除了經常有海盜出沒滋事。

二戰結束後，國共內戰，竿塘、西洋等蕞爾小島，躍上戰事前線。一九四九年八月二十七日，海軍宣布關閉福州，閩江口列島自此與大陸斷了聯繫。一九五〇年馬祖行政公署成立，馬祖一詞正式從南竿塘島延伸至涵蓋閩海域的多數島嶼。至此成為「臺澎金馬」之一。

一九四九年後的臺海對峙，使軍火定義了什麼是馬祖，長年以來屬於閩江口南方長樂縣的白犬列島，與閩江口北方的竿塘並非一家，更遠些的東湧，地緣關係就更淡了。[8]一九五六年七月，馬祖實施戰地政務，東湧、白犬列島劃歸連江縣代管，至此馬祖、連江縣、四鄉五島才互為代名詞。

·戰地政務與馬祖人的生活

海峽封鎖造成許多無法歸鄉的悲劇，也使馬祖人出不去，馬祖人從此擁有特殊的戰地身分。在馬祖，不僅到臺灣需要向軍方登記申請通行證，也只能搭軍方的運補艦，為了避免有人破壞戰地的金融匯兌，馬祖必須使用蓋上特殊印章的馬幣，上面寫著「限馬祖地區通用」，匯兌也限制在三萬元。此外，更不用談每天的宵禁、燈火管制，曾任連江縣議員的曹爾章就回憶，小學第一次搭運補艦到基隆港，看到基隆港燈火通明，跟馬祖的漆黑成對比，他一輩子都不會忘記。馬祖高中退休校長陳善茂也回憶到臺灣讀高中，冬天搭船回馬祖過年，與豬羊關在船艙最下層凍到全身發抖的痛苦。[9]

通行的不便利，物資的缺乏，跟軍方一起吃發霉的戰備米，都比不上每天晚上炮擊的緊繃。「每逢單號，早早吃了晚飯，待在家裡不敢外出，村子顯得空盪盪，電影院也停演了。大人、小孩心照不宣，都在無可奈何地等著那一聲聲劃破長空、呼嘯而來，聞之令人皮肉緊繃、心神悚然的宣傳炮彈。」作家劉宏文在散文集《鄉音馬祖》裡如此回憶。[10] 中山國中退休校長王花俤也曾在訪問中說，小學時代幾乎都在躲炮擊，還會在防空洞讀書，一直到一九七八年中共停止炮擊政策才結束。[11] 但馬祖人的痛苦還不止於此，因為軍政統一，馬祖的司法案件一直由軍事法庭審理，一直到一九六九年才有民事法庭，刑事案件更

圖9-28 西莒有容路。國軍植樹的成果，同時紀念沈有容。圖片提供：溫在銘

一直到解嚴後，一九八七年十月才設立刑事庭，戰地居民的司法人權受到剝奪多年。

戰地不僅改變了人的生活，也徹底改變島嶼的地貌。原本光禿禿的島嶼，為了軍事需要，一方面植木造林，軍民努力植樹，使得現在看到的馬祖鬱鬱蔥蔥。西莒有容路，紀念明朝海將沈有容擊退倭寇的史蹟，榕枝交會成拱門，連成一條長長的綠色隧道。另一方面全面開拓、要塞化，為利戰備，在地上，沿著海岸線有各式據點，光是在南竿就有九十五個據點之多，在看不到的地下，國軍開鑿了無數坑道。馬祖據說是世界上軍事坑道密度最高的地方。千萬年甚至上億年的岩石，就這麼在短短幾十年間，改變了形狀。

・軍事開鑿與馬祖新地貌

軍火在馬祖列島上施作的眾多手術裡，規模最大、最知名者，非「北海專案」莫屬。一九六九年一月，總統蔣介石同意了國防部「馬祖小艇坑道案」[12]，又稱北海專案，分別在南竿、北竿、東引島挖鑿坑道，預計總共能停泊一百艘小艇[13]，讓小艇平日躲在坑道內，不受風吹日曬，也不被敵火襲擊。為了實現這樣的國防理想，官兵在列島上選址開刀，炸出了巨大的坑道。

北海坑道歷時兩年，幾近完工，卻遇到颱風來襲，強風猛灌，湧浪滔天，使得護堤、閘門多數遭沖毀。

北海專案雖未在戰時發揮決定性的功能，但炸開的岩石已不可能填補回去。坑道留存至今，在解除戰地政務後，坑道開放觀光，水光倒映在花崗岩壁上，還可搭船搖櫓，成了遊客必訪景點，也因為深入

右圖9-29 南竿北海坑道，侏儸紀到白堊紀的花崗岩古老而堅硬。
左圖9-30 南竿八八坑道

花崗岩層，清楚看到岩脈與地層，意外成為最好的3D地質教室。

除了無數坑道，有些地表外貌，也在軍事力量下改頭換面。原先東引、西引兩島分離，相距不足五百公尺，中間還有一座島，叫做中流，漲潮時與東引相連。國軍改中流為中柱島，一九七五年建橋，一九八五年築堤，堤上建道路，從此將東引、中柱、西引串聯起來，至今西引還留有「人定勝天，事在人為」紀念碑。

儘管成為戰地無法選擇，但解除戰地確實是事在人為。一九八七年七月臺灣本島解嚴後，金馬並沒有跟著解嚴與解除戰地任務，從一九八七年九月開始，有一連串的人民連屬請願，甚至發動遊行，逐步爭取自由，比如一九八九年不再印行馬幣，可自由流通新臺幣。直到一九九二年十一月七日，馬祖終於解除戰地任務。

9-4 漁航、兵士、觀光：馬祖產業三部曲

海水與軍火是形塑馬祖的兩股力量，還有一個更不可遺忘的元素——這片土地上的人。以一九四九年為界，以前的漫長歲月，是遠洋貿易、近海漁業的發展前奏，而一九四九年以後，正式上演了漁航、兵士、觀光產業的三部曲。

・近代產業首部曲——漁場興衰

閩江口外是優良漁場，但因為時而盜寇、時而海禁，漁業經常中斷。清代解除海禁之後，海上廢墟重新開墾，漁業繁榮。至民國，江口往來頻繁，貿易昌盛，雖然有海盜打劫，又有戰火，然而每逢漁汛，都是大豐收。

但是，當列島從江口漁場變身戰地前線，這一切就變了。

一九四九年後，馬祖與福州斷絕往來，列島漁具短缺，只能靠臺灣補助，不能再從原鄉進口。戰地政務實施後，政府積極扶植漁業，漁產之中，四鄉五島皆盛產帶魚、鯧魚、白鯧魚、蝦皮，而馬祖最知名的黃魚，只有東引最豐富，六〇年代以降，每逢汛期，竿塘、白犬常有漁民前往捕撈，汛期每日可收穫數十噸，一公斤出售沒幾個錢，商船載不下的就全部倒回海裡。

這樣的景況，直到一九八〇年代才沒落。莒光鄉柯玉官前鄉長侃侃而談：「那時候的魚貨拿到現在來賣就發財了。以前一九七〇年代，黃魚一斤賣三塊錢，現在黃魚一斤上萬塊起跳！以前的黃魚多到什

麼程度？多到百姓跟魚商簽約，魚商從基隆弄了兩艘漁船過來，船上擺滿了冰塊，他說：『你十二點鐘以前回來的我要，超過十二點的我不要。』所以老百姓必須趕在十二點以前回來。回來之後就一邊秤、一邊倒，兩艘漁船大概不要一個小時就滿了，多的就倒掉，多到這種程度。」

東引國中小陳翠玲主任對黃魚也有很深的記憶：「東引島最繁華的中路，以前春天後，黃魚一簍簍，黃澄澄的，滿滿的鋪滿漁船。後來黃魚消失了，中路變成斷路（福州話中、斷發音近似）。」

為什麼現在沒有魚了呢？柯前鄉長大嘆：「三個原因。第一個，是那時我們海域保護得太好，哪有像現在大陸漁船越界？沒有！以前的對岸漁船，只要接近我們五、六千碼就警告射擊，你超過我的四千碼，我就把你毀掉！就把你擊毀啦！所以海域保護得好，魚打得多。第二個，共匪那時候的漁船也不進步，他們也是帆船，也是傳統時代的打魚方式。第三個，我們這邊的打魚方式是傳統的，是定置網，潮水來的時候漁網張開來，潮水走了，漁網又拉平了，我再把它撈起來。這樣子的打魚法，我們有一輩子打不完的魚！哪像現在都流刺網，電魚、炸魚，以前沒有這東西嘛。所以以前漁獲特別多，生生不息，哪有什麼放養、放流？沒有這種東西，都是很自然的，也沒有什麼汙染。」

一九八五年春，最後一批十二艘漁船抵達東引，此後再無集結捕撈黃魚。那一年，同時也是東西引築堤連島的一年，有人說堤防改變了海流，也是漁場消失的原因之一，是戰地發展的無奈。漁業之衰，令人不勝唏噓。[14]

·近代產業二部曲——大兵事業之阿婆也賺錢

戰地的身分改變了馬祖的命運，卻也帶來新的機會。國軍在金門、馬祖大量屯兵，小小島嶼超出負荷，雖喘不過氣，但有人就有需求，有需求就有供給，服務大兵的一系列事業，在烽火連年的日子裡日漸繁盛。「連阿婆都賺到錢。」柯前鄉長說道。「以前阿兵哥兩年就是兩年，三年就是三年，當中不能休假哦！除非你大部隊調動才跟部隊走。所以這兩年兵、三年兵相處在一起很有感情哦！要退伍的那一天，是全連隊給他歡送，他買很多退伍菸敬大家，弟兄們則買很多紀念品給他。小島沒什麼紀念品，所以阿婆去買白襯衫回來，拜託人幫忙畫一個東莒地圖，弄一個厚紙板，上面寫『東莒留念』拿去弄油墨，搓搓搓搓一下晾乾，一個東莒地圖就出來了。一百塊錢我可以賣兩百塊，阿婆都可以賺錢！」

且不說賺這些阿兵哥的退伍錢，平日阿兵哥也充滿了各種需求。以前部隊沒水，阿兵哥要帶隊下山來洗澡，洗澡要排隊，排隊時間就打撞球，撞球間賺錢。阿兵哥的衣服破了要縫，髒了要洗，就拿著衣服來排隊，「洗、燙、補、繡——阿嫂阿婆都賺到錢。」柯前鄉長回憶道。「理髮店，賺錢！小吃店，賺錢！以前沒有網咖，小吃店林立，所以阿兵哥假日就是喝酒。喝完酒只有兩件事，一個就到八三么排隊，一個就打架；一打架憲兵就來了，抓了關禁閉！阿兵哥周而復始，天天就搞這幾件事。」

理髮店、小吃店現在還看得到，有些店家卻逃不過時代變遷，盡數消失了。「文具店，三節要摸彩，各種活動都要

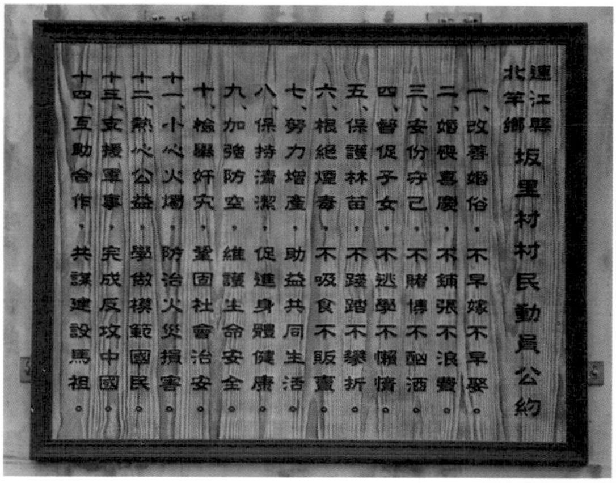

圖9-31 軍民一心留下的歷史記憶

準備獎品，退伍阿兵哥一來又要弄紀念品。生意好到幾乎沒辦法睡覺，包禮品都來不及。」現在哪來的文具店呢？只有瞄準觀光客的特產店與紀念品店了。

漁業與大兵事業的消長，也反映在人口上。以北竿為例，根據戰地政務實施的人口統計，漁業興旺的橋仔村曾經是北竿第一大村，但在一九六七年被塘岐村追過。塘岐大街曾經滿滿的都是服務大兵的商店，每逢休假日必定生意昌隆，無處不高朋滿座，只是今天也沒落了，相繼轉型了。

戰地政務終止後，一九九三年開放金門、馬祖觀光。一九九七年實施國軍精實方案，馬祖駐軍從五萬人驟降至一萬人，之後不斷裁撤，截至今日，只剩千餘人。大兵走了，觀光客來了，戰地產業的平衡受到挑戰，馬祖迎向了新的世代。

・近代產業三部曲——開放觀光，遊子回鄉

莫說國軍裁撤，早在八〇年代起，臺灣經濟起飛，經歷「臺灣錢淹腳目」的時代，許多貧苦的馬祖人，紛紛移居臺灣，在工業區發達的桃園八德、臺北土城、中和落腳，尋覓工作機會。人口外移，乃至於後來裁軍，使得馬祖必須面對轉型的命運，尋找新的商機。

有人就有生意，只是客人不同，生意做起來的感覺也不同。戰地政務時期，大兵的數量是國軍保證的，大兵的需求是國軍製造的，錢當然好賺多了，只要瞄準阿兵哥的需求，連阿婆都有得賺。軍人裁撤，觀光客紛至沓來，但兩者大不相同。阿兵哥沒有選擇不去馬祖的權利，可是觀光客是自由的，若無政府、民間齊心努力，觀光客哪裡願意踏足呢？說不來、就不來，沒來自然沒有錢賺，有耆老經常嘆

息：「以前阿兵哥錢多好賺，現在都沒有了，淡季都賺不到幾個錢。」

面對這樣的窘境，有人緬懷過去而不看好未來，也有人早已從觀光產業中嗅到了轉機和商機，紛紛插旗。當東莒島上已有十多家合法民宿時，西莒仍只有一家「友誼山莊」，老闆陳善澔笑嘆：「觀光要大家一起才做得起來，雖然現在只有我這一家，我也希望其他人趕快跟進，一起打造更友善的環境，帶動西莒的觀光發展。」

馬祖邁向觀光，政府的力量至關重要。曾經，各島各村一幢幢石頭屋都已成斷壁殘垣，尤其是北竿的芹壁村。若不是二〇〇〇年起政府修葺古宅，四處招兵買馬，邀人回鄉再造風華，也不會有今天的榮景。當年只有陳功漢一家破釜沉舟，承租翻修古宅，經營芹壁第一家民宿「芹壁休閒渡假村」，如今芹壁已遠近馳名，民宿已增至十多家，從一片頹圮，搖身成

圖9-32 東莒大埔聚落

旅客必遊、必住的知名山村。

社區參與固然對產業發展加分不少，觀光產業要興盛，除了要有足夠的觀光客外，也要有足夠的人來經營。在眾多社區發展協會之中，致力於社區營造的東莒社區發展協會，很早就體認了這個問題。

東莒不像其他島嶼「一村一社協」[15]，而是全島所有聚落大串聯，共同促進島嶼發展。東莒素有「離離離島」之稱[16]，人口外移尤其嚴重，居民早有體認，因此除了政府上而下的努力外，民間也透過社區參與，將島嶼打造得更宜居、更吸引人駐足。「一般社區，基本上都是中老年人為主，所以能做的活動，比較從中到低的視野去走，實例上就是去做社區關懷、社區環保、社區老人健康或類似的活動。」東莒社協理事長謝春寶（寶哥）侃侃而談。「可是為什麼說我們東莒是從中的視野輻射到大的呢？原來這個島嶼有幾千人居住，為什麼會消失？是土地裡面崩壞，永續資源消失。所以我們再一次回頭去建置它的時候，就用我們的思想去做——不是以中距離到低距離這種做法，而是用遠距離的做法，就是教育、環境保護、聚落復興等

圖9-33 東莒燈塔

大面的思想，而不是像一群人就是短暫性地辨活動而已。」

走過社會型、經濟型階段的東莒社協，已成功邁入發展培力型計畫，以小幫手制度吸引青年參與，也吸引遊子回鄉。「原來我們島上沒有年輕人，現在已經看到十多個人，若以全島住民僅兩百多人來看，這個比例相當相當高。」寶哥說。年輕人增加，促進世代溝通，使得觀光產業也開拓青年背包客群、挖掘深度旅遊的資產，讓觀光不再只是傳統一次性的走馬看花。

・未完的終曲——重新認識家園

產業三部曲演奏至此，不只是餵飽了在地居民，或者讓世人認識馬祖而已。觀光最可貴的地方，是它提供了內省的機會，讓馬祖人更深切地認識家園，更加體會本地與外地在自然與人文各方面的不同。

以生活習慣來說，馬祖仍保有一份傳統精神，農曆計日依然是生活的一部分，人人都懂得推算潮汐。昔年漁汛、船隻出海，都要算準潮汐，今天觀光客賞藍眼淚要避免月光干擾，更不能不知道。

馬祖的觀光是名符其實的觀「光」，許多看點如藍眼淚、星沙，還有特有種的雌光螢，滿天星斗與銀河，震撼的萬平演習，都是黑幕之中的光彩。就連參訪坑道裡的乾坤，一探阿兵哥的古早生活也不例外。其實馬祖在戰地政務時期的夜晚，列島都是黑暗的，即便是白天，也不乏在防空洞躲上一天的日子。馬祖人熟悉光影變化，不懼黑暗，因而能在前線的島嶼上冒險犯難。

在打造觀光之島的路上，守護家園並不容易，馬祖曾遇到無數議題。支撐馬祖觀光的最大賣點，近年爆紅的「藍眼淚」，就備受討論。馬祖列島位於閩江口外，出海口營養鹽豐富，普遍認為是大量繁殖的夜光蟲發光，引發了大片藍光的奇景。有人說藍眼淚是一種汙染，可能有毒，也有人說是一種自然現象，並引古籍說在工業革命以前，就有藍眼淚的紀錄。藍眼淚的美麗與哀愁，還有待進一步解謎。

圖 9-34 藍眼淚

以馬祖為廊道，神話之鳥——黑嘴端鳳頭燕鷗跨國遷徙的故事

雖然馬祖面積不大，氣候也影響了交通的方便性，卻是一個生態資源非常豐富的地方。位處閩江、連江及羅源等三江交匯處，使河水注入海中帶來大量的無機鹽類及有機物質，營養鹽較豐；此外，馬祖海域是東海與南海海區交接地帶，夏天受到南海水團北上以及冬天受到中國沿岸冷流南下影響，形成暖流與寒流南北交會，使這一帶海域有生長旺盛的藻類、浮游生物，供養了各種魚類及濱海生物，成為相當優良的漁場。

有魚，就有鳥。馬祖如候鳥廊道，是遷徙性候鳥的中繼站。

神話之鳥—黑嘴端鳳頭燕鷗（Thalasseus bernsteini）（下稱黑嘴端）是馬祖的生態標誌。牠是鷗科鳥類中最稀有罕見的瀕臨絕種野生動物之一，且國際上對黑嘴端繁殖遷徙瞭解甚少，還曾一度以為已經滅絕，因而被冠上「神話之鳥」封號。二〇〇〇年，黑嘴端鳳頭燕鷗在馬祖列島燕鷗保護區內被梁皆得導演重新發現了。

為了研究好不容易現蹤的黑嘴端，林務局及連江縣政府自二〇〇八年委託臺大森林環境暨資源學系袁孝維教授研究團隊與台北鳥會，執行「黑嘴端鳳頭燕鷗及鳳頭燕鷗的保育研究計畫」，二〇一五年再加入澎湖縣政府與澎湖鳥會團隊。

黑嘴端於夏季來到馬祖之後，究竟去到哪裡度冬呢？而他們為何又不斷回來馬祖？

終於歷經十年後，以衛星發報器追蹤繁殖共域的鳳頭燕鷗（下稱大鳳頭）遷徙路徑，於二〇一七年七月揭開了神話鳥遷徙路徑的故事。

利用衛星發報器追蹤鳳頭燕鷗的結果顯示，夏季燕鷗於臺灣繁殖結束後，會兵分兩路南下，一路橫越海峽東南駐足於菲律賓，一路循大陸東南沿海飛往中南半島的越南、泰國、柬埔寨，最遠甚至抵達緬甸，以新南向路線跨國遷徙。

馬祖、澎湖都是神話之鳥的重要繁殖棲地

每年五至九月間出現在馬祖、澎湖地區的黑嘴端，自二〇〇八年由袁孝維教授團隊與台北鳥會長期進行族群數量監測、繁殖島嶼整建、假鳥招引策略、遠端監測技術研發、成幼鳥繫放與衛星追蹤等研究，二〇一六年在馬祖及澎湖兩地紀錄到二十二隻黑嘴端鳳頭燕鷗（馬祖十五隻、澎湖七隻）和一一〇〇〇隻鳳頭燕鷗（馬祖四一〇〇隻、澎湖六九〇〇隻），大部分都棲息於馬祖燕鷗保護區、澎湖玄武岩自然保留區及南海玄武岩自然保留區內，確定馬祖及澎湖兩地都是神話之鳥的重要繁殖棲地。

圖 9-35 黑嘴端鳳頭燕鷗　圖片提供：藍志嵐

透過衛星發報追蹤繁殖共域的鳳頭燕鷗，讓黑嘴端南向遷徙路徑現蹤

為串聯黑嘴端鳳頭燕鷗繁殖地（馬祖、澎湖）與度冬地（國外）兩端的保護熱線，解開遷徙中繼站之謎，研究團隊利用與黑嘴端鳳頭燕鷗共同遷徙且共域生殖之二級保育類鳳頭燕鷗，裝置衛星發報器進行追蹤，以推演黑嘴端鳳頭燕鷗的遷徙路徑。

二〇〇八至二〇一七年於馬祖和澎湖統整二十四隻背負衛星發報器的燕鷗所發出之軌跡訊號，發現八、九月期間，澎湖及馬祖兩地鳳頭燕鷗會兵分兩路南下離開臺灣，一路橫越海峽東南駐足於菲律賓，另一路則循大陸東南沿海飛往中南半島的越南、泰國、柬埔寨度過冬天，最遠甚至抵達緬甸，遷徙路徑的中繼站包括了海南島及越南等地，這個大發現，即將延伸臺灣燕鷗保育研究新南向。

另一值得關注的是，經分析二〇一六年馬祖鳳頭燕鷗的衛星資料時發現，金門周圍海域也是鳳頭燕鷗活動熱點，顯見臺灣海峽周邊澎湖、馬祖等離島地區之無人島嶼及保護區，均是提供燕鷗繁衍生息的重要棲地；另外資料也顯示，馬祖和澎湖兩地的鳳頭燕鷗來源組成比例有所差異，馬祖七十五%的鳳頭燕鷗族群來自中南半島，澎湖則是七十五%族群來自菲律賓。因中國浙江的五峙山、韭山列島也是黑嘴端鳳頭燕鷗跟鳳頭燕鷗繁殖地，袁教授團隊繫放研究也確認兩岸四地其實是互通的大族群，彼此間有許多交流，衛星追蹤結果也顯示繁殖季時會在兩岸各地來回移動，包括了覓食或繁殖棲地的交換使用。

黑嘴端鳳頭燕鷗是馬祖的瑰寶，良好的

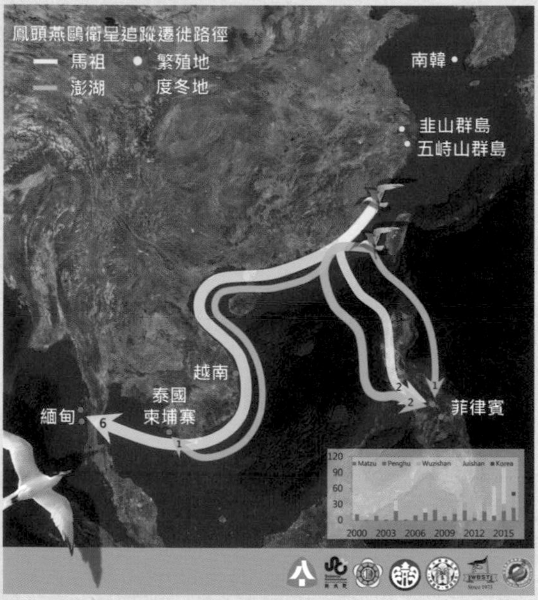

圖 9-36 黑嘴端遷徙路徑示意圖

棲地整理與管理維護，將提供燕鷗更好的繁殖環境，讓燕鷗年年造訪。無論澎湖或馬祖，對黑嘴端鳳頭燕鷗而言都應視為一個大棲地。藉由整合政府與民間的力量，保護棲地，燕鷗將如信守誓約的使者，年年在此相逢。這不是偶然，而是人與候鳥彼此所立下的友善約定。

問題：為何要以假鳥誘引？

解答：由於大鳳頭和黑嘴端每年到訪繁殖棲地時，不定選擇礁島下蛋繁殖，這個地點不見得適合研究人員進行巡護與研究監測，特別是數量極少的黑嘴端，更是難以掌握動態。因此，設置假鳥通常選擇在具合適繁殖的島礁，藉此吸引偏好群聚的燕鷗到特定的島上繁殖，研究團隊也同時使用聲音回播讓假鳥更具擬真效果，能使誘鳥繁殖更為順利，進而助於後續工作的進行。

以上資料來源：行政院農業委員會林務局提供

藍眼淚之外，馬祖極具特色的石造建築聚落，也面臨保存與改造的挑戰。就文化資產保存的角度而言，當然希望古色古香的老房子即使修繕，仍能保有原汁原味。然而從觀光和永續經營的角度來說，人也是聚落的一環，早年的石頭屋並不如現代建築宜居，為了吸引僑民返鄉再造榮景，石頭屋的限制勢必得部分放寬，不能一味從古。兩個思考面向的優點，如何兼容於聚落保存，是馬祖面臨的課題之一。

除了觀光資源的爭議，交通與建設發展也常與大自然有難以取捨的衝突。地方自治以後，北竿曾炸掉整座鐵拳山，將岩石拿去填海造機場，截斷了八百多公尺長的塘后運島沙洲。而在西莒，為了開採石頭填建青帆港，也開挖了一個露天採石場。十幾年前，軍方還曾利用廢棄的採石場引爆黃磷彈，彼時彈藥之多，自五月爆至十月，日日可聞爆破聲隆隆，全島如地牛翻身。根據西莒陳善澔回憶，那年燕鷗為爆破聲所嚇，紛紛逃之夭夭，都不飛來了。

目前馬祖（連江縣）為唯一通過博弈公投的縣市，賭場建設的爭議仍在持續之中。另外，連接竿塘之南、北兩座大島的跨海大橋，也仍在正、反面的聲音中拉鋸。交通是居住、觀光之必要，卻也需要大自然的犧牲。島嶼幾十年來已習慣「人定勝天」，建設也的確為觀光發展、地方繁榮之必須，如何找到平衡點，又如何把過去戰地的劣勢轉為文化資產，離島的發展有多少選項，是新一代馬祖人的課題。

注釋

1 關於燕山運動後造山期的描述，出自〈金門地區圖幅五萬分之一〉，經濟部中央地質調查所，二〇一一年，頁二七。

2 火山活動中的各種碎屑物質，包含岩屑、晶屑、玻屑、火山角礫等，依粒徑不同，稱為火山塊（粒徑大於六四公釐）、火山礫（粒徑在二至六四公釐之間）、火山灰（粒徑小於二公釐）。火山碎屑岩因所含三者之比例不同，可分為火山角礫岩、凝灰角礫岩、火山礫凝灰岩、火山礫岩、凝灰岩等。碎屑成岩起因於火山噴發，岩石又有沉積岩特性，因此分類上可視為火山岩—沉積岩過度岩類。

3 馬祖列島散落在閩江口外，由白犬、竿塘、東湧列島組成。白犬在長樂外海，竿塘在連江外海，東湧更在竿塘之外。這些島嶼與原鄉緊緊相依，在兩岸分裂以前，擁有相同的集體記憶。

4 所謂兩側，指的是東側風山、雷山以東至螺蚌山，西側坂山以南至蛤蜊島。

5 明代黃仲昭編纂的《八閩通志》（明洪治二年，一四八九）山川篇：「上竿塘山，在大海中。峰巒屈曲，上有竹扈、湖尾等六澳。下竿塘山，突出海洋中，與上竿塘山並峙。山形峭拔，中有白沙、鏡膝等七澳。」這段記載首次記錄了竿塘的地形，還提到了好幾個有名字的澳，可見很可能已有先人踏足。

6 近年又稱「神祕小海灣」。

7 許多源於媽祖的地名，後來都改寫為馬字，原因眾說紛紜，有說是為避諱，有說是為雅化，也有說在閩東語、閩南語中，媽、馬同音，替換只是一種書寫習慣。無獨有偶，澎湖馬公也是起源於天后宮，原名媽宮，日本大正十年（一九二一年）

改為馬公，和馬祖起源於媽祖可謂異曲同工。

8 臺灣與馬祖之間的水路，只有從基隆港出發的航線，奇數日出發的船先至南竿、再到東引，稱為「先馬後東」；偶數日出發的船先到東引、再至南竿，稱為「先東後馬」。這裡稱的馬祖將東引排除在外，顯示了「馬祖」一詞在列島之間的歷史脈絡與微妙情結。

9 曹爾章的回憶出自國民記憶庫臺灣故事島〈帶紙箱上運補艦的少年〉，http://0rz.tw/aJYjX。陳善茂回憶出自國民記憶庫臺灣故事島〈細數幼時馬祖記憶〉，http://0rz.tw/iNc8W。

10 出自劉宏文，〈防空洞〉《鄉音馬祖》（臺北：我己文創，二〇一七年）。

11 王花俤的回憶出自國民記憶庫臺灣故事島〈馬祖的過去與未來〉，http://0rz.tw/HGrWL。

12 南竿北海坑道落腳鐵板，呈井字型。北竿北海坑道又稱午沙坑道，呈一字型雙開口貫通。東引北海坑道又稱潛龍坑道，一直線未貫通，只能從單邊出入。

13 南竿、北竿、東引的北海坑道，各預計可停泊五十、四十、十艘小艇。

14 關於黃魚，漁船於民國七十四年最後集結的敘述參見《連江縣志》二〇一四年版第六冊，頁三〇八；《東引鄉志》二〇〇二年版，頁一九五。

15 東湧社協也是超越行政村、串聯全島的社協，然而東引的中柳、樂華兩行政村，本屬同一個聚落，是為了鄉治才故意折為兩村，嚴格來說，與東莒社協串聯福正、熾坪、大浦、猛澳聚落仍有別。

16 語出作家苦苓的散文集《我在離離離島的日子》（臺北：時報出版，二〇一三年）。

馬祖地質公園

參考

交通部觀光局馬祖國家風景區

http://www.matsu-nsa.gov.tw

連江縣政府

http://www.matsu.gov.tw/

攝影後記

風景背後的故事

——許震唐

・樹

「我的研究是以樹皮布為主題，臺灣的樹皮布主要原料是構樹，透過樹皮布的文化研究以及樹種基因定序，可以發現南島語族的構樹源於臺灣……」研究樹皮布的學者如數家珍地說著。從西部繞一圈到臺東來拍「石頭」的我，甫一坐定還未回神，就聽到構樹的始末。

心想構樹不就是鹿仔樹，臺灣路旁、田野、荒廢地隨處可見，那是母親口中的敗家樹，家裡的前庭後院絕不能有一棵樹苗發現，深怕一時的疏忽讓家中的院子，猶如家道中落沒人整理的庭院。

構樹也是父親口中臺灣最堅韌，將荒地變為森林的樹種之一，樹葉更是鄉下農村牛羊的好食物。怎麼這麼平凡的鹿仔樹，其基因密碼竟使得南島民族始源臺灣的輪廓變得如此清晰。原來長在身旁不起眼的樹，一直是既熟悉又陌生的存在。這樣熟悉又陌生的經驗，同樣的也發生在我們腳下億萬年的歷史現場。

・飛鳥

攝影是百分之一秒的瞬間，留下久遠的記憶。眼前是菲律賓海板塊前緣，望向歐亞板塊的末端，腳下則是已經存在六百萬年前的現場。「是歷史嗎？不，它仍在滾動」我被眼前的縱谷感動，不禁放下觀景窗自問著。這裡是世界少有陸地上觀察地球板塊的地方，我該如何用這百分之一秒的瞬間，來傳達這六百萬年的歷史與感動。

這是一個難度很高的拍攝計畫，而且是在短短相遇的幾個小時，就要解碼亙古的奧祕，傳達出六百萬年日記的心得。更難的是，地質如同構樹一樣，總是在身旁不起眼的存在，雖說熟悉卻又完全陌生，一擦身就錯過了它的故事。這故事包含了地質、地理、水文、海洋，是百萬年或是億萬年的尺度；而聚落遷徙、歷史文化，進而社區營造，則是千年或萬年，是人的尺度。

如何叫我用那百萬分之一尺度的觀察，又在百分之一秒的瞬間，告訴大家這百萬年來的歷史。望著天空飛鳥，請給我一雙翅膀，在有著外來岩塊微光閃爍的泥岩峰頂上，縱身一躍，從生冷的礦物、岩石、化石的桎梏中脫困，循著板塊足跡飛到這些尺度編織的範圍與盡頭！拍吧！腳下的這些岩石會告訴我它們最好角度在哪裡。

・岩生

不論是肥沃、貧瘠或惡地，每一種土地總會找到讓生命依存的方式。燕巢與利吉有著土地餵養的共同結果——清脆香甜的芭樂。若要問為什麼惡地可以種出這麼好吃的芭樂，我也只能用為什麼濁水溪畔的稻米與西瓜也這麼好吃來回答。一方水土一方人，這是土地餵養生命獨特的方式。

惡地山下不放棄耕耘的努力，土地總會甜美地回報；在坍塌地質的草嶺，也有著同樣一群不放棄努力的人們。草嶺土質脆弱，蒼鬱青翠的高山一夕之間可以化為無形，多年山林努力的結果，隨著地裂山崩，可瞬間灰飛煙滅。草嶺曾有十景，九二一地震後，十景不是消失就是受到影響。草嶺潭在新草嶺潭出現前曾有三次消失，九二一後新草嶺潭出現，為草嶺帶來曇花一現的觀光商機，草嶺人不放棄老天爺給的短暫機會，從山林種植轉向湖潭觀光，但五年後颱風一來，新草嶺潭第四次消失。

草嶺的地形在每次受到環境的挑戰後就產生了變異，一如草嶺山頭飄忽不定的雲，沒有律定的一刻，草嶺人從這片土地，看盡了虛無飄渺。從生命安全的觀點看草嶺，隨時受到挑戰，但一群不放棄

努力的人，讓坍塌地長出了獨特風味的咖啡、味美的竹筍，以及捱過生命苦處壓榨出的苦茶油，堅持在地震後守護學校的老師，則成就了草嶺生態地質小學。

「岩縫裡出生的」是臺灣用來形容不聽話小朋友的諺語。由對這些在惡地、坍塌地努力的人，好比是地球眼中不聽話的小朋友，充滿了韌性、活躍。

・水火

經過水火才有豐盛之地。

澎湖觸目所及是乾枯的銀合歡、孤高挺立的龍舌蘭與瓊麻、矗立道路兩旁直挺挺的杉樹，這些堅毅的地表植物生命力之強，讓人無法想像這是遭受強勁海風經年累月挑戰的地理樣貌。

「澎湖的地質是水與火不斷相互關係而生成，」地質研究者顏一勤說。火山熔岩歷經數次不連續的噴發，由地表裂隙湧出。這碳層的痕跡是熔岩流過的足跡，潮汐水道留下了如同肌肉紋理的沉積構造，顯現水火彼此的關係是一層一層地交疊著。研究者將地質層層解剖，讓我這門外漢聽得入神，理解近乎哲學的地質與時間兩者之間的關係。

裂隙熔岩冷凝成各種玄武岩，再經過沉積、堆疊、侵蝕、風化，這些漫長的地質作用，造就了澎湖玄武岩層層疊疊的歷史，踩在腳下的岩石皆已是百萬年的尺度，不論是望安天台山、七美西北灣、虎井、桶盤，還是小門嶼的玄武岩，都有它們各自形成的時間以及不同的節理表徵。從相機觀景窗觀看這樣的歷史，渺小如我所思考的是，如何用我有限的角度，拍下矗立在眼前巨人的全貌。

若說水火是澎湖地質的想像，那麼風與沙則是澎湖地理的表徵。澎湖的沙受到海潮與季風的影響，沙是會跑動的。在冬季東北季風強勁的摧殘下，澎湖的沙丘可能一夕之間就不見，也可能一夕之間生成。「北崁這片沙嘴已經埋掉至少五、六座以上的石滬，滬主的心血化為烏有，幾年前是沒有這沙嘴的。」吉貝保滬隊柯進多師傅望著北崁堆積新成的沙嘴說。

一座石滬要花好幾年的時間，好幾戶的人家輪流蓋成，這對過去以海營生經濟力較弱的漁民而言，是相當重要的資產，更是家庭能力與財力的象徵。柯進多師傅說：「擁有石滬的同時，也代表了可以立戶（滬）成家的時刻」，望著北崁石滬群，環抱海洋的滬堤與滬房，是充滿家的意象與希望。

水、火、風與沙，說明了澎湖的生存歷史與條件，我如外來岩塊被澎湖這巨大的岩石所捕獲，無所遁逃。海島的清晨微光，勾勒出赤嶼輪廓，海水劃開路徑，火山岩脈直指這通往應許地的方向，只要經過了水火，眼前就是豐盛之地。

・浪潮

清晨六點，客輪準時到達東引中柱港下錨停泊，拜好天氣風浪不大之賜，在富有規律節奏的海浪撞擊船體聲音下，尚能一夜好眠。下船前，躺在船艙的我，猜想若在三十年前的一九八八年，我抽中馬祖或東引服役的兵籤，不知能否也一夜好眠，即便是在風平浪靜的晚上。

在戰爭的前緣，馬祖就是帶有這樣肅殺的氛圍，再怎麼有勇氣的男子，一旦抽中馬祖兵籤，總是會淚灑基隆港，再不就是原地踏步，遲不上船。眼前是一位抽中東引的菜鳥新兵，肩背猶如機關槍的攝影

器材輕鬆地走上碼頭，隨即而來是高聳的花崗岩矗立面前。

地質上，馬祖主要是由花崗岩與閃長岩組成，而許多地方都可見侵入岩，在堅硬的花崗岩裂隙，湧出後來侵入的岩漿凝結後共生，這些黑褐色的侵入岩脈，南竿秋桂山黑白交錯的斑馬岩，東引羅漢坪的三色岩，北竿後澳螺蚌山等，說明這裡在不同時間發生幾次地質侵入的事件，這就好像無端被硬生生捲入戰爭的馬祖列島一樣。

馬祖列島早年居民以討海漁獲營生，一九四九年後，成為軍管地區，居民除了討海不便外，主要的漁獲黃魚也逐漸減少，大家便做起了阿兵哥的生意，生活比討海顯然來得好一些。軍管時期馬祖的夜晚是單打雙不打，民家晚上六、七點吃飯，邊聽炮彈聲音遠近邊躲防空洞，九點以後宵禁，窗戶要用黑布蓋起來，這對馬祖人的生活，由不方便也變習慣了，馬祖謝昭華醫師說。

兩岸冷戰軍管時期，馬祖的生活資源與物資，主要以軍政防禦優先，連居民吃的米糧也只能吃陳米（舊米）。戰地政務解除，阿兵哥走後，靠駐軍營生的馬祖居民更形自由，但同時也喪失了生活競爭的條件。黃魚走了、阿兵哥來，阿兵哥走了，誰會來？

清晨搭計程車開門坐定，司機大姐開口第一句話就問：你們昨天晚上有看到藍眼淚嗎？昨晚是這幾天最大量的一次，你們真好運氣。藍眼淚是馬祖這幾年觀光旅遊的力推行程，島上不管認識與不認識的人，一碰面彼此的一句話就是哪裡有眼淚可以追，藍眼淚通報快訊不斷地在島上竄流，這是馬祖現今的淚潮文化。

馬祖過去的夜晚只有宵禁，藍眼淚是阿兵哥夜間戍守碉堡時相思或思鄉之情寄託赤潮的寫照，無不期待著這潮來潮去的結束。而今，夜間戍守碉堡的不再是阿兵哥，而是追淚的遊客。

浪潮終究伴隨著馬祖的花崗岩，軍人走了，淚潮來了。馬祖如過去一樣，總期待著每個浪潮是再生的開始。

・共生

雲嘉南海岸地景、地貌，對我這海邊成長的人而言如同是走灶腳，再熟悉不過。但屢屢造訪在終年強勁海風吹拂的海岸，環境之變化總有不曾相識之感。長達六十公里的沙洲、沙丘，南從新浮崙汕往北頂頭額汕、網仔寮汕、青山港汕、新北港汕、外傘頂洲、箔子寮汕，這些海岸堆積的沙洲，若不是形狀面積改變，就是遷徙消失，這不曾相識之感，總是在問了路、站上沙丘之後，感受更深。

沿途總會經過崙豐、三條崙、飛沙、下崙。飛沙，是充滿沙之意象的地名，很難想像雲嘉南海岸，如果沒有沙的樣貌會是什麼？百年前這裡就是沙崙、沙丘、沙洲、潟湖，只能討海或沙地種田。在地的耆老總會說：不努力討海、種田，三餐只能「吃番薯摳鹽、吃飯攪沙」。

每每經過飛沙，「吃飯攪沙」總是映在眼簾，如跑馬燈不斷地滾動。因為怕「吃飯攪沙」，不斷在這片沙洲、潟湖尋找生命契機，於是不斷的開發。這沙洲、潟湖羅列的西南海岸，本身生命歷程所顯現的，也就是我們的開發史與共生關係。

多次的拍攝，透過觀景窗所見的是地質中最小的單位——沙，我卻無法一窺沙與人在這裡生活的全貌。

土地總是有它餵養生命的方式，拜空拍之賜，我拍下了這片人、土地、海岸的彼此共生關係。百年來這些沙丘、潟湖，餵養這海域的鹽田、蚵田，使不致荒蕪，「吃飯攪沙」終只是土地給我們的警惕。

然而我們似乎也忘了這樣提醒的另一層意義，

在不斷開發下，潟湖、沙洲不斷瘦身，沙洲高位不斷地下降，一旦沙洲陸續消失，西部海岸線就直接面臨衝擊，餵養生命的土地終究會被歷史要了回去，「吃飯攪沙」也終將再現。

■敘事

臺灣繞了大半圈，看著地球用來寫日記的岩石，每個石頭就是地球不同的故事，如不同的人生。我常盯著石頭在想，人生到底要像花崗岩、玄武岩、沉積岩、泥岩、砂岩，還是那成天與海共舞的沙；或者是要像七美嶼閃著闇黑光輝的玄武岩，桶盤古樸的玄武岩；抑或是東引中柱島白皙純潔的花崗岩，這些都是透過觀景窗之後，多給自己一點想像罷了。

人類生成的歷史與故事，以地球生命尺度換算，不過是短短的三十分鐘。如何道盡那亙古歷史給我們的經驗與體會，或許只能透過瞬間凝結的風景，瞭解島嶼生成背後，一點點蛛絲馬跡的故事而已。

感　謝

- 經濟部中央地質調查所
- 交通部觀光局東北角暨宜蘭國家風景區管理處
- 交通部觀光局東部海岸國家風景區管理處
- 交通部觀光局花東縱谷國家風景區管理處
- 交通部觀光局馬祖國家風景區管理處
- 交通部觀光局雲嘉南濱海國家風景區管理處
- 交通部觀光局澎湖國家風景區管理處
- 行政院農業委員會林務局
- 凌網科技股份有限公司／財團法人中衛發展中心／高雄市援剿人文協會
雲林縣古坑鄉草嶺生態地質國小／新空間國際股份有限公司
臺灣地質公園學會／臺灣省應用地質技師公會／龍洞灣海洋公園

尹德成	方正光	王文誠	王花俤	王美欣	王豐仁	朱正宜	吳依璇	吳昌鴻
吳明輝	吳裕隆	呂銀櫃	李秀娟	李建成	李寄嵎	李錦發	李錫堤	林子揚
林文鎮	林丙茂	林貝珊	林宗儀	林俊全	林建偉	林建緯	林淑玲	林朝鵬
林順輔	林龍清	邱穗明	金保樑	侯進雄	柯受球	柯進多	洪肇昌	洪瑩發
紀權窅	徐振能	翁義聰	張中白	張錦霞	許廣宗	郭麗秋	陳士文	陳文山
陳玉芳	陳政恒	陳昭回	陳順序	陳翠玲	陳瑩潔	曾怡潔	曾金仁	曾阿粉
曾勝華	湯錦惠	黃宓萱	黃閔至	楊炎湫	楊景謙	溫在銘	劉仁傑	劉文房
劉瑩三	戴昌鳳	潘炎聰	鄭伊婷	鄭宏祺	鄭朝正	謝春寶	謝昭華	藍志嵐
顏一勤	羅再銘	蘇俊豪	蘇淑娟					

所有受訪者，還有許許多多一路上不吝提供協助、伸出援手、盛情接待的朋友們，感謝你們！

敬悼　林文鎮老師

感謝林老師在本書製作期間，給予我們關於澎湖石滬與人文研究無私的幫助以及指引，使得吉貝修滬師傅採訪得以完成。對於老師終生致力於澎湖研究，尊敬感佩之心實無法言表，謹致無上敬意。

環境系 01

億萬年尺度的臺灣：從地質公園追出島嶼身世

Between Tectonic Plates: Geoparks in Taiwan

合作出版——衛城出版
經濟部中央地質調查所

專　文——陳文山、王文誠
作　者——林書帆、諶淑婷、陳泳翰、邱彥瑜、莊瑞琳、王　梵、雷翔宇
攝　影——許震唐、黃世澤
插　畫——GEOSTORY
審　定——李錦發、李寄嵎、林俊全、蘇淑娟
顧　問——李錦發、李寄嵎、林俊全、劉瑩三、顏一勤、蘇淑娟

經濟部中央地質調查所
發行人——江崇榮
編輯審查——侯進雄、郭麗秋、陳政恒、梁勝雄、郭若琳
專案執行——財團法人中衛發展中心、臺灣省應用地質技師公會、凌網科技股份有限公司
地　址——二三五六八新北市中和區華新街一〇九巷二號
電　話——〇二－二九四六二七九三

衛城出版
執行長——陳蕙慧
總編輯——張惠菁
責任編輯——謝嘉豪
封面設計——王小美
美術編輯——張瑜卿、李俊輝

社　長——郭重興
發行人兼出版總監——曾大福
出　版——衛城出版
發　行——遠足文化事業股份有限公司
地　址——二三一四一新北市新店區民權路一〇八－二號九樓
電　話——〇二－二二一八一四一七
傳　真——〇二－八六六七一〇六五
客服專線——〇八〇〇－二二一〇二九
法律顧問——華洋國際專利商標事務所　蘇文生律師
製　版——通南印刷有限公司
初版一刷——二〇一七年十月
初版六刷——二〇二一年五月
定　價——六三〇元

國家圖書館出版品預行編目資料

億萬年尺度的臺灣：從地質公園追出島嶼身世 / 林書帆等作.
－－初版.－－新北市：衛城出版：遠足文化發行；
新北市：經濟部中央地質調查所，2017.10
面；公分.－－（環境系；01）
ISBN 978-986-95334-4-7（平裝）
1.地質調查 2.天然公園 3.人文地理 4.臺灣
356.33　　106016090

有著作權　翻印必究
（缺頁或破損的書，請寄回更換）

＊本書圖片若無特別標示來源，第三章至第四章攝影者為黃世澤；
第一、二章，第五章至攝影後記攝影者為許震唐。導言兩人作品皆有。
＊本書本書作者群：林書帆（第一章、第二章主筆；第三章、第四章協力）、
諶淑婷（第三章、第四章）、陳泳翰（第五章、第七章）、邱彥瑜（第六章）、
雷翔宇（第九章）、莊瑞琳（第八章主筆、第九章協力）、王梵（第八章主筆、第九章協力）

特別聲明：有關本書中的言論內容，不代表本公司／出版集團的立場及意見，由作者自行承擔文責。

ACRO POLIS 衛城

EMAIL acropolis@bookrep.com.tw
BLOG www.acropolis.pixnet.net/blog
FACEBOOK http://zh-tw.facebook.com/acropolispublish

填寫本書線上回函

● 親愛的讀者你好，非常感謝你購買衛城出版品。
我們非常需要你的意見，請於回函中告訴我們你對此書的意見，
我們會針對你的意見加強改進。

若不方便郵寄回函，歡迎傳真回函給我們。傳真電話 —— 02-2218-1142

或上網搜尋「衛城出版 FACEBOOK」
http://www.facebook.com/acropolispublish

● 讀者資料

你的性別是 □ 男性 □ 女性 □ 其他

你的職業是 ______________________ 你的最高學歷是 ______________________

年齡 □ 20 歲以下 □ 21-30 歲 □ 31-40 歲 □ 41-50 歲 □ 51-60 歲 □ 61 歲以上

若你願意留下 e-mail，我們將優先寄送 ______________________ 衛城出版相關活動訊息與優惠活動

● 購書資料

● 請問你是從哪裡得知本書出版訊息？（可複選）
□ 實體書店 □ 網路書店 □ 報紙 □ 電視 □ 網路 □ 廣播 □ 雜誌 □ 朋友介紹
□ 參加講座活動 □ 其他 ________

● 是在哪裡購買的呢？（單選）
□ 實體連鎖書店 □ 網路書店 □ 獨立書店 □ 傳統書店 □ 團購 □ 其他 ________

● 讓你燃起購買慾的主要原因是？（可複選）
□ 對此類主題感興趣
□ 覺得書籍設計好美，看起來好有質感！
□ 議題好熱，好像很多人都在看，我也想知道裡面在寫什麼
□ 其他 ________
□ 參加講座後，覺得好像不賴
□ 價格優惠吸引我
□ 其實我沒有買書啦！這是送（借）的

● 如果你覺得這本書還不錯，那它的優點是？（可複選）
□ 內容主題具參考價值 □ 文筆流暢 □ 書籍整體設計優美 □ 價格實在 □ 其他 ________

● 如果你覺得這本書讓你好失望，請務必告訴我們它的缺點（可複選）
□ 內容與想像中不符 □ 文筆不流暢 □ 印刷品質差 □ 版面設計影響閱讀 □ 價格偏高 □ 其他 ________

● 大都經由哪些管道得到書籍出版訊息？（可複選）
□ 實體書店 □ 網路書店 □ 報紙 □ 電視 □ 網路 □ 廣播 □ 親友介紹 □ 圖書館 □ 其他 ________

● 習慣購書的地方是？（可複選）
□ 實體連鎖書店 □ 網路書店 □ 獨立書店 □ 傳統書店 □ 學校團購 □ 其他 ________

● 如果你發現書中錯字或是內文有任何需要改進之處，請不吝給我們指教，我們將於再版時更正錯誤

請沿虛線剪下

廣　告　回　信
臺灣北區郵政管理局登記證
第 1 4 4 3 7 號

請直接投郵•郵資由本公司支付

23141
新北市新店區民權路108-2號9樓

衛城出版 收

● 請沿虛線對折裝訂後寄回，謝謝！

ACRO POLIS 衛城出版

環境系

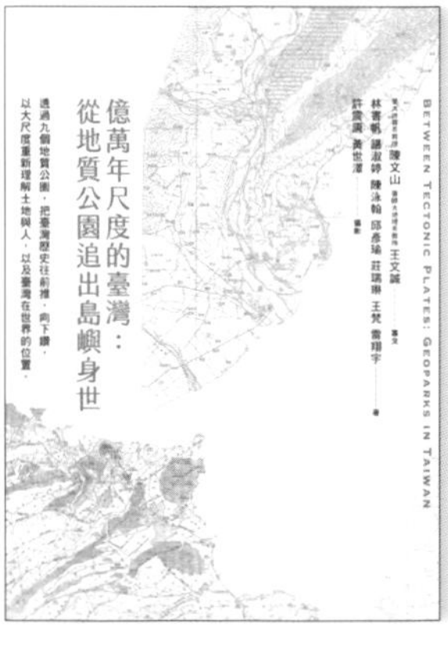